U0177674

The Well-Dressed Ape

A Natural History of Myself

盛装猿

人类的自然史

[美] 汉娜 · 霍姆斯 著

朱 方 译

上海科技教育出版社

对本书的评价

◇

本书充满了奇特的事实和引人入胜的神秘问题，将执着的研究工作与生动幽默的语言结合在一起，将我们这个物种以令人耳目一新的原始面貌展现出来。

——萨瑟兰(Amy Sutherland)，

《枕边的驯兽师——动物训练王国教会我如何爱与生活》

(*What Shamu Taught Me About Life, Love, and Marriage*)一书作者

◇

霍姆斯交出了一份关于人这个物种的精彩概述，既有最优秀和最差劲的方面，也有美和丑的方面，甚至是肮脏的一面。

——诺雷尔(Mark Norell)，

美国自然历史博物馆古生物馆主席兼馆长

◇

强烈推荐……[霍姆斯]幽默又清晰地描绘了关于智人这个物种的事实、故事以及希望。

——《图书馆月刊》(*Library Journal*)

◇

严谨的科学与优秀的写作相遇——令人愉悦。

——《科克斯书评》(*Kirkus Reviews*)

内容提要

盛装猿，即人，是一种奇怪的哺乳动物。这种动物频繁地交配，大吃特吃以至于危害到自己的身体健康，做出各种标记以圈定自己的领地……这种动物自认为精巧、聪明，在各方面均优于其他动物，但是，事实真相究竟如何呢？

在这本诙谐幽默且富于教育意义的书中，科学作家汉娜·霍姆斯以智慧、谦虚而深刻的洞察力审视了人这一物种——灵长类动物中最怪异、最迷人的一种，莎士比亚笔下的“万物之灵”。（注意！这种审视首先以她自己为观察对象！）她化身为一名见闻广博的科学导游，引领我们发现人作为动物界的一员，也是进化的产物，在某些方面，甚至还是可怜的劣等动物。当然，没有哪种动物像人一样具有自我反省的能力，以及应对自然界的挑战、改变自身或环境的能力。人类具有的这些非凡特质令其扩大了自己的生存空间，同时很不幸，也引起了全球变暖等不良后果。读完本书，你便会明了一种身为“人”的新意义。

作者简介

汉娜·霍姆斯(Hannah Holmes),科学作家,毕业于美国南缅因州大学。《纽约时报杂志》(*The New York Times Magazine*)、《洛杉矶时报杂志》(*Los Angeles Times Magazine*)、《发现》(*Discover*)、《户外》(*Outside*)等多家杂志的撰稿人。著有《郊外旅游者》(*Suburban Safari*)、《尘埃的秘密身世》(*The Secret Life of Dust*)等。

献给我的父亲P. K. 霍姆斯（P. K. Holmes）博士，

一位真正的生物学家。

CONTENTS 目录

目　录

致 谢

为这本书我动用了众多社会资源。人类是充满责任的社会动物——没有社会力量的支持,我们无法生存。同时,人类也是有远见的动物。因此,人类经常在社会这所大银行里储存和提取,为了获取回报而努力建立声誉。不过,由于本书涉猎广泛,需要各行各业的读者来发现其中的错误,并对语言进行掌控。我已经倾尽全力了。

我的表妹埃莉诺·霍姆斯(Eleanor Holmes)——请记住,是我**美丽而聪慧**的表妹——可不仅仅是一位漂亮的数学天才。她不但检查了每一次华氏度和摄氏度的转换,还纠正了语法问题,并大胆地提出自己的生物学见解,其中的一些观点我后来发现已由他人正式提出或证实。睿智而优雅的杰夫·施泰因布林克(Jeff Steinbrink),既是一位研究幽默大师马克·吐温(Mark Twain)的学者,也是一位风格幽默的作家,尽管在逗号问题上失去了幽默感——严肃而无情地斩杀逗号。文中尚保存的逗号完全是我的责任。他在近800条笔记中写下这样的语句:“狮子那份儿的意思应该是‘全部’,而非‘大多数’。”这样的读者你无法支付给他们金钱,只有用爱才能换来这些宝贵的意见。

我长久以来对尼布洛克(Margery Niblock)那锐利的眼神钦佩不已,在对待破折号的问题上她与杰夫同样严格。“我高中的老师教导我们,在需要把意思表达得更清晰的时候使用破折号。”我如此争辩道。“没关系!”她脱口而出,“我看得出来。”在她几百条笔记中有一条是这样提醒我的:Ping-Pong(乒乓球)首字母要大写。卡珀(Tom Carper)叔叔是一位追求完美的诗人,忠于格式:他在诗歌中力求格式严谨,他检视我的文稿里的每一个词,不许出现任何油滑、俚语化和含有歧义的非正式修辞。珍妮特(Janet)婶婶同样努力不让我产生任何糟糕的个人灵感,她坚称我无论如何都非常出色。这样的支持只有在人类情感的影子市场才能获得。

天使般可爱的伍德(Monica Wood)很清楚地知道,从我们称作"初稿"的"牛粪"中能发掘出什么。她读完第一章后,说出了我需要听到的话:写得太棒了,我应该从桌子下面爬出来,修理修理它。买到一支新口红也能帮上忙。精力旺盛的萨瑟兰(Amy Sutherland)在我最艰难的阶段过去之前,居然一言不发。每天我们俩同时进行的写作任务和网络对话带来的激励和烦恼让多数在家工作者羡慕不已:

本人:你觉得网络智商测试故意给你高分吗?

萨瑟兰:你得多少分?

本人:141分。

萨瑟兰:当然给高了。

我一贯以来的读者、非凡的普拉特(Kirsten Platt)老师,为我的前几章写出了颇有见解、一目了然的评论,有好几个月我一直把这篇评论放在案头。南希·霍姆斯(Nancy Holmes)、塔珀(Stan Tupper)和兰伯特(Dan Lambert)会时不时地跳出来核对文中的事实,只有最具好奇心的人才会这样做。埃伦(Ellen)姐姐请来她的生物学家朋友海斯(Grey Hayes),他为我撰写第十章关于人类破坏力这个问题提供了很好的专家意见。

我要深深感谢"女士烤面包和自夸社"及各地的图书馆管理员。

我对丈夫多尔维(John Dorvee)的敬意与日俱增。他对作家是什么还一无所知时,就娶了一位回家。我知道他具有分析能力,所以邀请他来读我的书。事实证明我真是世上最幸运的人。他不但耐心地读完了,而且不可思议地看懂了;他除了长得帅,还是一名天生机敏的编辑。

我说过,我欠了他们很多。

虽然以上提到的各位都无法花钱请来,但有些事情是用钱可以做到的。如果没有我的代理人特斯勒(Michelle Tessler)坚定而充满智慧的引导,我就不会在出版业这条神秘的河流中航行。感谢希格斯(Stephanie Higgs)把这本书售予她兰登书屋的同事,也很高兴吉尔·施瓦茨曼(Jill Schwartzman)愿意并有能力接受它,吉尔的投入的确让它成为一本更棒的书!

引 言

在那些享有与小孩子“自来熟”美誉的人当中，我算是一个。因为我自己没有孩子，朋友们在观察我把他们气呼呼的孩子哄到高兴，或带领这些闹个不停的孩子做游戏之后，经常困惑不已。

诚实地解释这种现象好像很不礼貌：我与孩子们当然能和谐相处——我一辈子都与野生动物为伴。

我在缅因州的一个小农场里长大。家禽、家畜只是生活画面的一部分。除了家养的牛、马、鸡以外，我们总要养一些更具野性的动物。在这个没有兽医的镇子上，皆为生物学家的父亲和母亲成了治疗和收养动物孤儿的专家。各种动物不断地登门入室。我的家庭照片里有一张我婴儿时代的照片，照片中我的头顶站着一只名叫“也许”的麻雀。“也许”这名字是因它的生存概率而起，尽管养大后被放生，它仍然常常在门廊前跳上跳下，想进屋拜访一下。“瓦尔”是一只优雅的小猫头鹰，它时常立在我们肩头，锐利的爪子穿透了我们的衬衫，还用喙把我们的头发弄得一团糟。有一只叫“塔米”的金花鼠住在洗手间的笼子里，就在豚鼠的对面。它们俩因一只鼯鼠而建立了某种联系。鼯鼠是我所知道的最柔软的动物。它白天犯困，钻进我们的衣领，然后滚落到腰间，就像挂在吊床上的一个球；夜晚它则大显身手，飞檐走壁。当一只角鸮来到家里养伤后，洗手间里众生皆无声息。为了不让它扇动折断的翅膀，它被放在一个旧桶中。每当有人要侵入它的领地时，它便会用镰刀状的喙敲出声响。

我们这些孩子很快建立起自己的动物园。那只从巢里掉下来的旅鸫在我啃玉米时会在我肩膀上等待,急切地想从玉米棒中啄出虫子来。我弟弟从一棵中空的树中抓了一只欧洲八哥,养在窗边的一个水果篮子里。我妹妹从鸟巢里掏了一枚热乎乎的海鸥蛋,小鸟和女孩度过了一个故事书里描述的那种夏天,直到小海鸥长大、任凭她如何呼唤也不再从海滨飞回家。我曾经两度饲养失去父母照顾的小浣熊,看着这些惹人怜爱的小家伙渐渐长大。动物的行为和肢体语言对我来说如此清晰,不需要花什么力气即可解读。

这就是为什么我觉得小孩子并不难相处。他们是本能和冲动还未经驯化的小动物。假如一只动物害羞了,我既不盯着它看,也不伸手抓它,因为这些动作有侵略性;相反,我会把目光转向别处,并摆出亲善的姿态。为了不惊吓到一个正在走近的小孩,我必须展现积极的情感。当一匹马感觉到骑马者因为害怕而身体呈僵硬状态时,它也会紧张起来,因为它已经进化出了对危险有所察觉的能力。相反,一匹畏惧的马会因骑马者的放松状态而得到安抚。小孩子也是一样:他能够观察到其他人的犹豫不定(有顾虑和危险的预兆)。这些我都尽力不表现出来。因此,了解了动物的本能后,就有可能控制它的行为以适应你自己。

当然,孩子和金花鼠是有区别的。首先,孩子是学习专家,一旦发觉自己受到了操控,他们经常会反抗。其次,在人类发育成熟时,我们的巨型大脑使得人与人的行为之间存在巨大差异。当你想操控一个成年人的行为时,与他讲道理要比利用他的本能更有成效。

虽然我早期与动物相伴的经验加深了我对人类的认识,我在成长的过程中仍然相信,我所属的物种与所有其他物种被一条粗线隔开了。动物是动物,人是人。毕竟在日常的世界里,人类行为的复杂性让我们的唯一性更加突出,从而弱化了我们和其他所有动物之间的共性。

后来,为了写一本书,我花了一年时间研究我家后院的小型生态系统。我认识了本地的松鼠和乌鸦、蠕虫和蚂蚁,学习了它们是如何与所在环境互动的。那本书还没写完,我就转了一圈,研究对象变成“我”这种动物了。我开始思索,孩子和金花鼠之间的区别到底在哪里?我的意思是,真正的、生物学上的、脑部的、不可变的区别是什么?更加吸引人的问题则是,真正的、生物学上的、脑部的、不可变的共性又是什么?就在那一刻,我意识到,我还从来没有见到过关于这种叫做智人(*Homo sapiens*)的物种的生物学上的说明。这让我感到无比困惑。

无论何时,生物学家只要发现了一种新动物,他们的习惯是把这种生物剖析透彻,得出一份清晰的信息表。通过专业上的拆分,他们列出腿和牙齿的个数,记录食物偏好,概括出繁殖习性。举个例子,随着这样的生物学描述,一只豪猪出现在我们面前:

> 身体描述:这是一只15磅(约6.8千克)重的哺乳动物,牙齿大、眼睛小。背上独特的刺能刺破捕食者的嘴。
>
> 习性:这种动物喜好在树顶进食,也在地面觅食。在现成的岩洞中睡眠。
>
> 分布:北美洲,包括加拿大和阿拉斯加的冻土地带。
>
> 行为:这种动物昼伏夜出,几乎独行。与传说中的情况相反,它不能自行折断刺;事实上,假如它身上的刺不脱落,它会与受害者一直紧贴在一起。
>
> 繁殖:胎生。

还有一些关于这种动物的感官、交流、食物、对环境的影响,以及捕食者的情况。每个物种都经历这样一个程序,形成一套标准档案。这是概括一种动物在生命之网中位置的很管用的方法。

我读过几百份这样的材料,描述从三趾树懒、九带犰狳到十三条纹地松鼠等种种动物的情况。然而，我从未见到过对于“直立猿”的完整描述。我们智人一直渴望描述自己身外的世界，却一直没有把我们自身的自然史写下来。

这可不太妙。一方面，这强化了一种概念，即我们不是普通的动物。人们会得出这样一种印象，好像我们优秀得难以概括。我们能用文字刻画长颈鹿，却不能刻画人类。这对其他物种是不公平的。另一方面，它意味着我们与其他动物不相称。它导致了这样一种印象，即我们不应该与好望角大羚羊和大猩猩相提并论；我们把自己与哺乳动物的亲缘关系割断了。这对我的物种也是不公平的。

在这件事上也没有必要闷闷不乐。还有哪些事情能比描述人类更有趣呢？你觉得这种动物是什么颜色？说到饮食，地球上有没有我们人类不吃的东西？说到交流，我的微笑或伸出的手掌，是否与黑猩猩做出的类似动作传递了相同的信息？人类能像驴子和马、狮子和老虎交配那样，与其他物种交配吗？

对这个物种恰当的描述将回答这些小问题和一些更大的问题：从动物学的角度来讲，我们是谁？的确，我们很聪明——但与谁相比？没错，我们沉迷于交配，但比起其他动物来是更多还是更少？男性与女性之间的行为差异很大——但这很不正常吗？人类是像狮子或熊那样的顶级捕食者，还是必须像瞪羚和兔子那样得时刻警惕身后的敌情？我们能像山羊那样在高山上存活吗？如果能，每个人需要多大的地方？我们之间确实存在很多交流，可是鹦鹉和草原犬鼠也能那样做。我们的行为在极大程度上是以工具为中心的，但是当我们更接近地观察其他生物时却发现，能制造和使用器具的动物名录正在不断增加。

令人高兴的是，人（也只有人）有兴趣分析自己。长颈鹿或吉拉毒蜥不会花时间托着下颚，一边观察自己的邻居一边思索，但是，人却以分析自我为乐。我们，也只有我们，想知道孩子和金花鼠之间在哪些方面有交集，在哪些方面毫不相干。

第一章

蚂蚱般迅捷:身体

智人是一种哺乳动物,非同寻常地用两条腿行走,留出前肢以完成其他任务。虽然这种动物平常的状态是行走,但是其颈部具有一种罕见的特征,允许它以相当可观的速度跑出惊人的距离。大多数个体身上长有黑色的毛发,且大多分布在头部、四肢关节和躯干部,同时全身其余各处有细毛覆盖。人类的皮肤一般呈现为棕色,但在一些隐秘部位是粉色的。大多数人的眼睛是棕色的,但对于肤色较浅的人而言,眼睛或许呈淡褐色、绿色或蓝色。

除去小得出奇的犬齿不算,人类的牙齿显示出典型的杂食性。(事实上,这种动物在身体攻击或防御方面的装备惊人地落后。)由于人口繁衍长期保持独立性,人类进化出多种变体或种族。俾格米人是这些种族中最矮小的一族,站立时高度不足5英尺(约1.52米)。北欧人是块头最大的,荷兰男性的平均身高达到了5英尺10英寸(约1.78米)。

存在着明显的性别差异。女性胸前高耸两个永久充实的哺乳器官。与大多数雄性哺乳动物一样,男性有乳头但不喂养下一代。这两种性别在身高、脂肪储存量以及毛发分布方面都存在着差异。虽然人类与其他类人猿有相似之处,但细心的观察者会注意到,人类的皮肤和毛发有明显的弱化倾向,使之爬树的动作通常笨拙而易受伤。

体型差异巨大

在日常生活中，我被看作身材高大、金发的北方人。从这个意义来讲，我不是一个可用于研究人类动物的理想个体。绝大多数人拥有更深一些的肤色，身体适应更温暖的气候，由于饮食条件差而微微有些发育不良。不过，我研究的人群是有限的。

这就是我：我的基因追溯至一群身材高大、浅肤色的灵长类动物，在几个世纪前来到寒冷的不列颠群岛。那个跳过篱笆去追求我奶奶的粗鲁的牙医是一个金发高个子，这是从他被驱赶出缅因州小镇后拍的一张照片里看到的。

这是我的配偶，可他却不会那么热情地撩开衣服，接受我细致的分析。而且，从他的DNA进化成熟的地理区域来讲，他和我并没有什么区别。他家族中的一支迁徙到比我的家庭更往南一些的地方，但也远不了多少。他的皮肤呈现出更多的橄榄色，而毛发的颜色也更深一些，但他确实是一个欧洲人。他的两个后代也都是浅色人种。我们都是在北方长大的，但是他的孩子的头发和眼睛的颜色确实与标准更接近。

然而，这些仅仅是我们在日常生活中的样子。从生物学角度观察，我们是无可置疑的人类。只要不去管我白皙的皮肤，我从镜子中看到的动物无可争辩地就是人类。不管怎样，我属于智人。而现在，我正要看看"不怎么样"的一面。

我关闭百叶窗，宽衣解带。我的第一印象是惊慌不安。我像海豚一样赤裸，但又像猫头鹰一样直立。我的身体中堆积着脂肪，但却长着鹳那样的腿。我的头盖骨向前凸，高出了我的眼睛，而不是在它们后面。我无法否认，我眼前的这只动物——虽然我并不觉得奇怪——化了妆。

这是一只奇怪的小动物。当然，人类不是绚丽的孔雀，也不是光彩夺目的老虎。然而，通过对我在解剖学上每一个特征的每一次思考，我都希望身体各个可笑的元素能够集合起来成为一件严肃的事。大自然不会为了好玩而生产畸形儿，对于任何超出常理的事情，总会有应对的方法。

在昏暗的光线下，我从近处观察自己的身体。并非所有人在暴露自己的毛发部位和各个突出部位时有羞愧不安的感觉。他们很幸运。我所处的文化对哪些身体部位可以裸露，以及裸露多大面积很保守。我牢记这些教条。即便百叶窗紧闭，我在一丝不挂地站立时仍然感到紧张，我这个人即使身处加利福尼亚的天体海滩也不会感到放松。身体部位上下跳动、互相摩擦。即便别人不会瞧我第二眼，他们的第一眼已经够我受的了。给我件衣服穿吧！然而，这是科学。我的任务就是像观察松鼠或海象的躯体一样观察人类的身体：冷静而毫无偏见。

身材差异

让我们从最上面开始。我个子很高，十几岁时我的腿就很长了，因此我一直是啦啦队金字塔的最底层、合唱队的最后一排、从矮到高的队列里的最后一个。再说一遍，这不正常。可这里有一两个很好的解释：新的研究已经重拾关于人的身材的老观念，并且在这些老观念的基础上有所发展。

早年学习人体解剖学的学生相信一些人天生个子高，另一些人天生个子矮。由于缺乏相关数据，这些早期的学生遇到了困难，他们看不到关于人类身高的关键事实：身高是变化的。我并非指你我的身高变化，而是指人类整体的平均身高随着岁月流逝而发生变化。这样的时间跨度太短，不可能是进化的结果。所以，一部分人的身高一定是由其环境决定的。

在几个世纪之前就有过这样一个生动的例子，当时欧洲人正向北美大陆移民。已经存在于这块大陆的种族（即我们现在所知的美洲印第安人），是当时这个星球上个子最高的人种之一。沙伊安部落的男性平均身高5英尺10英寸。为什么会这样呢？他们受益于人口的低密度。他们食用富含高蛋白质、低脂肪的绿色野生植物和野牛肉。他们的生活用水相当干净，使得消化系统疾病和寄生虫类疾病减少到最低程度。总之，他们营养充足。而移民到这里的欧洲人却不是这样。

但愿我能知道我的祖先在17世纪晚期踏上这块大陆时有多高。他们中的大多数人资金充裕、营养全面，所以他们也许不像大多数人那么矮小。哥伦布（Columbus）手下的同胞（男性）平均身高为5英尺6英寸（约1.68米）。那些欧洲移民很幸运地懂得了如何使用金属工具，因为如果这些矮小的种族空手到来，他们会被身材魁梧的当地人嘲笑并被直接赶回家去。

即便那些成功的金发先人个子很高，我也很怀疑他们拥有我们今天这样的巨人身材。

在这些个头矮小的欧洲移民身上发生了一件奇妙的事：当他们扎下根后，他们的个头像野草一样猛长。距史密斯（John Smith）船长[身高可能有5英尺4英寸（约1.63米）]于1607年在詹姆斯敦抛锚两个世纪后，根据不同的数据，美国男性的平均身高增加了2—3英寸（约5.1—7.6厘米）。当欧洲移民学会如何在北美耕作之后，新移民每一代后人身高增长了1英寸（约2.54厘米）。今天，或许增长得比1英寸还多。一些近来从危地马拉迁过来的移民，仅仅过了一代，身高就增长了2.2英寸（约5.6厘米）。各种案例背后的原因都是一样的：饮食越好，影响发育的疾病就越少。

我们的个子仍在增长。第二次世界大战期间，全国性的食品短缺使得我的父母在孩提时代度过了一段食品配给的日子。如果那算是营养不良的话,你从他们的身高是看不出来的。我父亲长到6英尺3英寸(约1.9米)。我哥哥比他高1英寸,这说明有什么影响了我父亲的身高。我母亲由于当时患脊髓灰质炎而影响了身高,但仍是一个高个子。我和姐姐的身高没有超过她,即便我们吃的是牧场出产的食品,而且躲过了脊髓灰质炎。我骨骼的长度可能代表了我的基因所有的遗传潜力。

所以说,人类的身高与食品供应的质量有密切关系。例如,欧洲曾经环境恶劣,进而导致我的祖先逃离的地区在近几十年来有了很大进步。荷兰男性如今是地球上最高的人,平均身高5英尺10英寸。为什么是荷兰呢? 由于对贫困人口在医疗和经济上的社会支持,这个国家保障所有家庭的子女摄取足够的营养,同时采取了完备的疾病预防措施。因此,每个人能更好地发挥他的成长潜力。[他们还能再进一步。一些学者预测荷兰人还能再长高4英寸(约10厘米)才达到基因极限。]与之相比,我所在的社会中食物和药品分配得就不那么公平,许多孩子得不到健康的食品和医疗保障。因此,穷人的平均身高比富人低1英寸,拉低了全国的平均值。显而易见,在危地马拉和孟加拉国这样的地方,食品和安全住所的分配更加不平均,人的身高受到严重影响。有时一个独立的事件足以拉高或降低人的身高。在17世纪的小冰河期,由于农作物减产,欧洲人变矮了。日本人在第二次世界大战后的饥荒岁月,个头也变矮了。我们需要在全世界几代人都获得理想营养的情况下才能看到不同种族潜在的基因高度可能是多少。目前我们只能说,人类这种动物的高矮,从刚果民主共和国的爱菲俾格米男性的4英尺8英寸(约1.42米)到荷兰人的5英尺10英寸,因种族而不同。

人类女性的平均高度比男性矮几英寸。这个细节说明了一些问题。通常,性别之间的明显差别显示了雄性之间激烈的竞争关系。例如,一只雄性大猩猩的目标是向其他所有雄性发动战争,以控制一群雌性。输家不能繁衍后代。因为存在高风险的交配制度,雄性大猩猩的个头逐渐进化到近乎雌性的两倍。黑猩猩以比较松散的、更自由的交配方式群居，其中雄性的个头仅比雌性大20%—30%。在一夫一妻制（我们将在第七章对此进行调查）的人类中，男性体型仅比女性大10%—15%。

当一种动物出现这种"大小二态性"时，雄性的个头通常更大。雌性常常停止生长并开始繁殖，而雄性则不得不长得更高大，似乎在与其他雄性进行军备竞赛。不过，偶尔"大小二态性"也向其他方向摇摆。雌性斑点鬣狗是动物王国中最"男性化"的"女子"之一。这些"女子"往往比雄性块头大15%，使得雄性在雌性面前会避让三分。它改良过的阴蒂大约和雄性的阴茎同等大小。雌鬣狗通过这样的阴蒂排尿、交配，甚至生殖。（男士们，我听见你们在啧嘴。）尽管这种情况——雌性是一片领地的保卫者，或者它繁殖后代的方式需要一定空间以储存卵或脂肪，或者像发生在鬣狗身上的情况，激素系统的变化使得雌性突然具备超量的雄激素——实属罕见，这样相反的大小二态性也能够进化。

在一些动物当中，大小二态性可能走向奇怪的极端。在很多种蜘蛛中，雄性的个头小得可能被误认为是猎物。在某些种类的圆蛛中，小个头的雄性进化出一种能力，在触动雌性蜘蛛的蛛网时会发出某种特殊音调，表示"我不是猎物"。更加诡异的是居住在海洋深处的琵琶鱼。对于大多数种类的琵琶鱼来说，当一条小个头雄鱼找到一条雌鱼时，会把自己和雌鱼紧紧地拴在一起。它的动作异常坚定，头部几乎溶解掉，成为一个长着鱼鳍的精子发生器。（女士们，我听见你们在啧嘴。）更悲惨的是一种深海虫，其卵形的雄性仅仅充当精子袋的角色，在雌性腹部度过一生。

毛发稀疏

我眼前的这个身体修长的动物的最顶端是一片灰白的毛发，数量相当多,从我的头盖骨冒出,好像雄狮的鬣毛。它从我的肩胛骨间顺着后背垂下,经过理发师的修剪才停了下来。没有人说得清它能长到多长。每个人的毛囊都被设定了程序,在固定的时间段内长出一根头发,然后休息,之后又长出一根新头发把旧的那根顶开。我的母亲和姐姐都让她们的头发一刀未剪地长下去,结果证明两人的毛发有所不同。我姐姐的头发长到肩膀就稀疏了,而母亲的头发却垂到腰间。母亲的毛囊必定近乎圆形,因为她的头发笔直;姐姐的毛囊则有点扁,长出的是卷曲的头发;而我自己的毛囊肯定介于两者之间。

这就是我的头发的样子。然而,它能起到什么用呢?在我眼前的这个一丝不挂的动物,其头部的一半任由头发生长。它看起来像一个重音符,就像狮鬣可以展示雄狮的力量,或像小绢猴头上的一丛白毛,可以帮助其他猴子跟随它的目光。而我的头发却发挥不了两者中的任何一种作用。有时它甚至遮挡了我的视线。当有老虎向我发起攻击,或者小绢猴把它的那丛白毛指向一只美洲豹时,视线被头发遮挡可不是一件什么好事。

科学还没能解释人类毛发遮盖身体的模式。没有人知道为什么会有长长的"终端毛发"主要从我的头部、眉毛和四肢根部长出。为什么我不像通常的哺乳动物那样,全身都覆盖着毛发呢?向镜子跨一步,我明白了,事实上我是全身都有毛的。我的胳膊和腿上长有细短的毛发——茁壮的有色毛发。再仔细观察,从头到脚上百万个毛孔中钻出细小、半透明的"汗毛"。汗毛短小细微,甚至在嫩滑的手腕内侧,如果对准光线,也能看到它们。这就是皮毛。(我坚持自己关于皮毛即毛发、毛发即皮毛的观点,或许这会引起鬈毛狗主人的不快。即便是豪猪身上的刺或穿山甲身上的鳞片,也是毛发/皮毛,两者是一回事。)总体算来,我比黑猩猩的毛孔多。而且,当我在阴冷的走廊里以科学的名义光着身子站立时,竖毛肌让汗毛竖立起来,试图帮助我保暖。

因此,问题或许不是"为什么没有皮毛",而是"为什么人类的皮毛面积萎缩得如此之小,连老鼠的身子都遮盖不了"。这个问题带我们回到人类的初期,回到智人在我们的家谱树上从其他类人猿中分离出来的年代。六七百万年前,一支类人猿又分离成两支,其中一支分化成今天的类人猿——大猩猩、倭黑猩猩、黑猩猩、猩猩——它们都保留着得体的外套。另一支进化为终极类人猿——我——毛发的样子滑稽可笑。在原始人类的历史上发生了什么样的事件,激励我们甩掉了这层身体的外套呢?

答案是……天晓得!我们的智人祖先没有留下关于他们生活方式的文字记录,他们的骨骼化石成为研究稀少的毛发是如何帮助他们生存的关键证据。因此,何时以及为何全身的皮毛收缩为夸张的头顶一小片也成了谜。这样的知识真空引发理论家作出了种种理论猜测,其中包括:

◆ 我们的体型很大,而环境却很温暖,皮毛使得我们的体温过高。

◆ 一种性别崇拜另一种性别的裸体,使得两种性别都向赤裸进化。

◆ 毛发稀少是"幼态延续"的副作用,显示了人类具有保持孩童特征的倾向(如过大的头部和一辈子存在的好奇心)。

◆ 在人类进化的所谓水生阶段,体毛显然是拖累。

◆ 我们必须脱去有保护作用的皮毛,才能摆脱寄生的虱子。

第一种理论最为流行。这与早期智人为追捕猎物而离开森林,来到非洲平原,适应新环境有关。假如他们起初用四肢爬行,那么他们背上的皮毛可以保护他们不被阳光灼伤。但最终,为了提高捕猎成功率,他们进化到可以用两条腿走动。年复一年，他们进化出了丰富的汗腺。（我们从祖先们那里遗传获得的汗腺比地球上任何其他家畜的都多，有几百万个。）如果汗水能很快蒸发掉，出汗将有效降低动物的体温。因为皮毛减缓了出汗降温作用，祖先们逐渐褪掉了皮毛，裸露出潮湿的皮肤。

“汗水理论”与其他理论相比，弱点较少。例如，若甩掉皮毛可以阻断寄生虫，为什么其他哺乳动物没有这样做呢？或者说，如果毛发稀少是为了加快游行速度，为何海狮和水獭仍然保留皮毛呢？为何早期的人类再次加入陆地哺乳动物行列之时，没有再次进化出皮毛呢？我能想到的极少数秃毛哺乳动物——大象、犀牛、海象，还有鲸——可以说是对汗水理论的极大支持。因为这些物种耐力并不强，它们不出汗或只轻微出汗。然而，人类的身体适合远距离跋涉，他们大量出汗。比较每平方英寸（1平方英寸≈645平方毫米）皮肤的出汗量，人类只输给了马。因为马分布在北方地区，迫使它长有厚厚的皮毛，而这又使它更多地出汗。与马相比，我们这些对工具着迷的智人来到马生活的冰雪天地时，发明了衣服，一种可以随意穿上和脱下的保温物。因为我们掌握了工具，我们不需要皮毛；因为我们缺少皮毛，我们享受着世界级的凉爽。

可是，这种解释忽略了我头上的头发问题。这里最讲得通的理论与“巨大的”脑有关（这部分内容我们将很快讨论）。这种理论是这样的：当我们的祖先（即智人）直立起来时，他们的头部暴露在热带阳光中。当智人的脑进化得更大时，头部毛发的重要性也更加突出。脑就是一团发热的脂肪，一个3磅（约1.36千克）重的散热器。它不耐高温，在107.6℉（42℃）时就要失灵。所以它由一撮毛发挡住阳光，并由汗腺调节温度。这就是设想的理论：我们甩掉身体皮毛让自己更好地降温，但是保留头发保护脑不受烘烤。我的头发为脑遮挡阳光，这与沙漠里的一只羊靠羊毛保持凉爽是一个道理。我的其他皮肤暴露在风中，让我在南波特兰平原追逐猎物时出汗，并且凉快下来。

我的配偶脱去衣物后看起来比我更多毛。由于雄激素的原因，终端毛发除了从他的四肢根部冒出之外，还从他的面颊、下巴、脖子和胸部钻出。为什么男性会有更多毛发，原因还不清楚。可能是因为女性长时间以来偏爱毛发重的男性，结果导致多毛的男性繁衍的数量超过少毛的男性—— 一种被称为“性选择”的现象。孔雀的尾巴可能就是这样进化而来的：除了开屏时美轮美奂，别无他用。（许多文化现在对男性和女性的体毛都不再加以青睐的事实没有起到实质性作用——或许并非如此：假如女性连续几代对此不再偏爱的话，男性有可能逐渐进化得和女性一样少毛了。）

性选择能够解释体毛的样式存在地区间的差异。可以找到这样的规律：在欧洲和中东进化的浅肤色人种毛发最重，而南亚和东亚人、美洲印第安人、西部非洲人属于毛发最少的——某些男性面部完全没有毛发。其中的原因可能是历代中东女性偏爱毛发重的男性，而亚洲女性则对这样的追求者没什么兴趣。支持性选择的另一种理论是，人类毛发只在我们接近育龄时才从有浓重体味的部位冒出来。在人身上，大汗腺集中在四肢下端和胸部乳头四周，并把脂类物质排到毛干。尽管证据不足，有一种观点似乎比较合理，那就是我身体的毛发有助于向潜在的配偶散发独特的体味。[我的配偶能从我的体味中读出什么信息（如果他真能闻到的话），将是我们在第三章和第七章要讨论的内容。]

皮肤和毛发的颜色

如果说我的毛发分布是一个谜，那么它的颜色是另一个谜。我的毛发好像一片干草地。我奶奶的好像“苹果木”，就是那类有着明暗相间条纹的木材。我爷爷的像“沙洲”，意指粗麻的颜色。与我的浅肤色一样,浅色的毛发与“原型”大相径庭。通常认为,人类在光线充足的草原上进化而来,在这里我们长成了深色毛发覆盖下的深色皮肤,正如今天的黑猩猩和大猩猩。直到今天,在我们人类进化的纬度上,正常人毛发的颜色呈棕色或黑色。从非洲迁移**出去**,且肤色适应了其他气候的种群才需要对他们的外表加以解释。抛开这些纷扰,我的小麦色外表把我引入了对种族问题的讨论。

这里还要注意的是:许多进化生物学家现在认为,没有种族这个人类分支概念。他们认为,在两个欧洲人(比如我和我的配偶)之间,比我和我的蒙古国朋友保拉赛赛格(Bolortsetseg)之间,存在更多的基因差异。这在我看来是个数学把戏。当然,我的蒙古国朋友和我有同样的让我们长出肾和指甲的基因。那些基本特征并不会随着驱动进化的气候的压力而改变。但是大多数人,包括我自己,能毫不费力地挑出我的蒙古国朋友和我之间基因组的区别在哪里。我们可以观察自己,看到理论家没有解释出来的东西:不论我们的DNA之间存在什么样的差异,这些差异都对我们的外貌有着巨大影响。它们影响的不仅仅是皮肤的颜色,而是整体的外貌特征,包括眼睑、鼻子、嘴唇、皮肤、头发,甚至是身材。如果我们和地球上的其他动物一样,我们就会有许多这样的差异:相互隔绝的人类种群在不同的环境中进化,他们的DNA排列就会有显著差异。因此,科学家在基因组中发现的种族差异“从科学和数学角度讲无足轻重”,但从生态角度讲绝不容小觑。人类的身体与他(或他的历代祖先)进化的环境之间关系极大,无法忽略。而且,我们人类观察其他动物时也采用完全相同的方法:以种族划分,有颜色、形状、大小和地域的差异,但仍属一个物种。举一个例子,佛罗里达的黑熊重300磅(约136千克),吃大量的植物,而纽芬兰的黑熊重400磅(约181千克),以驼鹿和驯鹿为食,阿拉斯加的黑熊身体则通常是棕色的。

现在,返回来说我独特的体型和颜色,这些与众不同之处是肯定存在的。在镜中，我的肤色很浅，这就让我身上每颗痣和每处瑕疵都不友好地显现出来。这是典型的北欧人的长相。我肤色浅、毛色浅、眼珠颜色淡、鼻子长、颧骨窄、嘴唇薄。我接近人类肤色最浅的一类了。然而，欧洲人有一点不太寻常，就是他们表现出不止一种颜色。在我的直系家族里，皮肤都是浅色的，但我却能找到棕色、绿色和淡褐色的眼珠，以及红色、棕色和近乎黑色的毛发。这个借来的特征或许与北方物种体内黑色素的水平有关系，或者与一些畸形但无害的变异有关。地球上的其他人类种群多数保持了褐色眼睛和黑色毛发。

那么为什么与非洲人、印度人和澳大利亚人相比，我显得如此面无血色？关于皮肤颜色的问题牵动整个人类的时间并不长，与此相比，一种站得住脚的理论的出现倒是费了相当长的工夫。直到最近，最好的猜测是，拥有深色皮肤的人在赤道附近占多数，这样的肤色有利于抵御皮肤癌，而拥有浅色皮肤的人出现在北部和南部，这样的肤色有利于促进利用稀少的阳光合成维生素D。但皮肤癌则是不相干的话题，它的进程非常缓慢，多数患者直到养育了后代以后才会死亡。这种疾病对于进化应该没有影响。

维生素B，或称叶酸，就是另一段故事了。它激发美国古人类学家雅布隆斯基（Nina Jablonski，属于浅色人种）提出了一个比较稳妥的观点。她和她的合作者（也是她的配偶）利用人类制造出的一种高级工具——一颗轨道卫星——来测量到达地球的紫外线的量。他们拥有紫外线强度图，下一步要观察人类皮肤在阳光最强烈和最弱的地方各进化成什么颜色。在那之后，他们在图上标出人类皮肤的颜色。没错，在紫外线最强的地区，人类肤色最深。然而，雅布隆斯基说，皮肤癌不是造成这种现象的原因，叶酸才是。

人类从膳食中获得叶酸，但是当紫外辐射穿过皮肤时，破坏了叶酸。女性缺乏叶酸可能导致不孕，即便她们的孩子生存下来，也可能遭受致命的神经损伤。男性缺乏叶酸,产出的精子质量低下。这一类影响是能够改变进化方向的。当原始人类在非洲的阳光下进化时,那些皮肤中碰巧黑色素较多的个体避免了受到紫外线的伤害,保持了比较正常的叶酸水平。他们生育更多后代,因而赢得更多的机会,在人类种族中他们的基因被传递下去。

因此,如果说对叶酸加以保护的需要造就了深色皮肤,那么,又是什么导致我的祖先们在迁移到紫外线图暗处后,身体里的黑色素减退了呢? 人类与阳光的关系冲突不断。我们既要阻挡紫外线,又得靠它穿透皮肤,以生成维生素D。维生素D对骨骼的构成和血液健康至关重要。我们必须有维生素D,而阳光就是来源。因此,雅布隆斯基总结道,人类的肤色要找到一种微妙的平衡。它的颜色必须足够深,以保护叶酸不受破坏,同时又必须足够浅,以生成维生素D。这是个简单明了的理论:在阳光充足的地方,人类可以拥有深色皮肤,因为他们仍然能获得维生素D。而在阳光不足的地方,对叶酸的威胁减小了,皮肤才有可能是浅色的。这种理论甚至还可以解释为什么女性的肤色通常比男性的浅一些:女性需要更多的维生素D来生育后代和哺乳。(我猜想这还能解释女性的面部为什么缺少毛发:如果我长着一脸大胡子,就会削弱我制造维生素D的能力。)

这幅紫外线图并未完美地预测人类的肤色。雅布隆斯基偶尔也会发现在高强度紫外线地区生活的浅肤色人类,以及在光照较弱的地区生活的深肤色人类。雅布隆斯基说,之所以出现这些“错位现象”,是因为我们这个活跃的物种迁徙到一个新的居住地的时间距离现今太近,皮肤的颜色还没来得及进化成理想的颜色。(例如,从英格兰到澳大利亚的移民,还没有适应当地强烈的紫外线。他们可能拥有强壮的骨骼,但也饱受黑色素瘤之苦。)另外还有一些例子,如深肤色的因纽特人,他们的膳食中含有(来自鱼类的)大量维生素D,因此皮肤颜色可以深一些,从而保护叶酸。所以我这白得可怕的皮肤确确实实地证明:我适应了多云的气候。

如果我接受人类存在显著差异的说法——我的确接受——那么我该如何称呼他们?我的蒙古国朋友和我属于智人的不同"亚种"吗?生物学家用这个词来称呼外表稍有不同但能轻易混种繁殖的动物群。比如,在加勒比海和美洲生活的一种红尾鹰(*Buteo jamaicensis*),就有16个亚种,其中包括头部全棕色的*B. j. calurus*、全身浅色羽毛的*B. j. kriderii*,以及胸部有杂色斑点的*B. j. harlani*。它们其实都是红尾鹰,可它们就是不一样。

或者保拉赛赛格和我是两个"变种"。当一个物种内部的个体在颜色上有明显差异时,生物学家就会使用这个名词。许多鹰有两种色型:浅色和深色。北美灰松鼠有时呈黑色。一种宝石色的澳大利亚雀有3种色型:红脸、橙脸和黑脸。驯养的动物在种类方面更是多样,如狗的体型可以从面包大小到矮种马大小。我们培育出了带有各种天然毛色的家兔,它们耳朵的模样在大自然中会贻笑大方。

如此说来,用哪个词才合适呢?"变种"这个词的意思太窄,不能概括保拉赛赛格和我之间那么多的差异。我们不但肤色差别很大,还有更多基本结构上的不同,像颧骨、鼻子、嘴唇、眼睑等。然而,"亚种"却是个很糟糕的词,原因是智人是一种对自己的身份很敏感的动物,谁也不愿意当"亚种"。我要尝试按照英国生物学家勒罗伊(Armand Marie Leroi)的灵活思想,平和地使用"种族"这个词。他把种族的概念描述为,"能让我们不太精确地、感性地描述由遗传而非文化或政治所造成的差异"。

近几个世纪以来,现代智人通常分成以下3个典型的种族:亚细亚人、黑人和高加索人。而这3者又可进一步细分。在我看来,我自己面部的不列颠群岛特征看上去比棱角分明的法国人更具起伏,但比起浅肤色的俄罗斯人还差一些。同样,在我眼中,长着突出眉骨和宽鼻子的澳大利亚原住民,与非洲南部脸型为心形的布须曼人大相径庭。而布须曼人的相貌与小个子的喀麦隆的巴卡俾格米人又完全不同。这就是勒罗伊所持的种族的细分概念。他认为,讨论人类的分类时,你想分出多少类,就能分出多少类。

这种理论适用于我。根据这个范例,按照类别的从小到大,我可以把自己称为不列颠群岛种族、北欧种族、高加索种族及人类。这样的划分不太精确,是灵活的,从政治意义上讲甚至是不正确的,但这是对我的皮肤、毛发以及面部骨骼在多云、低温、孤立的人类繁衍环境中如何形成现在这个样子的真实反映。

人类多样性的话题掺杂了情感因素,但是大量其他动物同样在不同的环境中进化成不同的亚种。红尾鹰的不同亚种之间不仅存在颜色差异,其体型大小和繁殖习性也因为环境造成的压力而不同。那种主要在亚洲出没的豹猫(有斑点的漂亮小动物)有11个亚种,身上长有起伪装作用的皮毛(从南部的金黄色到北部的灰色都有),分布在北部最寒冷地区的豹猫的体型比南部的大1/3。行踪遍及热带地区的绿鹭,其亚种数更是达到了惊人的20—30种。不论何时,只要一个种群被单独隔离,它将继续进化,慢慢地脱离与其所属物种的其他种群之间的相似性。我这张没有多少黑色素的脸就是一个证明。

我没有急于在镜中沿着身体向下观察,我认为在一个原始人身上,观察点应该集中在头上。我已经讨论过了我的毛发,琢磨过我白皙的面庞。下一个显著的特征是,当然,我指的是我的特征。耳、眼、鼻、嘴做了太多工作,目前最好先跳过它们,到第三章再讨论。现在我完全可以说,我的5个主要感觉器官中有4个集中在头部可不是巧合。人类已经习惯于把耳、眼、鼻、嘴都认作"脸"。然而,如果分开考虑,每一个器官都是一个感觉器官:我的眼睛是一架湿润的照相机,我的鼻子向前凸出以检测空气，我的耳朵将振动传入脑。镜中的那张脸简直就是围绕“脑”这块母板、这个中央处理器的工具之集成。在人类身上，脑本身同样值得用一章的篇幅来书写。看看面前镜子中我的样子，我这个物种的下一个专题是关于哺乳动物的“哺乳”这个特征。

突出的哺乳器官

从辉煌的顶点离开，我们沿着脖子（讨论腿和姿态的时候我将再次回到这个部位）往下走。我们很快遇到男性和女性最显著的差异——实在是一对耀眼的不同之处。假如我的配偶就在身边的话，我们将看到他的两个乳头平贴在他的胸肌上，像脚底的鸡眼一样毫无用处。在胎儿生命形成的早期，乳头出现在大多数雄性哺乳动物身上。（这可能是一个进化的小分岔口，但由于这个变异的代价极其微小，一个没有长乳头的男性相对有乳头的来说没有优势，因此这样的变异没有在进化的道路上延续下去。）然而，在我这样的女性的胸部，每个乳头位于脂肪半球顶端。我走路时这些脂肪的储蓄袋来回晃动，跑步时它们上下跳动，引人注目。它们，连同我的腰-胯比例一起，把我的性别信息传送到100码（约91米）之外的观察者眼中。

这是否就是我膨大的乳房进化的原因，还值得探讨。人类女性的哺乳器官和人类的毛发样式一样，是动物王国中的怪现象。对于大多数哺乳动物而言，哺乳器官仅在母亲哺育幼崽时才膨胀。当后代们断奶后，乳房就缩小无用。而我的乳房，与我其他第二性征（成丛的毛发、变宽的骨盆、胯部和臀部的脂肪层）一同发育，总是填满了脂肪。我看不出这样的安排有什么优势可言。我的皮下或胯部很容易堆积一层薄薄的脂肪。所以，有可能是性选择的力量在反复无常地起作用。我饱满的胸部仿佛在向全世界的男性宣布，我已经储存了充足的脂肪，可以养育多多的后代。如果我这样的“秀给你看”式的广告能够吸引更优秀的男性,那么它就算是进化对这样的结构给予的奖励。更丰满的乳房能储存更多母乳,这种能力可能会促进进化:大乳房的女性延长了哺乳婴儿的时间间隔;这反过来又降低了婴儿哭叫肚子饿的频率,从而降低了捕食者顺着哭声找到婴儿的概率。这样一来,我的血统问题可能有麻烦了。从镜子中我身体的样子看来,我的后代恐怕要经常哭着喊饿了。但是作为补偿,一旦我们引来任何觅食者,我能做到行动无阻,抱起这个小发声器一阵风似的跑远。我见到的**最不**令人开心的理论来自亲爱的莫里斯(Desmond Morris)。他在经典之作《裸猿》(*Naked Ape*)中提出,乳房是对臀部的模仿,以身体的前部和后部激发男性交配的冲动。我粗浅地认识到,由乳房引起的性冲动是一种文化现象。同样,我粗浅地认为,在衣着最少的文化(亚马孙的雅诺马米人文化、纳米比亚的辛巴人文化、里维埃拉的法国人文化)当中,人类确实只对性器官特别加以隐藏。

但在我所处的文化中,大多数女性是把乳房遮蔽起来的。我提醒自己,我们还是走出这个区域,不管这里有什么,继续向下走到腹部吧。

储藏能量的分配……对,脂肪

从我逐渐窄小下去的腰部向下,我们来到(比我希望的要快)生理学家称作"初级能量储存组织"的区域。我的手遮挡住我的(你的,每个人的)这部分组织并不是出于巧合。在我的文化中,它们是令人憎恨的。我对脂肪的仇恨是最近在人类历史中发展而成的,但我们将在第六章进行详细讨论。这里我应该尝试培养对脂肪的赞美——一个原因是它们给人类提供的服务,另一个原因是为何它们聚积成团。

脂肪毕竟不是凭空而来的,人类伟大的脑离开胆固醇就无法正常工作。胆固醇是脑细胞和肝脏制造的一种特殊的脂类物质。在整个身体中,多余的胆固醇隔离神经纤维,建立细胞膜。它也是制造我不想缺失的性激素的关键原料。不过,胆固醇只是脂类的一种形式。

更普通的是包裹我臀部的这一层。这些物质仅仅是一团被称作脂肪细胞的特殊细胞,每个细胞内包裹了一小滴油。当我吃进的食物比身体要消耗的多时,它就会转化成油脂储存在脂肪细胞内。显然,这样的事我干过不少次。当我吃的东西少于身体所需时,储存的油脂就会被提取出来燃烧。我这些储存的脂肪就好比一个银行账户。所有哺乳动物都有一个脂肪储备最小值,低于这个值,身体的平衡就会被打破,惹来麻烦。大多数温血动物需要有4%—8%的身体脂肪来维持正常的活动和繁殖。我大约达到了30%,因为……我得吃一块点心才能思考这个问题。

我身上有如此多脂肪的原因之一是,我是女性。一个健康的男性身体约有15%是脂肪,而有繁育后代职责并为他们提供营养的女性,其身体的脂肪含量是23%。我携带的脂肪更多一些,因为……因为点心实在是伸手即得。

不论怎样,许多人不再需要储存多于最低限量的油脂。逐渐地,我们使用工具在体外储存食物。这种方式模仿了一种大自然的经典手段,松鼠、田鼠、家鼠,以及许多其他小型动物会把食物藏起来备用。大多数人现在利用工具贮藏食物,这样我们就不必在野外搜寻。如果人类采用了迁居方式而不是贮藏食物的方法,我也许能比现在更苗条一些。北美驯鹿、牛羚、许多鸟类,甚至是鲸都进化到能够在全世界迁徙以找寻不断变化的食物源。假如某个地方的食物匮乏,它们就跑到食物充足的地方去。

哎呀!虽然人类学会了储藏食物,他们的行为仍然像大自然中真正的大胖子。一些动物习惯把一顿大餐中得到的能量藏在皮肤下面,以备后几个月之用。骆驼、某些种类的熊、刺猬、獾和一些迁徙的鸟儿会变成大自然的胖子。这些矮胖的家伙共有的特征是食物源零星散落。它们在好时节做好储备,在时令不佳时再动用这些资源。它们忍饥挨饿的本领同它们大吃大喝的本领一样出色。虽然人类已经证明自己能吃能喝,可就是挨不了饿。

如果我具有北极熊的生活方式,那么这些多出来的能量就不是什么问题。在冬季冰封的季节,这些动物囤积了大量的脂肪。海冰到了春天融化,迫使北极熊登上坚实的陆地,在这里它们进入了一种滞缓的"行走中的冬眠"状态,从而节省能量。这些胖子中最肥的要数繁殖期中的雌性个体。一只怀孕的雌熊面临着9个月的禁食,在这段时间里,它将在洞穴里度过妊娠期,之后生下并喂养小熊。为了做好准备,它将囤积起400—800磅(约180—360千克)的脂肪,臃肿得几乎寸步难行。一只怀孕的母熊看起来像一团雪球。

我不算是自然界中的大胖子,因为人类的活动量比一只沉睡的北极熊的活动量大,多余的脂肪会给人类的关节造成压力。因为人的身体机制不适应囤积过多的脂肪,肥胖以癌症、糖尿病和心脏病的形式威胁着人类,但却不会威胁到北极熊。遗憾的是,仅仅说我的身体不适合储存脂肪并没有阻止我胖起来。我带着大量小而中空的脂肪细胞来到了这个世界,这些细胞分布在我皮肤下、肌肉之间和器官周围。它们想方设法把自己填充满。我想方设法把它们清空。你可以用一把黄油刀来砍断这根两头拉紧的线。

不仅仅是我。脂肪"通常的行为是不可预测且令人烦恼的",英国开放大学学者、脂肪问题专家庞德(Caroline Pond)在《生命的脂肪》(*The Fats of Life*)一书中这样描述。人和人相比,脂肪细胞聚集的方式不同。这种能量储藏的分布方式有一部分是遗传在起作用。我家族中的女性囤积脂肪的部位通常是胯部和大腿,而非乳房。脂肪的形状也有非遗传因素,留下了足够的个体表达空间。事实上,我们比任何其他物种享有更多的有表现力的脂肪。在其他动物身上,脂肪表现得更可预测、更容易理解。

我的脂肪确实遵守着一些规则。最重要的一条是它必须待在不碍事的地方。例如,我不能把它储藏在我的脖子四周,否则会妨碍我向下看。它不能像襁褓一样包裹我的手指,因为纤细的指尖需要完成精细的任务。它决不能裹住我的头,以免我的脑过热。它决不能让我的胯部内侧加厚,否则我追逐猎物的能力就会被削弱。在这些限制之下,对男女都安全的方式是在皮肤之下储存一层平滑的脂肪。

并非所有哺乳动物都有皮下脂肪。我们能在海狮、逆戟鲸等海洋哺乳动物身上找到这层脂肪,但是其他大多数动物把这些脂肪堆放在指定的地点。骆驼和野牛把脂肪储存在隆起的背部,河狸和鸭嘴兽存放在尾巴里。灰松鼠把一半的脂肪深埋在肠子里,鸟类在胸部的龙骨周围储存很多脂肪,可能是为翅膀肌肉保存燃料。黑猩猩和大猩猩这样的灵长类喜欢堆起肥胖的大肚子。许多其他哺乳动物在它们肩膀上堆起一层脂肪。虽然我的脂肪集中在胯部,但在我的全部皮下也同时储藏了一层。

我的皮下脂肪的奇特之处引发了关于人类进化的一种最怪诞的理论。尽管我费尽了力气,我还是无法直截了当地描述水生猿理论。问题在于,几百万年前的人类早期,我们像水獭一样在水里生活。我们捕鱼靠的是……指甲?(许多捕食者赖以搏斗和进食的犬齿,在我们身上早就缩小了尺寸。)按这种理论,我们丢掉了身体毛发是因为它阻碍了我们游泳;为了保温,我们在皮肤下面长出了类似海豚的脂肪层。我们费力地涉水或游泳以追逐猎物,只把毛茸茸的头伸出水面,暴露在阳光下。

现在,我把海豚看作下一代智人,但这并不能说明问题。人类身上的脂肪层与海豚的差异很大。真正的水生哺乳动物,如海狮和鲸,生下来就有一层光滑的脂肪,而且伴随着生长一直留在身上。(庞德认为这不是为了保温。由于海洋哺乳动物的脂肪分布并非均匀的一层,她猜想这种情况与流线型的身体和为附近的肌肉提供能量有关。)与之相比,人类的脂肪在一生中在全身各处挪移。我婴儿时期圆圆胖胖,身上囤积了“燃料”为我保温,并让我从出生顺利过渡到几天后的哺乳期。到9岁时,我消耗身体的脂肪过快,使得我的身体像个没有软垫车座的自行车架。到了18岁,我开始了与怀孕和哺育这些消耗脂肪的任务相反的脂肪囤积。这些年间,我体内不断变化的激素将把脂肪转移到我的腰部。我肯定,我已经成熟的身体的脂肪“地貌学”与我的“流体动力学”毫无关联。

我在水中成功生存仍然存在几个阻碍。我的扁平的口鼻部,即便它与令人尊敬的犬齿很相配,还是在我捕猎时暴露出我的鼻子和眼睛——除非我是一只会使用工具的水生猿。还有我的手指,水生生物学家声称水生猿指间是有蹼连接的。事实上在游泳时,这些据信存在的蹼在我弯成杯状的手掌间卷起时游得最快。即便如此,水生猿理论在思想的大海里继续凸显,还没有迹象表明它会退出舞台。

回到我的脂肪问题。除了皮下脂肪,我身体前面和后面还储存着一些明显的脂肪团。我的配偶身上的脂肪则在其他一些地方出现。他身上的脂肪和其他灵长类一样在腹部堆积。如果再多一些,可能会堆积在肩膀上面和脖子后方。庞德认为女性无法像男性那样,把健康的脂肪账户设立在肚子上,因为那样可能会让一个孕育中的胎儿体温过高。我的脂肪堆积到臀部,虽然并没有使我的烦恼减少,但至少不碍事了。

庞德还相信,储藏在乳房里的脂肪不仅具有性别独特性,还含有性的意味。她的理论向女权主义宣称乳房是哺乳器官而不是性玩具的观点发起了公然挑战。这个观点很能吸引人的眼球:一名健康的女性平均大概只有4%的身体脂肪储藏在乳房中。然而,这4%对男性来说却造成视觉上的一大冲击。庞德说,这是对性选择特征的最重要的让步:好比是加利福尼亚鹌鹑头上一抖一抖的羽毛或雄狮身上黑色的鬣毛,比起它们的实际用途,这对球状突出的乳房看起来更惹眼。它们可能发出这样的信号,我已经为哺育后代做好了准备。

最后要讨论的是男性和女性之间脂肪储藏最不公平的一条区别——胶原蛋白的分布。虽然说出来让我心痛,但我还是要站出来说:我腿部的能量储存组织是坑坑洼洼的。这或许在人类的大部分时间里,尤其是在文艺复兴时期的欧洲,绝对是一大财富,但这个观点仅仅在那个时期站得住脚。从生物学角度讲,这些凹凸来自女性胶原蛋白的分布。胶原蛋白是将皮肤固定在深层肌肉上的纤维,在脂肪中穿过。在我这样的女性腿部,胶原蛋白以直线方式穿过脂肪,好比钉子把毯子钉在墙上,但是撑住我的脂肪的“钉子”数目太少,使得毯子在钉子与钉子之间塌陷下去。让问题更严重的是,随着时间的流逝,我的雌激素对胶原蛋白不断起作用,让这些纤维收缩。这加剧了鼓胀现象。相比而言,男性身体中的胶原蛋白“钉子”纵横交错,对毯子起到更强的稳定和平整作用。为什么我会进化成这样坑坑洼洼的状态呢?没有证据。我认为,那些胯部的凹凸和胸部一样,能发出信号,表明一名女性已经贮存了足够脂肪,可以养育胖乎乎的婴儿。带有时髦意味的局外人的特征已经进化了。

如果在脂肪的分布问题上还有一点公正性的话,那就是在人类的衰老过程中脂肪迁移的方式。大多数男性在老年阶段,因为他们的激素分泌逐渐趋近于雌性化,胸部会长大。当然,我身上的脂肪也会迁移,我的臀部会变得瘪小,而脂肪会在我的腰间堆积起来,令腰部的曲线顿失。随着时间变化,男性和女性的身影发出了相同的信号:青春已逝。

前肢,原始的防御工具

比起我的臀部,这只令我的臀部黯然失色的手,才名副其实地令人难以理解。没错,这只手也是我的高端武器系统——五根由薄薄的皮肤覆盖和脆弱骨头组成的小棍,尖端带有类似爪子的脆弱的指甲。我试图数清成功使用它作为武器的次数。我记得有一次我攥起拳头把我哥哥打倒在地。我还记得曾经狠揍过那个愚蠢地和我分手的男孩。这两次我都是冲着满口空话且惹人厌烦的家伙发动攻击的。这正是我的这些小棍子比较擅长的。除非你交给人类武器,否则他的装备极其落后,不具有任何危险性。

这在灵长类动物中很不寻常。人类的表亲黑猩猩最拿手的武器是它的大牙。2005年,黑猩猩攻击了一个男人,充分展示了其力量。这个拜访加利福尼亚一个黑猩猩收容所的人差点被咬死。两只雄性黑猩猩几乎把他的手指、生殖器、大半边脸都咬了下来,还咬掉了他的一只脚。这个人活了下来,可能是因为当时另一个人用致命武器攻击了那两只黑猩猩。大猩猩和猩猩,还有其他灵长类动物,同样以牙齿为主要武器来杀伤对手。

一只战斗状态中的猿或猴子会啃咬任何暴露的身体部位,尤其会对脚趾和手指发动格外凶狠的攻击。灵长类动物似乎还总喜欢伤害另一个身体部位。生物学家多次观察到,发生冲突的雄性们只要有机会就会攻击敌人的睾丸。我认为这是一个很有道理的进化策略。即便你杀不死对方,也有可能让它在与同类进行繁殖机会的竞争中败下阵来。

我相信我的双颌不可能有那么大的力气咬断人的手指,更不用说是咬脚踝了。人类打架的时候不怎么用牙齿。一般来说,我们更爱用金属工具,而且工具能触及的距离越远越好。当一个人实在没有工具可用时,可选的武器就是双手。处于最佳状态下的男拳击手的击打力相当于时速为20英里(约32千米)的一根13磅(约6千克)重的木棍。即便是业余拳手的徒手攻击,也足以打断对方的下颚骨——事实上,男人拳头的击打是导致下巴骨折的最常见原因。在较少的情况下,袭击者击打的力量足以让头骨断裂,或导致内脑损伤。以上的攻击,在原始条件下,都可能导致因窒息、感染、失明或饥饿而死,但是考虑到各种因素,人类赤手空拳杀死对手仍是很困难的。在我所处的文化背景中,每14例凶杀案中只有1例没有借助工具。

我的牙齿是我的第二件武器,比起我的双手,它们具有间接但更强的杀伤力。为了说明这一点,让我暂时离开这里,到科莫多巨蜥的故乡印度尼西亚东部去看一看。这里一条重达350磅(约159千克)的蜥蜴很愿意痛痛快快地杀死一头猎物,但假如鹿或野猪从它口中挣扎逃脱时,它也并不烦恼。当猎物暗自庆幸逃过一劫时,特殊的病菌会导致被咬过的伤口发炎化脓。一两天后,猎物便一命呜呼,而一直尾随其后的科莫多巨蜥便享用到了美餐。

人的武器库中也有类似的装备。"打斗咬伤"是用拳头捶击牙齿导致的后果。你可以把这看作"科莫多关节"。起初攻击者似乎占了便宜,但是再看看他几天以后的情况吧。当挨揍者的牙齿把攻击者手指关节的皮肤磕破时,他的唾液便进入伤口。当拳头松开时,肌腱收缩,将唾液和细菌带入关节内。这样的伤口表面看没什么,所以谁也不会当回事。这类伤口有70%—90%会愈合,问题是伤口一旦没有愈合,便会出现极其严重的感染。医生必须得切开红肿的肉,打开关节放出脓液。有时候,这种治疗不得不重复多次。骨骼可能受到感染。在缺医少药的地区,每5例"打斗咬伤"中就有1例以截肢告终。"打斗咬伤"是否像科莫多巨蜥的啃咬术,是一种进化得来的武器呢?我们或许通过进化能笑到最后,或者说我们的毒牙没准是撞了大运。无论如何,正如我们弱小的手和指甲一样,嘴也是一件很弱的武器,但同时也是对人类早期掌握工具的一个有力证明。

后肢:经久耐用的设备

离开我的武器,我来说说膝盖。啊！我勇敢而破损的膝盖！它们因为我小时候的户外活动而伤痕累累。尽管人类享有直立行走的美名,但仍然有相当多的时间四肢着地,因此这里的皮肤加厚了。在菜园或冰箱里翻找蔬菜、在炉子前点火或擦拭地板时,我都会膝盖着地跪着完成这些工作。在皮肤下面看不见的地方,因为膝盖骨错位我承受了极大的痛苦。由于在坚硬的路面上穿着简陋的鞋子跑了太多的路,现在我的膝盖像玻璃一般脆弱,但远远看来,我的两个膝盖都相当健康,这真是荒谬。

膝盖对于动物来说很滑稽。在大象身上,它们是向前凸出的坚实的关节。在鸡或鹳身上,它们指向尾部和后肢,正对着肋骨高高折起。在兔子身上,膝盖在又大又圆的跳跃腿的前端。蜜蜂只有象征性的膝盖。对我来说,膝盖是股骨与胫骨相连处的凸出部分。任何其他哺乳动物的腿都和我们不一样。在骨骼的构成形式上,膝盖看起来非常不自然,仿佛它走不了多远就会被捶烂一样。然而,整个人体经过重新塑造,能最大限度地利用好这个关节。我的身体从头到脚都适合奔跑,我的膝关节在我向前迈开大步时起到了合页铰链的作用。

奔跑的猿假说出现得较晚,但是令人惊讶地完善,让每个人都因为没有早一些想到而倍感羞愧。两位美国学者(一位是古生物学家,另一位是生物力学的研究人员)经过解剖拿出一份清单,列出了26条有关我奔跑能力的特征。这里我必须讲清楚我选用的代词。我提到“我的能力”的时候,我的意思是“我这个物种的能力”或“我潜在的能力”。我个人的能力完全被理论化了。我小时候脚上穿着算是跑鞋的橡胶拖鞋,在不平整的沥青路面上跑得过多,使得我如今再也不能进行长距离奔跑。但从理论上讲,如果我的髋关节、膝关节和经常扭伤的脚踝没有伤得那么严重的话,我是可以跑上很远一段距离的。

显然,奔跑并非难事。毕竟,猎豹和叉角羚的奔跑速度可达每小时70英里(约113千米)。就算是跑得最快的人,也只能达到那个速度的1/3。不过,这些只是猎豹、叉角羚和人奔跑时的速度。我的力量优势是能连续跑上两三个小时,跑出很远。这种能力就很少见了。只有几种动物能在长跑俱乐部里挂名,它们是马、狼(和家犬)、非洲猎犬、鬣狗、牛羚,以及我们智人。

我们是怎么做到的?肯定与那些能跑马拉松的物种有所区别。我们与其他生物一样,都具备26条特征中的一条,但是每个物种又独立地进化。(这个进化过程叫做"趋同进化"。)在我头颅末端,我能摸到一个球形突出物。在它的下面连接着大量松紧带似的颈部韧带。这些韧带连同适量的肌肉,将我的头固定在背脊上,在奔跑的时候防止我的头前后晃动。即便在我跋山涉水时,我的眼睛也能保持稳定。而其他很多动物,比如猪,就做不到。我记得小时候早上给它们喂食时,它们会一溜小跑冲过来:每当它们粗笨的腿撞击地面时,它们圆滚滚的头部便会来回晃动,耳朵上下扇动,眼珠也滴溜溜地转,努力盯住食物所在的位置。

我的颈部是26条奔跑特征中的另一条。黑猩猩的脖子被肌肉牢固地维系在肩膀上;它腰部结实、骨盆宽、前肢长。跑动的黑猩猩的姿态像翻跟斗的砖块一样优美。然而,我们人类的脖子长,而且不与肩膀紧紧相连。当我向前迈出一条腿时,我通过相对一侧肩膀的摇动和手臂向前摆来保持平衡。在这个灵活的圆柱体之上的头部高高地处于这些动作之上。再往下看,我伸长的腰部带动躯干随迈动的腿旋转,窄小的骨盆允许我的身体重心稳稳地从一条腿转移到另一条腿。身体后部的臀大肌是全身最大的肌肉之一,它拉动我的躯干在腿部迈动时保持直立状态。一位研究奔跑的学者说,跑步就是有控制地跌落,正是臀肌避免人类在跑动时摔倒。我注意到,黑猩猩只有瘦得皮包骨头的臀部,它起不到任何作用。

在臀部下方,还有一条松紧带连接在我腿的后部。跟腱连接着我的小腿肚肌肉和脚跟。跟腱对视力较差的黑猩猩来说不起什么作用,在我行走的时候作用也不大,但是当我跑起来的时候,跟腱和下肢中的其他腱起到了弹簧的作用。它们轮流贮藏和释放能量,将所发力的一半再循环。与颈部韧带类似,这种做法减轻了肌肉的负担,增强了我的耐力。股骨的根部与胫骨的顶端在接合点展开,分散了冲击力。

我的双脚在大自然中是无可超越的,每只脚都是由26块骨头和韧带构成的网,吸收长距离奔跑时身体的全部压力。我的脚踝被腱和肌肉包裹,使脚骨更稳定,虽然我已数不清崴了多少次脚,扭伤了多少次脚踝。我的左脚踝现在还因为一年前摔了一次,拉伤了一些韧带而显得肿大。再往下,是人类特有的装配了弹簧的足弓。每当我的脚接触地面时,足弓会拉平,然后再收缩,把我弹向前方。我的足弓又高又强壮,一部分原因是我童年赤脚的习惯使它变得强健,另一部分原因是我健康的体重。(足弓在童年时期形成,穿着硬鞋或体重过大会导致足弓塌陷。)再往末端看,我的脚趾又短又直。直立奔跑所付出的一个代价就是,我丧失了其他灵长类动物用来攀爬的抓握趾。我需要做一些调整,让一具高大的身躯保持平衡而不摔倒。

这份清单还没有列完。分散在我全身上下的数不清的汗腺在我长跑期间帮助我维持身体凉爽。我短小的口鼻也能帮助头部在脊柱正上方保持平衡。

这些使得一个奔跑的猿人的图像越来越清晰。这种猿已经进化得能够穿越遥远的路途而中间不休息。当生物学家把人类和其他善于远距离奔跑的动物相比较时,我们成了领跑者。最善跑的人比一匹好马的耐力还持久。就算是迁徙的牛羚，它们比马更快脱力，所以我相信我们仍能击败它们。在一天当中，许多人能跑6—12英里（约10—20千米），与非洲猎犬、狼和鬣狗接近。我认为这一点很有意义。我们到底为什么能进化成如此优秀的长跑者呢？

经典理论认为，跑步是直立行走的副产品。跑步与走动的结果相同，只是快了一些。然而，这种连续奔跑几个小时的非凡的长跑能力又是怎么形成的呢？一种观点认为，当原始人类在非洲平原上进化时，他们破译了秃鹫的密码。来到秃鹫盘旋的区域下面，就能获得狮子之类捕猎者留下的大量肉食。通过朝这里奔跑，他们能驱散这些食腐动物。一种有竞争力的理论认为，远古时代的原始人类奔跑的原因与狼相同：追逐活的猎物。卡拉哈里沙漠中的布须曼人如今还采用这样的捕猎方式。他们连续几小时追逐猎物，不让它们有喘息之机。叉角羚和大多数其他动物在人跑不动之前就先累倒了。

事实上，如果这些动物遇到**我**就安全了，因为进化的历程到我这里还没有结束。我的下背部疼痛。我的膝盖磨损了。我16岁时，髋关节一打开就会疼痛，直到今天还是这样。所有这些病痛都与人类的骨骼保持直立的姿态有关。我可不是唯一的诉苦者，这个国家中有80%的人一生中受到背痛的困扰。地球上50%—75%的人可能存在膝盖老化现象。髋关节同样会随着身体老化而患上关节炎。所有这些关节问题发生在不同人群中。在某些情况下，好像是基因在起作用——手和髋部的关节炎似乎有家族遗传现象。在另一些情况下，文化习惯对人体的影响也很大：一项对中国人和美国人的研究发现，膝关节炎在中国的发病率相对高出很多，这里的人有以蹲姿（一个对关节造成压力的姿势）休息的传统。看来，建立人类版的两腿运动模式是一项逐步推进的工程。

然而，所有的动物都会随着年龄增长而衰老。当骨骼关节出现排列问题或失去良好的保护时,就会导致关节炎,出现骨刺。恐龙的化石说明了这个问题。非洲的黑猩猩忍受着它。狼群和我那条腿部韧带拉伤的狗也得了这种病。就连最近在英国泰晤士河中死亡的鲸,人们解剖后也发现它的颈部和头部患有严重的关节炎。有人会想,在水中生活也许会缓解对生物关节的压力。然而,作为史前陆地哺乳动物,鲸恐怕仍然饱受疾病的折磨,它们的身体还没有完全适应在水中漂浮。

我们已经从头到脚看了一遍。除了解剖学,还有一个区分人类和其他类人猿的关键方法:我们不能只考虑我们的身体。

自我修饰

这个问题第一次引起我的注意是在哥斯达黎加博物馆,在那里我看到一些小小的雕刻着花纹的圆柱形黏土物品。这些长约3英寸(约7.6厘米)的滚筒被史前人类用来在皮肤上涂印颜料。涂过后会在皮肤上留下彩色的图案。这一刻我想,多么愉快而简单啊!他们修饰自己的身体!

之后我在镜子中注意到自己的样子。我对这个形象进行了一次冷静的观察。我从头到脚都可以说是既愉悦又简单。我花钱为头发做造型,在脖子上戴了一根金属链,链子末端坠着我的"旅行石",这是一小块产自我家乡的石头,我对它有一点点迷信。我的耳朵穿了洞,佩着饰件。我的两根手指上戴着金属和玉石制成的戒指。我在眼圈周围涂上了黑色颜料,嘴唇抹成红色。我甚至用花朵和香料的蒸馏物把身体的天然气味遮掩起来。我还把脚指甲涂成了粉红色。

人类对自己外貌的改动非常频繁,使得描述一个人时不得不把装扮也包括进去。在你周围,想找一个完全不加修饰[涂脚指甲、穿耳洞、手指(脖子、胳膊或腿)戴箍、穿鼻骨、阴茎上刻着葫芦图案、染发、戴头饰、舌头穿钉、手指涂色、脚踝戴羽毛、臂上刺字]的人,几乎是不可能的。

我盯着哥斯达黎加的这些黏土滚筒思考，为什么我这个物种把自己当成了空白画布，需要颜料涂抹、加戴铁箍、打磨牙齿、插上羽毛呢？

我知道**我自己**为什么这样做。迷信是部分原因，我相信某些金属或石头能避开厄运。还有一部分原因与寻找配偶有关：我成年后才开始描眉画眼，还在耳垂上穿了洞。除了我所在的文化，在其他很多文化中，年轻人到了育龄便开始对自己的外表大大修饰一番。一个女性会第一次剪短头发，或在皮肤上刻出图案。她可能会染黑或打磨牙齿，或者，像我读到的越南中部高原的一些部落的做法，用石块把自己的前牙统统敲碎。一个青春期男孩可能撕裂下嘴唇来镶入一个象牙栓，在脸上刺青，或把阴茎的下侧缚起来，把它加宽并永久地改变他小便的方向。

改变体貌也显示了人的身份和地位。尽管在我的文化中很难读到这层含义，在其他文化中却很容易发现：佩戴铜圈而拉长的女性脖子？优越的家庭。从少女时代就把脚裹成羊角面包的形状？因富有而无须工作的家庭。脸上刺满了螺旋图案？重要人物。

全世界的人们都遵循着这些习俗，而我的化妆品也显示了部落属性。女性的手指甲在我的文化中有着重要的展示性。一名女性能从另一名女性的指甲上了解到很多信息：它们有没有修剪成法兰西风格？指尖是修成平的还是弯的？它们是留长不加修饰还是留长抹上了指甲油？它们有没有以花朵、星星或美国国旗图案修饰？无论何种样式，包括我自己的样式（此时的样子不但粗糙，而且指甲油也脱落了），都能显示其部落属性。

当然，时尚带来的阵阵活泼的气息也起了作用。人类的毛发尤其易受各种奇思妙想的影响，它能解释发生在人类身上的最奇特的修饰现象。古埃及人对修饰头发毫无兴趣，经济条件允许的都会把头发剃个精光,然后戴上假发。在伊丽莎白时代,有钱的女性会拔光额头最前面1英寸的头发,让眉毛有提升效果;或者剃光所有头发,戴各种各样的假发。在尚未发明金属剪的文明中,人们用鲨鱼的牙齿、黑曜石碎片或削尖的芦苇理发。我对自己头发的认识已经混乱不堪,我甚至改变了它的颜色。我曾经拥有一头金发,后来随着年龄增长,发色越来越暗。一想到自己"人老珠黄",我就难以忍受,于是现在我花钱请人在头发上抹上有毒的化学物质,以去除头发中的一些棕色。头发染色和漂色是个奇怪的现象。苏丹的丁卡人用牛尿来漂洗掉他们头发中的黑色。在印度,许多上了年纪的男子用柑橘类植物染料来掩饰他们灰白的头发。对人类来说,头发的样式是大事一桩。

当然,身体修饰的部分动机也与取悦自己有关。我最早对于自己的身体可以充当"画布"的回忆出现在童年时代,发生在抓挠自己的一条腿后。我的高加索型皮肤在抓挠之下先变成粉红色,然后转为白色。漂亮!于是我用指甲抓出了一条蜿蜒的新线条。漂亮!我再抓出并排的两条线……但这是否就是驱动原始人类改动他们身体的动机呢?我说不上来。

人类学家倾向于认为,修饰身体的行为是由自我意识引发的。换句话说,熊对于它自己懵然无知,永远也不会对自身加以改变。即便是把色彩鲜艳的珊瑚移到自己壳上的钝额曲毛蟹,这样做也只是出于本能,因为进化已经对它们这些看似古怪、实则能保护自己不被捕食者发现的行为进行了奖励。自我意识的火花在猿类中已经闪现。黑猩猩在面对一面镜子时,确实能认出自己。它甚至会在头上放几片叶子之类的东西来修饰自己的外表。它会转过身来,看看自己从未仔细看过的身体部位。有人可能会说,大猩猩用手势表达情感时,就显示出有自我意识。最近,几头大象也通过了镜子测试:它们并没有作出看到陌生人的反应,而是利用镜子里反射的镜像来检视自己的身体。海豚和鹊类同样表现出模糊的自我意识。除了这些动物以外,我就不知道还有哪些动物能够欣赏自我了。然而,我们人类是第一个改变自己的外貌(来吸引异性,展示部落身份或高人一等的地位,或者取悦自己)的物种,我们已经抑制不住源源不断的灵感了。身体的全部表面都可利用,而且这样的修饰经常成为永久的纪念。

我在自己身体上留下的唯一的永久性改变是耳垂上的小洞。但那个和我共享居所的男人呢?如果我们把注意力放到他的生殖区域的话,我们会发现……少了点什么东西。没有人知道人类是从什么时候开始切除阴茎的一部分的。埃及人显然在6000年前就这么做了,但这种行为开始的时间可能要早得多。如今很多人出于社会和宗教的信仰,仍然为男性后代做包皮环切手术。新的研究为此提供了更具生物学意义的解释:做过环切手术的男子感染艾滋病毒的可能性较小。显然这种病毒更乐于侵入阴茎包皮上的脆弱的细胞。如果环切手术确确实实能降低男子感染致命疾病的风险,那么这种做法在很早以前就会推动"文化进化"的车轮滚动起来:这一群文化行为的实践者将赢得较高的生存概率。

同样令人茫然的是文身的起源,具体做法是将颜料注射到皮肤之下。文身行为在全世界相当普遍,像包皮环切术一样很可能会永远流传下去。死于5000年前并在欧洲阿尔卑斯山上成为木乃伊的"冰人"奥茨(Ötzi),他的身上刻有57处文身,大多分布在他患有炎症的关节上。奥茨的文身是通过把煤灰涂抹进细小的刀口来完成的,而不同的文化繁衍出各式各样的文身手段。一些因纽特人将经煤烟熏黑的线穿针,缝入皮肤。太平洋岛屿上的文身艺术家常常使用骨针做成的梳子,蘸满煤灰和油,然后扎透皮肤。

在没有抗生素的年代,文身行为有时是致命的。然而,即便在今天,尽管使用经过消毒的手术器械和效力强大的药品,隆胸和抽脂手术也同样充满危险。无论驱使人们去改造身体的原因是什么,这种驱动力真是强大无比,让人们明知有生命危险却还要冒险尝试。

我们已经把自身从头到脚讨论了一遍。我真是集多种特征于一身啊！尽管人类在体型大小方面与其他类人猿相近,进化却让我的身体向更修长、更柔软的方向变化着。我是一个直立的动物,局部覆盖着毛发,脂肪和骨骼组成多节的身体,顶端为一个高高隆起的圆形头骨。这具骨肉之躯上的肌肉并不发达,不如我们的类人猿兄弟们那样经得起攻击。另外,我赤裸的皮肤使得我完全不适合赤道地区以外的户外生活。和河马和裸鼹鼠一样,我看起来像是一件试验品,或是一件尚未完成的作品。我宁愿长相像一只美洲豹,行动如丝绸一般柔软轻灵,毛皮像缀饰着斑点的天鹅绒。哪怕一只有着水滴般身材、睁着大大的夜视眼的老鼠,都是一套更令人满意的组合。

这个不寻常的身体有一个强项,它能一下子跑出很远。所以,虽然我在武器装备方面有些落后,但至少我可以比某些捕食者跑得快,还可以奔跑着追捕我的猎物。

再者,虽然我的腿和脆弱的爪不占优势,我还可以求得圆脑壳内部的物质的帮助。尽管这个脑壳笨拙地立在高处,但人类的脑弥补了身体上的缺陷,能在短短一瞬间击败美洲豹。没有捕猎的武器？我会造一根长矛——或者建一个养殖场。没有抵御熊的武器？咱们生起一堆火,或者盖一座房子。北极太冷？把驯鹿的皮缝起来当作第二层皮肤怎么样？腿脚彻底丧失了功能？我们发明了轮椅来代替。我们还会为腿脚不便的人铺起便道,让他们坐着轮椅四处活动,继续捕猎和采集食物……

这种弱小的身体和强大的脑的组合毫无疑问是成功的。我的物种日渐繁荣。就算我们忙碌的样子有滑稽可笑之处,我们同样能作出改变。

第二章

郊狼般狡猾：脑

在人类进化过程中，脑已经成为一个主宰器官。其消耗的能量占据人体能量总消耗量的很大比例。作为交换，脑使人类能够开发一套巨大的工具包，如石斧、水瓢乃至空间站等。事实上，由于人类已经开发出取代自己的腿、胳膊、消化器官，甚至声带的工具，一些残障人士，主要依靠自己的脑实现了辉煌的人生。[杰出的物理学家霍金(Stephen Hawking)便是一个很好的例子。]

胎儿脑的发育受性激素的影响很大。虽然成年男性与女性的脑能够完成几乎一模一样的任务，但执行任务的方式却截然不同。甚至连男性与女性的灰质与白质的基本结构也不相同。由于脑的组成错综复杂，所以与脑有关的疾病也是多种多样的，而这些疾病对男女造成的痛苦差异也很大。

这个令人费解的器官甚至正在发明能进行自检的工具。学者们现在正在寻找各种方法以了解脑内部的秘密，发现其行为特征。

通常的资料不会以单独的一个章节专门论述动物的脑。如果山羊或狐猴的脑不同寻常，那么最多也只是在描述这些动物的身体特征时顺便提及，即使是这种情况也极少发生。

伟大而难看的大脑

人体内的大多数器官都让人觉得不可思议。我从未看过自己的肝脏或胰腺,不过,脑的奥秘却深深地吸引了我。我时常好奇地想要知道,自己的头骨内究竟装着什么,这也是我迷上互联网智商测试的原因。从网络测试的结果来看,我还真是个天才。但我没有想到的是,这些网站的主要目的是提高访问率。如果网站告诉访问者,他们的智商平平,网站的点击率就无法提高了。我怀疑互联网上的智商测试结果普遍虚高,所以通过第一手的观察来测一测自己的脑子:它的图形识别能力很出色,但在多元计算上却非常糟糕:(3×9)×(2×17)+(79−97)等于……什么?

在脑达到极限或遇到故障时,我经常意识到自己的脑的问题。经过6—8小时的努力思考后,它常会停滞在那里一动不动。由于脑供血的修复作用而出现了偏头痛,思路缓慢,有一个想法出现,却不知道该用在哪里。如果没有刺激血清素的药物,它便会违反公正性,反复提醒令我感到剧痛的部位。因此,在这个由毛皮覆盖、位于眼睛后面的圆顶中,肯定躲藏着一个情绪化并能够自我分析的人。

这个人/脑占用很多空间,温度也很高。这块脂肪和蛋白质充满着各种想法,使它处于一种阴燃的状态下。食物提供的能量中,有20%被脑消耗掉。而一些有袋类动物简单的脑却非常不活跃,消耗的热量不足摄入能量的1%。我的这团线路的温度及紧张度使得世界上所有其他动物的脑相形见绌。果真如此吗?这主要归功于我巨大的头骨,但它不是自然界中最大的。鲸、大象和海豚的大脑更大一些。从身体比例上看,人脑也不是最大的:蜂鸟和红背松鼠猴明显胜过人类。尽管如此,毫无疑问,相比于其他动物的脑,人脑具有压倒性的优势。

显然,大小并不代表一切。比如,虽然我的脑比我的配偶的小,但两者的表现却没什么差异。实际上，除了大小之外，我们俩的脑还有许多其他不同点，甚至每个人的脑都存在差异。人脑虽然复杂，但其内部的组织构成反而出乎意料地简单。不过，脑的大小的确引人注目。人类的进化史要求我们对不同进化阶段之间的差异加以注意。我们这个物种对于脑的大小与智力之间的关系已经探索许久。

几百万年来，人脑的演化史就像一只被一口口气接连吹大的气球。我们的早期祖先，比如小露西（阿法南方古猿），脑的大小和现代黑猩猩的相仿——有大橘子那么大。那是在300万—600万年前。到了大约150万年前，直立人的脑已和现代人差不多大了。如此大的脑也推动了直立人的进步，使他能够创造一系列复杂的工具。现代科学家试图模仿印度尼西亚直立人，他们不得不造出用来盛水与食物的“石器时代特百惠”*，还需要建造能够抵挡海浪的帆船，来适应从一个岛屿前往另一个岛屿的生活方式。直立人的脑也一定发明了这一类工具。也许直立人后来发生了急剧的基因突变，出现了尼安德特人。一直到3.5万年前，活跃于欧洲至西亚的“表亲”尼安德特人，其脑是人科动物中最大的。当然，个体的差异很大——今天仍是如此，就拿成年人的脑容量来说，俾格米人只有1000立方厘米，而人类中最大的可以达到这一容量的两倍。整体而言，尼安德特人的脑要比智人的大几个百分点。同时，尼安德特人的体型也较高大，与增大的脑成比例。不管怎么说，尼安德特人和他们的大脑袋终究灭绝了，而我们的进化路线得以延续。

（在欧洲，这两个物种共存过一段时间。我们先祖父母由于和尼安德特人非常类似，就像是马和驴子，所以他们之间可能会杂交繁殖，这是一种很有意思的可能性。这样的杂交会将尼安德特人的一部分基因注入智人的DNA中，特别是欧洲智人的DNA中。我喜欢这种猜测，因

---

*特百惠是美国某塑料制品品牌。——译者

为这样的话,我便有了一部分尼安德特人的血统,让我感到自己带点异族情调。)

智人能够生存下来,再次证明对于脑而言,并不是由大小来决定一切的。其他动物的例子也可以证明这一点。新喀里多尼亚乌鸦的脑只有一颗小核桃大小,但却能够自发地弄断和拧弯树叶、树枝、羽毛,甚至是铁丝和纸板,以制造探测工具。英国科学家通过研究一只非常出名的名为"贝蒂"的乌鸦,得出了这样一个结论,这只鸟的智慧能够与黑猩猩相提并论,虽然后者的脑足足大了几十倍。我家附近有很多狗,其中既有重达100磅(约45千克)的伯恩山犬,也有只有6磅(约2.8千克)重的小哈巴狗,通过接触我发现:大脑袋可不一定聪明。

但是,人类是否也是这样呢? 近两个世纪来,科学家一直就人脑的大小与智慧的关系争论不休,但却未能在两者之间建立明显的联系。同时,这一问题不仅激起了学者的兴趣,也会导致人们的愤怒。脑袋小的人是不是没有脑袋大的人聪明呢? 脑袋不够大的人难道一定就是普通人? 这些都是公众无法接受的问题。只有研究人类学的学者才会对这样的问题焦虑不安,而研究乌鸦和黑猩猩的科学家则无须为此而烦恼。调查脑袋最大的鸟是不是也最聪明,这样的问题不会冒犯他人。然而,对于智人而言,因为背负着割据与相互征服的历史,这种问题成为一个令人望而却步的议题。

当欧洲民族开始质疑自己对待其他民族的方式是否道德的时候,我们并没有倒退太多。蒂德曼(Friedrich Tiedemann)收集了一堆空头骨,并向里面注满小米。这位德国解剖学家使用小米来测量脑体积的方法令人印象深刻。他之所以要这样做,是因为对赞成奴隶制的借口感到厌倦,并在1836年发表了科学的数据——真实的测量与比较结果——表明欧洲人、埃塞俄比亚人以及诸多其他种族的脑容量处在同一范围内。脑容量并不存在种族差异,因此不存在任何天生智力差异。

然而，蒂德曼的小米测量法并没有完全解决这个问题，充其量只是证明所有种族都具有类似的脑尺寸。人们仍想知道，在各个种族中，脑最小的人是否也是最没有思想的人。在那之后科学逐渐进步，从测量小米体积到测量帽子大小，再到先进的核磁共振成像法，却仍然解决不了问题。即使采用最严格的科学方法，科学家仍未发现智商与脑的大小之间存在直接联系，没能解决这个复杂的问题。2005年，一位美国心理学家发表了综合之前20多项研究的分析结果，成为全世界的新闻媒体竞相报道的主题。通过对相关数据的整合、搭配和调整，得出了令他满意的结论：脑越小，智商越低。尽管如此，这个难题仍没有被解决。

首先，他报告的差异极小，在样本数量少的时候，根本显示不出这样的差异。而且，测量脑容量并不容易，即使是运用核磁共振成像这样的高科技手段，仍然存在很多问题。如果说测量脑很难，那么试试测量智商吧！在一个没有文字的文化（如亚马孙的雅诺马米文化）中试一下吧！更不用说将智商与脑中特定脑叶或特定部分相联系的研究了。最后，很多关于脑尺寸与智商的研究可能在无意中将童年时期的有害影响包括了进去。饥饿与疾病不仅会阻碍身体发育，同样也会影响智力发育。因此，可能有些人虽然脑不大，但只要童年生活很健康，并不存在智商缺陷问题。而如果由于疾病的原因身体发育迟缓，则智力也可能会受到拖累而低于常人。与许多人一样，我不认为脑小就会导致智力低下。

不过我不得不问一个更加粗鲁的问题：那些脑真正小的人（如俾格米人），若拿来和我相比较，会是怎样的结果？这里有必要先明确一下："俾格米"是一个统称，指的是平均身高不到59英寸（约1.5米）的一些种族，有些人并不喜欢这样的称呼。俾格米人在非洲、东南亚和新几内亚都有分布。我的身材比例与他们的相同，只是由于比较高大，所以脑也比较大。

2005年初,关于已灭绝的印度尼西亚"小矮人"(即弗洛里斯人)的一项声明公开了这一困惑人们已久的问题。打开最新一期的《科学》(*Science*)杂志,我发现弗洛里斯人的头骨表明,与其祖先及/或邻居直立人相比,他们的脑构造并不差。当时,体型庞大的直立人的脑容量为980立方厘米,而弗洛里斯人的脑容量为380立方厘米。佛罗里达州脑研究专家福尔克(Dean Falk)使用CT扫描术对弗洛里斯人的脑进行模拟后发现了超大的额叶(负责规划和解决问题)、颞叶(最有可能负责记忆)和月状沟(感官分析)。福尔克提出,虽然这个脑已经萎缩,但它拥有现代人类才具有的精密的内部线路。福尔克由此认为,弗洛里斯人的制造工具的能力与脑容量大得多的直立人不相上下。

关于俾格米人的脑,看起来我应该请教福尔克。实际上也确实如此。她的回答直截了当:"没有证据能够证明俾格米人不如其他人聪明。"(要形成有说服力的证据,你需要开发一套与俾格米人的丛林生活方式相适应的智商测试题。)同时她也更正了关于身体比例方面的问题:俾格米人可能是由身材高大的人种进化而来,其脑与我的脑并不相称,根据体型,他们的脑实际上更大。无论他们的脑的比例是大还是小,都没有什么区别。只要脑叶与脑沟没问题,在大脑的创造力方面,大小并不是一个重要的因素。

如此说来,人类为什么要在最上面长这么大的脑?为什么它要高出额头,而且要消耗这么多的能量?

这些问题用"如何"来问就简单得多。进化的基础是DNA复制过程中不时发生的错误。那些对动物有利的基因突变更有可能一代代传递下去。这就是我的脑变大的原因:那些脑变大的祖先更具有竞争优势。

但是,为什么脑变大了就表现得更出色?每一次增大是不是也伴随着能力的增强?或者说,每一次增大仅提升了某一项能力(如交流、觅食或投掷武器)?因为这是一个必须得到回答的问题,而且人类是有创造力的,所以出现了一个大体上说得通的理论。记住,这种大是相对的——鲸和大象的脑袋都比人的大。因此,谈论脑的大小,还得看体型的大小。一般而言,哺乳动物的脑与其体型成一定的比例:高大的身体需要比较大的脑来管理肌肉、器官和神经。而我的脑超出了正常的比例。出现这种情况的还包括其他类人猿、蜂鸟、海豹和小象鼻鱼,它们的脑占身体的3%(人类则占2%)。那么,我膨胀的脑来自何处?下面是一些理论。

马基雅弗利理论:我希望邻居今天帮忙遛狗,所以在和他的谈话中,我会提到今天比较忙。因为忘了带身份证,在超市里买酒时我要避开那个要求出示身份证的店员。又来了一封电子邮件,是一个强势的同事发来的,她总是要我帮忙做这做那,却从不帮我做什么——说她的好话能得到什么好处吗?事实上,鬼鬼祟祟的生活方式,让一些物种产生更大的脑。如果靠欺骗别人获得食物,与别人的爱人交欢,则需要更多的脑细胞,来记住谁是谁,在哪里,谁不值得相信。最近对各种灵长类动物的实验表明,最喜欢欺骗的种类,其脑相对于身体的比例也是最大的。能为这一理论提供更确凿支持的是社交技能假设,以社会性物种所保持的合作关系,而不是竞争关系为基础。例如:我必须记住下次请艾米(Amy)吃午饭,因为上次吃饭是她付的钱,如果我不加以回报,她就不会对我好了。不管怎样,似乎那些生活在群体中的物种为维护复杂的社会关系,必须有一个更大的脑。

觅食假说:我去过很多地方,无论走到哪里,即使对当地的语言一窍不通,我都能想方设法获得食物。在商店和餐馆内,我动用自己的感官调查情况或通过打哑语交流,甚至将自己想要的食物画出来。同时,通过对其他动物的观察也发现,生活在恶劣环境中的动物,脑也较大,以便创新生存行为。在食物匮乏的北极圈生活的鸟类,不仅形成了更大的脑,而且表现出更多的创新行为。对鸟类的研究还表明,那些由人类引入新环境中的鸟类,脑大的(如鹦鹉)适应新环境并生存下来的能力明显高于脑小的(如野鸡)。因此,至少对于鸟类而言,大脑袋有助于适应陌生的环境。在第四章,我们将探讨人类喜欢迁移的习性,这一特征对于史前人类而言非常宝贵——它推动了变异。

认知映射理论:克拉克星鸦是一种大小中等、来自美国落基山脉的鸟。这种鸟能够将一个冬天所需的种子储存在6000多个地方,以备不时之需。它的这种本领从何而来?原来在它的杏仁般大小的小脑袋中,装着一本"地图"。而我的认知地图结合了一座装满物品的房子,一个装满更多东西的镇子,一个装满重要事物的星球,甚至是一个又大又空旷的宇宙,比星鸦脑中的地图丰富得多,但储存这些信息确实需要很大的空间。很有可能,在我的那些远古祖先中,持有比较精确的心象地图(mental maps)的人,生命力比被淘汰的同类更旺盛。有些人认为男性的空间技能较出色——一般来讲,不可否认要优于女性——或许能解释男性的脑较大的原因。

最后(当然,不是最后的理论,因为相关的理论很多),是我个人的独家理论:看着镜子中的自己,我最欣赏的是自己的右肩。年轻的时候,包在骨头外面的这部分圆滑的半球形的筋腱和肌肉结构让我获得了投掷类运动(铅球、标枪与铁饼)的冠军。然而,仅有肌肉与骨头还不能做出精确的推铅球的动作。所以可能的理论是:现代人类和黑猩猩的祖先偶尔用石头敲碎食物。当智人与其他猿类分开后,有时也用石头来击打偶尔进犯的敌人。这种做法很有成效,可以防止敌人伤到石头投掷者。脑大的,投掷动作的协调能力更强,投掷得更准确,活得也更长,有机会生育后代。经过无数个世代的进化,投掷石块者学会用两条腿保持平衡,投掷石块的力量得到进一步加强。在进化过程中,他们还学会用石头去砸猎物,噢,益脑食物!脑进一步变大,石头变得更加尖锐，猎杀的目标更加宽广，今天在镜子中向我“微笑”的犬齿萎缩成一件纪念品。（在类人猿的另一个分支中，现代黑猩猩也能够支起两条腿，以巨大的力量投掷，但准确性却很低。长长的犬齿仍是它们的首选武器。）为了让这种理论跟上潮流，姑且就叫“投掷猿”理论吧：具备精确投掷能力的脑和身体，形成了一种直立的动物。它们能够获得丰富的益脑食物。

还有……你也可以加入自己的理论。今天，硕大的人脑发挥着众多作用，你可以在它的进化与它的几乎所有功能之间找到联系。

脑的性别差异

如果我的脑称得上神秘莫测，那么我配偶的更是如此。我只能通过它引起的外在行为以及科学发现的奇怪秘密进行分析。倒不是说行为本身不奇怪。我的配偶的一大毛病是同时考虑很多事情——可实际上却并不像他以为自己能做到的那样。他经常一下子做很多事——一边清洁壁炉，一边却在考虑一个专业问题——不一会又准备做其他事。“今天怎么样，儿子？”儿子的脑和父亲的相似，但却经常指责父亲不认真听。有一半时间，父亲能够一字不差地重复儿子的话，表示自己受了委屈；另一半时间，刚想辩解，张开嘴巴后却什么也说不出来。

当然不是只有“男性”才有这样的行为。人类的行为模式中，只有很少一部分与脑的性别差异有关。问题怪就怪在这里。男女的脑布局如此不同，为什么产生的行为却又如此相似？

我头骨中的脑与我的配偶的相比，存在着相当的差异。其实，在研究这个问题的过程中，我越来越相信，人类有两种脑，根据性别的不同，其构造和工作方式都不同。

首先，最明显的是男性的脑一般比女性的大。就平均水平而言，女性的身材约比男性的小15%，脑也相应地较小。关于这一现象，大量的数据明确表明:虽然女性的脑较小,但智商测试表明男女的智力水平相当。如果有差别的话,就是男性的脑对于容积大小更加敏感。再回到关于脑的大小的争论:虽然一般认为脑的大小与智力没有关系,但有些研究结果表明,与女性相比,男性的智商更容易受到脑容量的影响。有点奇怪吧?另外,我们谈论的是微不足道的智商差异,尽管如此,任何测得的差异都显示出男性和女性的脑的设计原则存在一定的差异。

有些差异直接清楚地表现在脑的组织结构上。美国心理学家海尔(Richard Haier)是一位从事人类大脑研究的科学家。在他眼中,脑来自两种不同的动物:女性和男性。利用核磁共振成像扫描,他测量了男性和女性脑中灰质和白质的偏差。灰质是包裹在脑外层的负责产生思想的皮层,而白质则穿梭于脑不同的表层区域。海尔发现,在支持"一般智能"的脑区域,女性白质的质量是男性的9倍。也就是说,女性脑中负责数据传递的物质是男性的9倍。而与一般智能相关的灰质,男性的这种数据收集物质比女性的多6倍。这真是巨大的差异。这也导致我的脑和我配偶的极为不同。我们的脑结构如此不同,但为何都能够完成做书架与写感谢信这样的工作?

海尔还比较了智商与脑中各个部分大小的关系,以及与整个脑的大小的关系。海尔自己的脑得出的结论是,大部分人的智商可能依赖于脑中一系列负责记忆、注意力以及语言的区域。即使头和奥托曼人的一样大,如果这些关键区域较小,那么智力也高不到哪里去。相反,即便头和门把手一样小,但如果大部分都用于处理这三方面的任务,那么这样的头脑仍可让你胜任脑外科医生的工作。此外,海尔还发现,男性和女性脑中这些关键部分储存位置的差别:作为女性,我将"聪明物质"(灰质和白质)主要存放在额叶中,这里是负责情感、语言、推理、判断及运动的部分。男性则相反,智慧物质散布于整个脑。我的配偶的大部分灰质存放在额叶及附近的顶叶中,这里是负责阅读和做数学题的地方。而他的“智能”白质则分布于完全不同的“国度”(颞叶),这里是负责声音感知和记忆处理的地方。我们拥有如此不同的脑,却能彼此进行交流(更不用说就小书房的油漆颜色达成一致这样的小问题了),这真令我惊叹不已。

乌鸦“贝蒂”的案例表明,通向聪明的道路不止一条。它的脑不仅小,而且像葡萄一样光滑,而黑猩猩的脑褶皱很深,有棒球那么大——但这两种脑的认知能力却相当。而对于人类而言,在同一个物种中出现构造如此不同的两种脑,太令人惊讶了。

当然,两性的脑之间存在一定程度的差异应该是正常的。其他动物的脑也有性别差异。例如,许多哺乳动物的脑都包含一个“性二型核”,这是隐藏在脑中的一团细胞,雄性的远大于雌性的。(功能尚不知晓。)许多哺乳动物的脑还有一个与性别有关的决定生育行为的细胞团,其中包括人脑。人脑的性别差异蔓延到其他与性别任务无关的区域(负责语言、推理和行动的区域),这才真正令人费解。而且,在一些高度复杂的区域(如产生奇特想法的区域),也存在性别差异。为什么会出现这种现象?难道思想也要区分性别吗?

要回答这些问题,或许就得一直追溯到精子和卵子第一次结合的时刻。2007年,一项关于老鼠的脑的研究发现,雄鼠与雌鼠负责调节大脑行为的基因中,有14%是不同的。如果这一结论也适用于人类(很多情况下都是适用的),我与我配偶的脑基因应该近乎相同,只是其表达方式——脑组织的构造方式——不同。而推动这些基因的杠杆则可能是两性不同的性激素。

在孕育我的时候,父母的DNA以完全独特的方式混合在一起。作为新建立的基因组的主人,我决定着自己产生的睾丸素和雌激素的量,之后,便开始生产这些激素。在这些性激素的沐浴下,我的脑形成了一个完全特有的风格。

所有人的脑都是这样形成的。胚胎确定了一个独特的睾丸素与雌激素的比例,从极端男性化(即睾丸素比例最大),到极端女性化(即雌激素比例最大),以及中间的各种比例。每个人决定的比例影响着脑,进而影响着个性。你可能想知道,科学家如何知道在私密的子宫中产生的睾丸素或雌激素的量。科学家也花了许多年来研究如何测量这个量,而无须将一根长长的针插入孕妇的腹中。最终,英国科学家曼宁(John Manning)从成人的身体外部发现了一条线索,从而了解到子宫内部发生的情况。他在人的右手上发现了一个性激素标尺:右手的无名指,由于基因的偶然作用,其长度与睾丸素的量成正比。我的配偶由于胚胎期受到睾丸素的影响更大,所以无名指的长度超过食指。而我由于受雌激素的影响较大,所以无名指的长度与食指的长度相同。睾丸素的量会在无名指上反映出来。睾丸素量越大,无名指越长。睾丸素量越小,无名指越短。不仅无名指的长度受到激素的影响,脑同样也受到影响:因此,我的右手上有一个显示激素水平的指示器,而脑的性别倾向取决于激素水平的高低。研究人员可以利用这根手指来确定胚胎激素与成人的脑风格的关系。(实际上,科学家早在一个世纪前便注意到了男女手指比例的差异,只是不知道这种差异背后的原因。)

接下来的问题是,睾丸素对我配偶的脑有什么影响?关于这个问题的回答五花八门,滑稽可笑。通过搜索一系列科学文献,我归纳了睾丸素水平较高、无名指较长的男性可能具有的一些特点。不过别紧张,这些特点是统计分析的结果,所以无名指长并不一定代表睾丸素水平高。还有一些其他因素也会影响人的手指长度。然而,统计表明,激素确实有影响。(还有一条忠告:在你测量手指头并兴奋不已之前,请注意,真正的科学家采用的方法是将右手掌影印下来,然后测量指尖到最接近手掌折痕的距离,以此来确定一根手指的长度。这样得出的结果可能与你慌慌张张地从手背方向确定自己手指长度的结果有很大的差

别。)好了,迄今为止,人们发现男性的无名指长与以下情况有联系:

◆ 更具有侵略性。

◆ 更花心。

◆ 精子数量多,且质量较高。

◆ 即使不是左撇子,仍能够熟练使用左手。

◆ 体内睾丸素水平高。

◆ 在足球方面表现突出。(进行此项研究的科学家分析了欧洲足球运动员的手指。该结果应同样适用于板球、橄榄球和乒乓球。)

◆ 患孤独症或阿斯伯格综合征、抑郁症、偏头痛、口吃和精神分裂症的风险较高。

◆ 擅长数学,但阅读能力很差。[与前哈佛大学校长萨默斯(Lawrence Summers)臭名昭著的论点相反,他认为睾丸素对于科研能力没有影响。数学能力也与能否在科学方面取得成功没有关系。]

◆ 比一般人更有可能成为同性恋者。

睾丸素超量确实与同性恋存在一定关系。在讨论这个问题时,我还要再重申一下,这些关联只是在统计学意义上的。男性的无名指长,并不一定会成为同性恋者或猎艳高手,更不用说同时具有这两种特点。这只是意味着,如果找来1000名无名指偏长的男性,与1000名无名指正常的男性进行比较,结果会表明,无名指偏长的男性中出现同性恋、侵略性强或有足球天赋的比例较高。

此外,无名指偏短的男性——脑的睾丸素水平较低——也有自己的特点。

◆ 催乳素升高。

◆ 精子到达目的地后会死亡，甚至干脆没有。我的天！(这仅仅是统计结果，还记得吗？只是概率较大，不是生物定律。)

而女性的特点是：

◆ 如果无名指长，也可能更具侵略性，同性恋的概率高。

◆ 如果无名指长，左手应该较灵巧，只是有可能会出现精神健康问题。

◆ 如果无名指短(睾丸素水平低)，患乳腺癌的风险较高。

◆ 无名指短还预示左撇子的可能性高，从记忆中提取词汇的速度更快。

◆ 调节排卵与哺乳的激素水平可能更高。

不管有多么神奇，之所以要在这里列出这样的清单，是因为这些外在特点能够让我们一窥人脑内部的秘密。我脖子上深受激素影响的器官同卵巢和乳腺一样，也是一个性器官。虽然从外表看起来，我和配偶的脑相似，但填充的内容物却存在着巨大的性别差异。

片面而杂乱的脑

在结束关于脑的话题前，还有一个值得探讨的身体特点使我们了解到脑的内部结构。回到我的双手，右手负责的工作包括打字、移动鼠标、接听电话、拿笔写字，每天的工作量至少比左手多50倍。我的左脑处于“主导地位”，而我的右手听其差遣。然而，约有10%的胚胎会发育形成一种右脑占主导的情形。这些人长大后，右脑的主导地位通过左撇子现象表现出来。因此，左撇子现象与长无名指一样，为科学家提供了一个测量脑内部情形的指标。如果把1000名左撇子与1000名习惯使用右手的人放在一起，对其心智优势、弱点以及异常之处进行比较，

就能够发现脑的更多秘密。其中的关系五花八门,有时还有点混乱:

◆ 55%的左撇子为男性,45%为女性。

◆ 女性左撇子在绝经前患乳腺癌的危险要较女性右撇子高出一倍。

◆ 相比于异性恋者,同性恋男性更有可能是左撇子。

◆ 相比于异性恋者,同性恋女性更容易是左撇子。

◆ 左撇子中患孤独症(80%是男性)及精神分裂症的可能性更高。

◆ 左撇子更容易出现免疫问题,包括儿童哮喘。

◆ 左撇子出现诵读困难和口吃的风险更高。

◆ 男性左撇子更有可能是数学天才,女性没有这种倾向。

◆ 先天性耳聋儿童中,出现左撇子的可能性是听力正常儿童的两倍。

◆ 左撇子的后代较少。

这一系列数据传达了这样的消息:右脑支配对于男性和女性的影响不同。这似乎也打乱了脑的一些区域,影响语言和数学能力。

还有一个问题或许是:既然左撇子在健康与生育方面面临如此大的挑战,在漫长的岁月里,他们是如何设法保持自己的存在的?根据研究洞穴壁画的一名学者的判断,左撇子早已存在。在没有罐装油漆及涂鸦的时代,人们将手掌压在岩壁上,然后使用一根空心的禾秆向上面喷涂料,以表达自己的艺术设想。在欧洲的旧石器时代(1万—3万年前),这种以手作画的方式非常流行。法国进化生态学家福里(Charlotte Faurie)和她的顾问雷蒙德(Michel Raymond)找到了507个这样的手印,用来对左撇子比例进行分析。推理的方法是,如果手印为左手,则表明作画者使用右手进行禾秆对准这样的精细工作。接下来,研究后全新世的79名学生制作的现代版的手印。结果表明,这些现代智人左撇子和右撇子的比例与旧石器时代洞穴画家完全相同。结论是:至少在3万年的时间内,这个比例未发生改变。因此,左撇子必定也有一些优势。

这一优势可能体现在击打方面。如果我是一个不折不扣的右撇子,并习惯于与右撇子搏斗,让我突然面对一个左撇子,我就会落败。打击将来自一个意想不到的方向。左撇子会打得我两眼发黑,偷走我的配偶并快乐地生儿育女,将成功的基因传到下一代。有少量数据支持这一假说:在棒球、板球、网球、拳击和击剑运动中,很多人都是左撇子。从左侧而来的突然袭击令人意想不到,在某种意义上,是致命的。

当然,还有其他的理论。

左撇子的脑常出现个性化的布局方式,关于这方面的理论,我也很赞同。在大多数人的脑中,各项功能部位——语言、视力、记忆——在左脑或右脑中的位置是固定的。但对于左撇子而言,这些脑功能区仿佛被抛起来并任其散乱地摔在地上,其布局毫无规律可言。这种全新的布置方式(理论上如此),除了存在着前面列出的一系列危险之外,还可产生充满野性的艺术、新奇的哲学观以及闪光的天才想法。事实上,至少对于音乐天才而言,左撇子中更有可能出现这样的人物。因此,左撇子能够持续存在,可能是两种原因的综合结果,即能够在战斗和生活中同时取得成功。

"偏手"倾向并不是人类独有的。人脑的偏侧性很强,左侧负责语言的产生,右侧负责图形识别,等等。然而,其他很多动物,也有这种分布不均的现象。大多数老鼠在进行搜寻活动时,常常向右转弯。许多种类的蝌蚪在相遇时,都是"用左眼看"(由于两只眼睛被球形的头隔开,所以只能选用一只眼睛看向前方)。海象中右撇子的比例似乎和人类相同。新喀里多尼亚乌鸦在使用树枝“钓”蠕虫时，明显习惯使用特定的爪子，只是它们之中左撇子与右撇子的比例似乎相同。大猩猩同样如此。黑猩猩的情况比较特殊，一些科学家认为它们倾向于使用右手，另一些科学家则认为这种情况只出现在圈养黑猩猩中，生活在野外的黑猩猩没有这种倾向。双方的争论产生的一个明显的结果是，人们通过观察发现：在钓白蚁的黑猩猩中，专门使用一只“手”的钓到的白蚁最多。

而其中可能隐藏着人类偏手倾向的起源。让脑专注于一只手，比同时关注两只手的效率更高——不管是在喂养、育儿，还是在搏斗中。这也可以避免在紧要关头，为使用哪只手而犹豫不决，结果延误了时机。毕竟，当敌人正向你冲来时，看着面前的石头，没有人愿意把时间浪费在考虑用哪只手扔石头。科学家还不清楚为什么有10%的人会是左撇子，更不清楚我们为什么会出现左右手差别。我们像许多其他动物一样，生来如此。

有时我真希望能把手伸到脑的内部去摸一摸——可能的话再与它握握手。虽然脑负责整个身体的运作，决定着每个人的个性，但我们对于这个器官的了解仍非常有限。人类对于自身的脑投入了多少思考，颇有些讽刺意味。有时，我忍不住想要从镜子中看看自己的后脑勺。无论如何，我们不能无视这样的事实：先不说它想观察自己的冲动，这个复杂的、无与伦比的脑，一定是人类远远超出所有其他动物的一个因素。

即使是在今天，人脑仍在不断地进化。毕竟这种进化所需要的只是一个有益的DNA拼写错误——能够改变基因意义的复制错误。芝加哥遗传学家拉恩（Bruce Lahn）认为，决定灵长类动物的脑的大小的基因至少在3000万年内，一直在极其迅速地变化着。这一结论来自人类与大鼠及小鼠的比较，后两者的脑基因变异较为平缓。在人类历史一些非常突出的时间节点上,他列举了两个基因内部的突变。其中一次突变出现在大约3.7万年前的**小脑症**基因上,当时正是“文明现代人”的清晨——从那时开始,人类开始制作乐器,创作艺术,并为死人举行入葬仪式。有明显的证据表明,现今所有人的脑中,70%复制了这一有利的意外突变,在欧洲及东亚最为普遍。当然,由于人类具有喜欢迁移的特点,所以在其他地区也有分布。第二种基因是ASPM基因,这种基因在5800年前经历了一次有益的突变,当时农业与书面语言正开始出现。这些基因究竟做了什么尚不得而知。拉恩之所以认为这两种基因与脑的大小有关,是因为如果在胚胎发育期间它们的复制被意外关闭的话,脑便无法成熟。拉恩还认为这两种容易发生突变的基因只是一系列突变事件的开始。他估计现代人类的脑的形成,需要几百次乃至几千次类似的成功突变,100万年之后,人脑一定会与我头发下的这个器官有很大的不同。

就在这个时刻,地球上的某个地方,一个正在发育的胚胎,其头部或许已发生了能够加快脑工作速度的突变。我得指望他找到关于人脑的一切确定的结论——大小、性征以及不同的个性。在本章结束之时,我能够得出的结论是:人类或其他动物的脑以灵巧取胜。有些生物,如新喀里多尼亚乌鸦以及弗洛里斯人,虽然脑较小,却能够完成很多工作。女性的脑由于特殊的“安排”,弥补了容积比男性的脑小的不足,能够发挥与男性的脑同样的功能。与此同时,世界上最大的脑,如大象和鲸的脑,似乎并没有能够实现人脑如此高深的自我意识与创造力。这是一个令人迷惑的器官。如果仅仅负责指挥我们的身体度过每一天,袋鼠和负鼠的脑要简单得多。

第三章

盲如蝙蝠：感官

眼睛是人类感知世界的重要工具。与很多食肉动物一样，人类的眼睛也长在头的前方。这种布局能够产生三维的视觉感知，但也限制了视线的范围。在眼睛内部，人类（与其他许多灵长类动物一样）有3类视锥细胞，而不是2类，因而对于色彩的感知比大多数哺乳动物丰富得多。同时，视觉系统还具有感知同个物种（可能也包括其他物种）“肢体语言”的能力。事实上，只要看一眼因恐惧而睁大的眼睛，就能够激起人类自身的恐惧。视觉是迄今为止最准确的感觉。

味觉和嗅觉的化学感觉能力都很弱。不过，舌头具有一定的识别毒物的能力，并对高热量的糖和脂肪比较敏感。最近人们发现，鼻子能够从他人的汗味中获得重要的信息。与大多数视线范围较小的动物一样，人类的听觉很灵敏，耳朵帮助头部定位声源的准确度不逊色于任何其他物种。同时，耳朵能够捕捉到的频率范围也很大，从深沉的贝斯音到尖锐的最高音，都逃脱不了耳朵的探测。由于其他很多动物的听力频率范围受到极大的限制，所以这是一个值得注意的特点。

关于触觉的科学研究很少，但定期的触觉刺激似乎对幼儿的正常发育很重要（这一点在实验室动物的身上也得到了证明）。在脑对感官信息的处理速度方面，女性表现得比男性更为出色——特别是在女性的月经期。人类还能以其他方式感知自己周围的环境，如平衡感、方向感或时间感。虽然完全没有事实根据,但很多人相信“第六感”的存在,以解释诸如梦中先兆、读心术、预测未来及各种小伎俩。

眼睛

在我的孩提时代,有一只长耳鸮长时间陪伴着我。它的名字叫“瓦尔”,刚来时还是一个被遗弃的小家伙,后来渐渐长大。它有时停在人的肩膀上,有时站在我爷爷的钟上,扫视着整座房子。我们经常发现它凝视着某个房间,盯着我们看不到的什么东西。我们几个孩子便趁机玩起某种利用它来定位的游戏。我们会努力顺着它的视线寻找它的目标。最后,在我们几乎把鼻子顶到墙上时,才偶然发现一只停在那里的果蝇或小蜘蛛。

透过办公室的窗口向后院看去,似乎能够将周围的景色尽收眼底。树上是翠绿的小枝条。而在花园里铺满整个草坪的棕色落叶中突然鼓起了几条绿色的浇花水管。向远方望去,木栅栏围起一堵灰色的墙,背后是死气沉沉的草坪。再后面是邻居家的树顶……有点朦胧的感觉。虽然想看得更清楚,但远处总显得有点模糊。如果“瓦尔”站在我的肩膀上,便可能发现那些在我看来很模糊的树枝上,一只山雀正在打呵欠。各种动物的光线感觉器在进化过程中,都形成了最适合各自独特需求的特点。我没必要非得看到那只在树上打呵欠的山雀,因为不用靠它填饱肚子,我照样能够活到明天。智人自有其所需。

所有动物的眼睛,在进化之初并不起眼。由于DNA无意间的变化,让某些单细胞生物获得了感受光的化学物质。这种化学物质让某个微生物祖先能吃到更好的食物,或避免被其他生物吞噬,并因此得到蓬勃发展。由这些细胞进化形成的后代都得感谢这种革命性的感光色素。

今天,虽然每一个物种安排其感光色素的方式有所不同(或有很大不同),但基本规则是一样的:收集光谱的一部分子集,利用这些数据来确定下一步的行动。在这个过程中,甚至不需要脑的参与——海洋中的蛇尾海星身上分布有晶状体,能够感知捕食动物的影子,并发送信号让5条腕开始寻找躲藏之处。

每次张开自己的眼皮,看到如此大的眼球,我总是感到有点吃惊。正常露在外部的眼睛——蓝色的虹膜以及两侧楔形的白色部分——看起来并不大。(从美学角度看,太小了点,但这个要求对于一个感觉器官而言有点过分。)当我睁开眼睛打量这个世界时,上下眼皮之间的距离不足半英寸(1.27厘米)。但在头骨内,这个光滑的白色球体有1英寸宽。哇! 我承认我对自己的眼球感到有点气馁。记得十几岁的时候,我站在镜子前,盯着自己的眼睛,直到我的智慧在身份问题上搁浅:这是我的眼球看着我,还是眼球看着它自己? 在我看来,好像眼球是单独存在的。我是看着自己的外在还是内部? 蛇尾海星无须遭受这种焦虑的折磨。它们只需感知光线,并采取相应的行动。

眼睛的形式:球体

人类眼睛的一个不寻常之处是它真切地呈现球体的形状。我脚边睡着的这条狗名叫"库成"。我掀起它头上盖的毯子,看着它那双有点不悦的眼睛。虽然它身形瘦长,体重只有我的一半,但它的眼睛看起来却比我的眼睛还大。然而,当我研究狗的眼睛时,发现其形状从前到后呈扁平状,活像一个豆袋椅。院子里麻雀的眼睛形状像梨,尖端在前,钝端在头骨内。扇贝沿着贝壳分布了很多半球形眼睛,看上去像是空汤碗连成的一条线,这是它们的观察工具。而鲨鱼的眼睛就像是倒扣的碗:膨大的一侧吸收光线,再传递到水平的视网膜上。果蝇的锥形眼睛长在头上,看似镶嵌着的宝石。很多动物,包括蜥蜴在内,甚至长着扁平的第三只眼,里面也有晶状体与视网膜,藏在头顶一片特殊的鳞片下面。虽然这只眼睛不能形成图像,但可以感知光线的强弱。也许对于我这类有眼睛恐惧症的人,最恶心的是蠕虫和软体动物身上的“坑眼”。从字面上就可以想到,这种眼睛就像是陷在动物皮肤中的开口的坑,坑中有一层感光细胞。噢,真是太恶心了!

在研究世界上各种眼睛样式的过程中,我发现大部分动物都没有福分拥有能够转动的眼睛。不仅坑眼显然无法向四处转动,作为昆虫头部一部分和附属物的复眼也无法转动。麻雀的梨状眼球永远不会像我的眼球那样转动,因为有一块锁骨固定住了“梨”的颈部。我现在理解了一些动物的最典型的运动方式——鸟类将头抬起,蜻蜓将头垂下——都是因为眼球无法转动,只能通过转动头部来对准视线。我还发现,猫头鹰是眼睛最受约束的动物之一:猫头鹰的眼睛拉长得厉害,头内部分的形状像是一只向外扩大的铃铛;由于周围都有骨头固定,眼睛占据的空间超出了脑占据的空间;大眼睛能够产生非常清晰的图像,可惜的是它们一动都不能动。“瓦尔”在转移自己视线时,也需要转动整个头部。我仍能记得它的怪模样:转动着自己的头,然后上下移动,以调节高度,最后,黄色的虹膜会张大或收缩,以形成新的图像。我真想知道,能够转动的眼睛是不是也算得上能够让我们对某些动物更有亲近感的原因之一——因为这一特征使它们与人类更加接近。我的狗便能够通过眼睛来表达很多意思,有时它眼睛向上转,装出一副委屈的样子,有时转向自己的鼻子,去研究一只甲虫。

现在回到我自己的眼睛。哺乳动物的眼睛非常简单。光线进入角膜,由其引导进入瞳孔。在瞳孔后面,晶状体进一步将光线汇集在一起(并在此过程中将图像反转)。每个重新转向的光子都会撞击到视网膜的感光细胞上。这些细胞通过视神经向脑发送信号,由脑负责分析数据。根据周围环境的明暗,瞳孔能够扩张或收缩。而晶状体经过调节,能够使我将视线的焦点落在鼻子下面的书上,或75英里(约120千米)

外的华盛顿山的山峰上。所有这些功能对于哺乳动物的眼睛而言，都稀松平常，不值一提。而我的眼球本身走的是一条能大大降低成本的路线。

至于我小时候养的小马驹“公爵夫人”，它的眼睛就是另一回事了。我小时候常盯着那些褐色的眼球看，心里感到很纳闷，**为什么大山会出现在“公爵夫人”的眼睛里呢？**马的瞳孔呈长椭圆形，与地面平行。在瞳孔的上缘，顺着我的方向通过角膜的液体，是一排黑色的柱状物。现在我知道，那些柱状物实际上是遮篷，很多动物都有这种结构。说得专业一些，叫做“虹膜颗粒”或“黑体”。它们的功能是充当面罩，防止瞳孔受到阳光的照射。从很开阔的地方进化而来的动物，最有可能具有这种结构。

同时，我的眼睛里也没有*tapetum lucidum*(反光膜)，这个怪异的名称是拉丁文，原意是“明毯”，它具有幽灵般的功能。如果你见过动物的眼睛在夜晚发光，这便是它们眼睛里的反光膜在起作用。夜行性动物和其他适应低光照环境的动物在进化过程中，在视网膜的最后部分形成了反光层。在黑暗条件下，通过视网膜感光细胞，将稀疏的光子反射回去，以获得再次形成图像的机会。当你的车头灯照到瞳孔完全打开的浣熊时，所有多余的光子都会从反光膜上反射回来，回到你的眼睛里。由于反光膜由不同的化学物质“编织”而成，所以，不同的动物，它们眼睛发出的光的颜色也不一样。不过，照片中我的眼睛出现的红光可不是这么回事。与浣熊或鹿的瞳孔不同，人的瞳孔无法及时收缩以阻挡闪光灯光线的进入。因此，相机捕捉到的是充满血液的视网膜，而不是反光膜。

此外，我的虹膜比较乏味。它只是蓝色的环加上圆形孔径。而蓝黄大壁虎金色的虹膜呈扇形分布于内边缘上，在遮挡明亮的光线时，形成一个有些皱的垂直条纹。章鱼青铜色的虹膜被下垂的瞳孔分为两半。而热带的五线天竺鲷以醒目的黑色和白色条纹装饰身体,这些条纹从头到尾,甚至通过眼睛的虹膜。鉴于种种可能性,通过镜子的反射观察我的眼球是相当单调的。

尽管如此,我的眼睛服务仍很到位。例如,我的晶状体比狗的更加强大。虽然“库成”能够看到运动的网球,但如果球落在了杂草丛中,它的眼睛便显得无能为力。而从我的眼睛看去,它仍是位于一个杂草交错背景下的球体。对于“库成”而言,它位于一片模糊之中。要发现球,狗还得依赖鼻子。

我的视网膜的分辨率也相当高,能够产生更清晰的图像。在我的视网膜上,感光细胞的分布密度为每平方毫米20万个。美洲热带地区的甘蔗蟾蜍,其感光器的分布密度为每平方毫米4.6万个,只能获得较粗糙的图像。加州地松鼠看到的画面也同样粗糙,至于老鼠,看到的图像质量就更差了。当然,也有一些动物让人类眼睛的分辨率相形见绌。麻雀的感光细胞分布密度达到每平方毫米约40万个,而许多猛禽甚至达到了上百万个。

在处理速度方面,我的眼睛相当慢。在我看电影时,一系列静态的图像融合在一起便能够形成运动画面。然而,对于苍蝇而言,电影看起来像是慢速放映的幻灯片。苍蝇在看电影时,图像触发光感受器……并以相同的模式连续触发……最后,出现新的图像。苍蝇的眼睛每秒钟能够处理200幅不同的图像。而我的眼睛每秒钟只能处理20幅图像,超过这个值,画面便开始显得模糊。电影的播放正是利用了这一时间间隔特点。看电影时,人的眼睛感觉到的不是静态的单幅图像,而是“编织”起来的一系列的行动。

人类的视野如何?我认为要好于一般的捕食动物。因为人的眼睛完全指向前方,所以总的视界只有约180°。不过,由于两只眼睛共同作用,在120°的范围内,人类拥有出色的感知能力。即使对于捕食者而言，这也是一个非常立体的影像。猫和狗都是眼睛向前的捕食动物，但感知远近的范围较窄（不过整体视野较大）。双眼视觉使人类具备衡量自己与猎物间距离的能力，即便在我迅速冲向曲奇饼时也能做到。同时，外围视觉能力能够提供关于周围环境的数据。在动物追踪营地，我掌握了一个自然主义的诀窍：站在旷野里，让眼睛放松，不去盯着任何一个地方看。在炎炎夏日，原本一动不动的景观一下子变得活跃起来：脚下的野蜂正在忙碌；右边的蝗虫爬上了一枝黄花的枝头；头顶上两只黑色的乌鸦飞过天空；左边的蝴蝶从草丛中飞起又落下。而当我将自己捕食者的眼睛集中于某个特定位置时，这一切喧哗完全不会被感知到。我的眼睛只关注世界的一半。

我的视界属于捕食者的视界。与典型的猎物相比，我如同半个盲人。扇尾沙锥和丘鹬是北美洲的两种常见鸟，它们的喙很长，由于需要在枝叶上或泥土中寻找食物，所以它们的眼睛的视界范围能够达到360°。由于它们的眼睛位于头部的最后面，两只眼睛的视界甚至在**后方**重叠在一起，使之能够在头后获得一片额外的双眼视觉区。对我来说，这有点难以想象。

被捕食动物，如鹬、兔、鹿以及其他易受攻击的对象，牺牲了眼睛对于远近的感知能力，而将眼睛分布于头的两侧，以便在360°的范围内保持警惕。不过，有些动物在进化过程中形成了远近感知能力缺失的补偿机制。鸟、蜥蜴和老鼠，通过头的上下晃动或前后摆动，确定视界范围内物体的距离。为了切身体验“鸽子视界”的感觉，我走到窗前，闭上一只眼睛，上下移动自己的头。此时，窗台上的花瓶比草坪上的手推车移动的幅度大，而手推车又比远方的围栏移动的幅度大。在这个过程中，我突然想起父亲过去在欣赏风景时所特有的方式，此刻我才明白他当时那样做的原因。在一次可怕的牙科事故后，父亲的一只眼睛失明了。

作为一项规则,捕食者狭窄的视野并没有得到自然界多少补偿。然而,热衷于运用工具的人类近来已经突破了自然规定的视界限制。利用各种透镜、反射镜和摄像机,我们不仅能够看到身后的图像,甚至还能够看到月球背后的影像。而这些工具中,正有两件挂在我的眼球面前,它们精确地调节光线,以补偿我那并不完美的眼球。

颜色感知:出色

如果说看到三维图像感觉不错,那么感受到颜色就更应该感到欣喜。我个人判断颜色的品位非常高。我的办公室就是一个很好的证明。在电脑的上方挂着一幅新西兰山水画,蓝宝石色、橘黄色和祖母绿色融合在一起。下面是一个座钟,闪光的陶瓷泛着黄、橙、蓝、绿等多种颜色,钟的上面是一只绿色和紫色相间的鹦鹉。挂在右边墙上的是一只粉红色和青绿色相搭配的中国丝绸狗,金黄色和红色的流苏摇摇欲坠。左面的镜框则交错着甜瓜的绿色和黄色。颜色不只是刺激我的眼球,更能够唤醒整个自我。父亲虽然只有一只眼睛有视力,但对于颜色也是同样地着迷。他在墙上画了一个4英尺(约1.2米)大小的太阳(过去他常在这个太阳下面完成微生物学讲义),并采用了错视画的手法渲染红色与橙色。在小镇上,他对于颜色的痴迷是出了名的,以至于杂货店老板受他影响都会将橙黄色的东西(盘子、废纸篓、艺术玻璃)分在一边。

我的眼睛的后部铺着一层杆状和锥状的细长细胞,以分别感知亮度和颜色。人类眼睛的不寻常之处是有3个不同的视锥细胞类别,分别感知不同的光波波长(或称为颜色)。从草坪手推车上反射到我视锥细胞中的光子,使视锥细胞发出信号,脑对于这个信号的解释是"红色"。而面对晴朗的天空,视锥细胞发出另一组不同的读数,脑的理解是"蓝色"。通过这套系统,我的脑可以辨别约700万种颜色。

在哺乳动物的世界里，这显得很奢侈。除了灵长类动物之外，其他所有哺乳动物都只有两种类型的视锥细胞。其中一种负责感知较短的光波（绿色、蓝色或紫色），还有一种负责较长的光波（黄色、橙色或红色）。因此，大多数哺乳动物能够感知的颜色不多，它们眼中的世界是一个褪了色的世界。

人类中有一小部分患有色盲，这些人占总人口的百分比一直比较稳定。在色盲患者的视网膜上，3类视锥细胞中有一类未能调整到适当的波长上。因视锥细胞及其调谐方面的问题，他们眼中的世界看起来像是用水冲洗过一样，很多原本不同的颜色都呈现为相同的灰粉色或灰绿色。（互联网上相关的模拟测试很多。）这种遗传特征与性别有关，每18名男性（或每200名女性）中就有一人是色盲。数十年来，人们一直在猜测人类存在这种反常现象的原因，而新的科学研究已经提供了一条线索：色盲患者能够在淡棕色的世界中充分展示自己的特长，而像我这样的人对此却一筹莫展。英国的实验人员向人们展示包含两种卡其色调的色卡，像我这样的人会感到一片茫然。然而，色盲受试者却证明自己是这方面的天才，能够识别出15种不同图案。研究人员认为，色盲基因始终能存在下去的原因是这种基因可让猎人在人类的史前活动中，具有从卡其色的草原上发现卡其色的动物的优势。

比起哺乳动物，鸟类、蜥蜴、鱼能够更好地感知这个丰富多彩的世界。这些动物常有调谐到5个不同波长的受体，而不是人类的3个。但它们对我的办公室有何看法还很难说，这也是视觉的奥秘之一：两个人可能会一致认为天空是“蓝色”的，但有人看到的可能是别人称之为黄色的颜色。这个问题无法找到答案。

夜视：能力低下

夜深了，我让“库成”到院子里去撒尿，准备睡觉，它却一下子冲进灌木丛中,不停地吠叫。我一边猜想着会是什么生活在城里的哺乳动物出现在它面前,一边跟了出去。一不小心,我撞到了餐桌,只好一步一步地摸索向前。我伸出手向前,以确定双眼只看到一根“棒子”。如果仍不确定,那么只要数一下视杆细胞与视锥细胞的数量,便可以确定我不是夜行动物。有些夜行动物几乎完全不使用视锥细胞,但为什么还会长一些,这仍是一个未解之谜。视锥细胞的好处是它们可以将光线分解为具体的色彩。因为这样会削弱夜间微弱光线的强度,所以大部分夜行动物的视网膜上只有视杆细胞。

我并不是在心疼我的视杆细胞——我的视网膜上视杆细胞的数量远远超出视锥细胞的数量。视杆细胞的感光极限不及视锥细胞的千分之一。问题是,并不是所有的视杆细胞都具有相同的能力。人类的视杆细胞只能产生模糊的图像。人类视网膜的中央凹确定了视杆细胞的地位很低下。视网膜后部的这个中央凹密布着受体细胞。这是一个黄金点,用于查看拇指中扎入的刺或眺望远方的鹿。在我整个的视野中,只有这部分才是真正的焦点。而这里分布的完全是视锥细胞。当我仰望苍穹,去寻找一颗暗淡的星星,任何落入中央凹的光线都会消失。经过视锥细胞的分解作用后,所有的光线都消失了。我必须将焦点移向目标的旁边,让星光照到视网膜上视杆细胞较多的区域。而对于南美油鸱而言,则没有这样的限制。这些栖息在山洞中的鸟儿夜间出来吃油棕种子,它们眼睛中视杆细胞的数量是视锥细胞的123倍。而且由于这些视杆细胞非常细小,分布得极为紧凑,所以再昏暗的光线也能够产生清晰的影像。

不过,人类并不是完全没有夜视能力——至少不会像鹰的夜视能力那么差。经过一段时间的适应,即使是没有月光的夜晚,在微弱的星光下,我的视杆细胞仍然能够分辨出树木或岩石。甚至是阴天的夜晚,我也不是一点都看不见,这都要归功于那些模糊成像的视杆细胞——

实际上，视杆细胞与视锥细胞的比例达到17:1。而红尾鹰的这一比例只有可怜的1:3。就连夜晚经常造访我家窗外那棵橡树的乌鸦，这一比例也仅为2:1。(有一位学者认为，乌鸦之所以会在夜晚聚集到城市的公园中，可能是因为人类在那里为它们提供了夜间照明。)据我所知，夜视能力最差的当属澳大利亚短尾巨蜥。这种蜥蜴的视锥细胞数量是视杆细胞的80倍。除非它们的视杆细胞极其灵敏，否则，这种爬行动物在夜晚注定只能老老实实地待着不动。如果说我的视杆细胞的数量超过了这种蜥蜴，这可能是因为史前人类在夜晚也是捕食者或被捕食者。根据这一理论，我们具有在夜间用眼角的余光觉察运动的能力，这是非常值得庆幸的。

其他

谈到运动，在研究过程中，我偶然见到一种被称为"生物性运动"的有趣现象。很显然，我的脑对于他人接近时所形成的任何视杆及视锥模式都特别警惕。回想起来，这种现象很有道理。在有人从预料之外的方位接近时，我们能够以眼睛的余光注意到。在不安全的区域，我们会仔细巡视每个人，以确定他们是否具有侵略性。通过观察每一个从我们身边经过的人的肌肉与关节的运动方式，我们能够获得很多信息：这个人是举步维艰、虚张声势、偷偷摸摸，还是趾高气扬。显而易见，我们自动地收集这些生物的运动信息。

科学家可以通过拍摄一个走向摄像机的人，并将画面简化为移动的节点(包括脚、膝盖、腰、肩膀、头和手臂)，来检验这种现象。人脑能够不假思索地理解这种由点形图构成的画面。研究显示，观看这种电影时，人脑会调用那些分析他人行为以及准备采取行动的区域。其实，警觉的人类甚至不需要运动画面便能够从他人的身体上收集重要的信息。一个人害怕时采取的姿势——双手掩面——便足以调动观者的情感中心,并做好身体应对的准备。即使将脸与身体其他部分盖住,仅靠人类的眼睛,便足以向他人传达恐惧的情绪。就像是一只椋鸟从地面飞起后,它周围的其他椋鸟便会立即警惕地飞起来,人类在进化过程中,也形成了感知他人恐惧的能力,即使处在很远的地方。

我相信未来的研究一定能够进一步确认,人脑对于向自己接近的人所发出的侵略信号会特别敏感。即使是现代人,虽然有文化的约束,但仍可能是危险的;可以想象,在没有警察的年代,每一个陌生人都有可能激起兴趣或引起恐慌。我们对于陌生人的膝跳反射说明这种反应的根深蒂固,我们会不由自主地对看起来不属于自己社区的人产生怀疑。

如前一章所述,男性和女性的脑存在很大的差异。同时,因为视觉数据的分析由脑负责,所以我就想到这样的问题,我与配偶所感知的现实世界是不是也存在差异?答案是肯定的。首先,色盲更青睐男性。更有意思的是,育龄期女性在排卵前几天,即最有可能受孕的时刻,视觉能力是最好的。在那几天,在昏暗的光线下,我会比自己的配偶更敏锐。但这种现象是否有助于女性收集关于选择配偶的信息,或者只是性激素分泌波动的副作用,目前还没有定论。在下面关于其他官能的讨论中我们将看到,女性在每个月临近自己重要的交配期时,所有的感觉能力都会加强。由于这些感觉涉及不同的化学物质,所以副作用的假说可能有点牵强。

在所有的感觉中,眼睛对于人类的自然史,以及人类在地球上的生活方式都具有最重要的影响。当我的视线落到钟、手推车以及我配偶的身上时,大脑皮层中很大一部分——至少有1/3——会变得活跃起来,开始处理收集到的视觉数据。这样,用于处理其他感觉的空间便不多了。所有这些都是为了服务于这个相当平常的工具——眼睛。

虽然人类的眼睛能够感知的颜色比大部分哺乳动物的多,但它对颜色的敏感性不如鸟类。人类的眼睛夜视能力较差，至于说从他人的脸上或身上收集关键信息的能力，在其他动物中也并不稀奇。通过瞳孔后面的可以调节的晶状体，我可以将焦点拉近，以对准特定的物体，也可以将焦点拉远，眺望远方——但分辨率不高，而且处理速度也不快。

我再次观察镜子中自己的眼球，不由得想到虹膜上的隐形眼镜。从4岁开始，我便开始从事科学家称之为阅读的“紧张工作”，这样要不了几年，眼睛的形状便会发生改变。不过，在十一二岁的时候，我还努力地想要避免过于近视的环境。可惜的是，在我所处的环境中，远视能力成为第一种出现退化的重要能力，很多人甚至还没有达到育龄便开始近视。与此相对应，在几乎没有机会阅读书籍和使用电脑的狩猎-采集社会里，很少有人视力不佳。在人类历史的长河中，近视也并不常见。

但对于乐于制造工具的人类而言，我们的脑却能够欺骗生物学。在我角膜上浮动的这个薄片利用了人类早已开发出来的技术。我的姑妈刚刚换了一个塑料晶状体。我的另一位朋友最近接受了近视激光矫正手术，使视力恢复到童年时代的水平。科学家正在研制一种可移植的光探测器，这种探测器能够将粗略的信号输送到完全失明的人的脑中。我童年时代的那只猫头鹰能够看到50步外的一只蚊蚋，但如果失去视觉能力，它便无法生存。而当人类失去某项感觉能力，不管是因为用眼过度还是因为年老体衰，我们都能够发明更多的工具，以应对未来的挑战。

耳朵

昨晚当我躺在沙发上看书时，我的兴致被一阵沙沙声破坏了。原来是小家鼠打洞发出的声音。我的眼睛一下子离开了书，视线落在天花板的某个精确的位置上。虽然外表看不出什么异常，但我的眼睛盯在那里看,它们是接受了耳朵的命令。由于视觉能力一般,人类通过相当出色的听觉能力加以补偿。哈！此时我不禁又想起父亲一只眼睛失明后的情形。由于不堪忍受松鼠的嬉闹声,他曾向自己房子的天花板的某个特定位置开了一枪。可能他在视觉受损后,听觉与瞄准能力都得到了增强,但遗憾的是,我已经想不起关于这次特别实验的结果了。

关键问题是,人类的耳朵之所以如此敏锐,是因为眼球只能让我们看到部分世界。相反,由于兔子的视野开阔,耳朵的功能仅限于定位某种危险的声音。不过,对于人和兔子来说,通过两种感觉能力的协作,都能够确定事物的好坏:食物和朋友,敌人和将要落下的石头。由于这两种感觉联系密切,所以如果它们收集到的信息相互矛盾,那么脑在处理时就会出现混乱。

耳廓组织

现在看一下我的耳廓吧。它称不上美观,其实就是光秃秃的软骨褶皱,并且与猫头鹰的眼睛一样无法转动。因此,在进化过程中形成的这种波纹形状不是为了吸引配偶,而是为了将声波反弹入耳道,以便进行处理。这些反弹有助于确定声源的方向。这个贝壳形的器官稍向前弯曲,但仍能接受来自两侧的声音。耳朵的弱点在后部。与人类这种捕食者的眼睛无法看到脑后一样,耳朵也有"聋区"。人类很难确定头部正前方、正后方以及垂直上方的声音来自什么地方。而且与鹿或狼不同,由于人的耳廓不能转动,所以无法听得更真切。尽管如此,一个典型的实验发现,人类在不能够确定声音方向时,会像蜥蜴一样,本能地通过头部来回摆动来使耳廓捕捉到更多的信息。

与眼睛一样,动物王国的耳朵形式也是千变万化。我的那些灵长类亲戚的耳朵,长相同我的耳朵很相似(其中大猩猩的耳朵稍小,黑猩猩的耳朵有时稍大),都固定在头骨上,被动地将数据传输到脑。大熊猫惹人喜爱的原因之一就是，它们的两只耳朵看上去很专注地在倾听，几乎一动不动。耳朵比大熊猫还固定的是真海豹(斑海豹、灰海豹、格陵兰海豹)。与有耳海豹(海狗、海狮)不同，真海豹完全没有耳廓，耳朵只是眼睛后面被皮毛覆盖的小孔。鸟类的耳朵同样位于头骨内。

而鹿的耳朵则可在最大范围内转动，它们的耳朵的前端像一个卫星天线，后面则像一面盾牌，屏蔽掉不需要的杂音。在嗡嗡的背景噪声条件下，这种设计可将目标声音净放大二三十分贝。如果我是一只鹿，我最好是把手弯起来挡在自己的耳后，并让周围的人都不要做声。

人类耳朵的位置也相当正常。大多数哺乳动物都有分开的耳朵，以尽量发挥三角定位的功能。同时，耳朵靠近脑，便于对声音数据进行处理。很多昆虫则不同，它们常将耳朵布置在腿或翅膀上。考虑到这些昆虫不仅对通过空气传播的声音，而且对通过地面传递到腿上的振动都很敏感，就不难理解这种奇怪的布局了。有些飞蛾甚至将耳朵放在腹部或背部。虽然某些飞蛾的“耳朵”可能只包括单独的一个细胞，但这对细胞足以感知觅食蝙蝠的接近，并本能地迅速冲向地面。如果只要两个细胞便能够完成复杂的任务，那么它们一定非常高效。

许多爬行动物和鸟类与哺乳动物的模式相似，都将耳朵放置在头骨的两侧。不过，对于其中某些头部较窄的动物来说，还有一个额外的特点帮助它们确定声源的位置。人类的两只耳朵相距较远，声波在极短的时间内先后到达两只耳朵。声波在到达第二只耳朵时，强度也有所减弱。通过时间延迟以及耳廓收集到的信息，人脑能够在测算后确定应该将目光投向何处。然而，对于头骨较小的动物来说，就无法利用这种三角定位功能了。因此，鸟类与很多爬行动在进化过程中，形成了一条连接两只耳朵的通道。严格说来，人类也有一条横贯头部的通道：每只耳朵的耳咽管都与口腔相连，所以当我闭起嘴和鼻子，向外呼气时，我耳朵的鼓膜便会鼓起来。只是鸟类两只耳朵之间的连接更加开放和自由。声音通过右耳膜后,穿过通道,撞击到左耳膜的内侧。这种结构能够提供鸟类所需的方向信息。

蛙类的定位同样采用这种模式,并在此基础上进一步加以改进。它们的内耳与肺连接。某些种类的蛙的气囊比耳朵更加敏感;还有些种类的蛙的肺对低音反应灵敏,而由耳膜负责收集高音。蛙类的肺还为耳膜提供了适当的背压,可使耳朵免受自身发出的声音的伤害。至少有一种蛙,即巴拿马金蛙,完全舍弃了外耳与中耳,仅依赖肺将外部世界的振动传递到内耳。

"瓦尔"及其他猫头鹰不仅拥有敏锐的眼睛,而且拥有一对相当出色的耳朵。一些物种重塑了整个头部,使其中一只耳朵的位置比另一只耳朵的位置低。这样不仅能够辨别声音的方向,而且能精确测量目标的高度。很多猫头鹰在每只眼睛的周围还有一簇羽毛,很像是卫星天线,将声音引导到眼睛旁的耳缝中。太棒了!(很多生活在森林中的猫头鹰,其外部的"耳朵"其实并不是耳朵,而是在兴奋时会竖起来的羽毛,就像是狗发怒时会竖起颈背部毛。它们的作用一是让自己外表看起来好像枝杈丛生,二是与自己的家庭成员进行无声的交流。"瓦尔"在看到扫帚柄、螺丝刀或其他像蛇一样的东西时,都会发出尖叫,并竖起羽角——记住,由于猫头鹰的眼睛很大,所以脑内的空间已非常有限。)

分辨能力:宽频接收与出色的三角定位能力

无论耳朵是位于头部还是膝盖,也不管它是由软骨组织还是肺组织构成的,其主要目的一致:捕捉对于其所服务的对象来说最重要的振动。因此,不同的物种关注的音频范围也不同。根据需要,过于低沉或过高的声音都会被忽略。

先来解释一下声音:噪声是由空气分子之间的干扰形成的。某些力——也许是鸟儿通过喉咙挤压空气——使空气分子相互碰撞并以波浪的形式向外传播。鸟儿使用的力量越大，空气中波浪的强度越大：声音听起来便越大。而音调越高，声波分布得便越密实。山雀的尖叫产生的是密实的“女高音”，而乌鸦的嘶哑低音产生的则是长而稀松的声波。

作为一种拥有无限兴趣和行为的动物，人类对于很多噪声都有加以监测的兴趣。风声预示着暴风雨的临近。灌木丛中低沉的吼叫表明有大型动物潜伏，要么是捕食者，要么是猎物。人类对于低音的感知不亚于大象和鲸，这两种动物分别利用土壤和水，将低沉的声音传向远方。不过，人类对于吱吱的叫声不太敏感。人类的听觉频率范围远远低于很多小型啮齿动物（包括老鼠）。研究人员最近发现，老鼠能够以颤声演唱复杂的情歌，由于音调过高，人类只有借助仪器才能听到。对于猫头鹰而言，由于其生活质量很大程度上取决于老鼠，所以也能够听到这些情歌。

不过，感知噪声只是一个方面——任何猴子都能做到这一点。关键是动物如何对这些信息作出反应，使自己从中获益。在使用声音引导眼睛的指向方面，人类具有无可比拟的优势。老鼠在墙中爬动的声音，门锁合上的声音，所有这些声音经过脑的处理，使头自行转动，让目光转向声音来源的方向。虽然很多动物具有这种本领，但大多数只能将视线定在声源附近，然后再使用眼睛搜索目标。而人类通过脑对声音的处理，能够精确地确定声音的来源，误差不会超过1°或2°。这样不仅能够节省时间，有时甚至能够保住性命。猫头鹰、蝙蝠，以及由于身体庞大、三角定位能力得到加强的鲸和大象等动物，也能够达到这样的精度。至于人类的近亲，即那些灵长类动物，其眼睛指向声源的偏差大于3°。

不过，对于一连串快速的声音，人类的识别能力较差。我的耳朵与眼睛一样，对声音采取处理、调整、再处理的方式，所以比较费时间，至少和鸟类相比是如此。经过我较麻木的耳朵,北美隐士夜鸫的歌声听起来像是特-咿-叽叽叽。但如果以1/4的速度播放,本来似乎很简单的歌曲一下子释放出了上千个颤音和琶音。在正常播放速度下,我的耳朵错过了所有的细微差别。不过,对于另一只夜鸫来说,由于它的耳朵处理速度很快,所以一个音节都不会丢失。

现在,即使不是从本书前面章节读到,仅凭个人经验,你也能够想到:男性和女性听到的声音并不一样。所以,婚后两个人之间出现的相互不理解是有一定的生物学原因的。最近的一项研究表明:在像我配偶这样的男性的脑中,负责处理男性和女性的声音的位置并不一样。在他听到男性的声音时,数据通过他的耳廓,再传到脑中负责想象某件事的样子的部分。然而,对于像我这样的女性的声音,由于音调较高且变化多端,这种声音在通过他的耳廓后,会传到脑中负责处理复杂声音(如音乐)的区域。结果会怎么样呢?尽管世界各地的报纸都在大肆报道,说男性对于女性的声音表现得充耳不闻,但是英国精神病学家亨特(Michael Hunter)却认为事实可能刚好相反:男性用于分析女性声音的脑区更适合提取信息。遗憾的是,亨特未能证明自己的观点,他也没法进入女性的脑,查看男性讲话时,女性的这个器官会如何工作。目前来讲,我倒是愿意相信自己的声音在我配偶听来如仙乐一般。

科学家早就知道,男性和女性的脑处理声音的速度不同。女性的脑感受噪声的速度比男性的脑快。出现这种现象,至少有两个因素:雌激素以及女性头部尺寸较小。它们缩短了信号的传输时间。女性的性激素显然也加快了脑对于声音的处理速度。一些研究表明,在最易受孕的那几天,女性雌激素水平的波动使听觉能力增强。与视觉能力一样,迅速的声音处理能力可能只是副作用的结果,也可能是进化过程中形成的特点,以帮助女性找到最好的配偶。

虽然女性处理听觉信号的速度较快,但男性的身体反应速度超过女性——拍死令人烦躁的蚊子、接听电话、转身将矛掷向乳齿象。不过，由于这些比较结果相差只有几百分之一秒，所以平时我们不会留意到这种差异。大家只是会注意到他喜欢把音乐放得很大，而我则喜欢柔和的音乐。当然，我们都能够注意到老鼠发出的声音。

当得知眼睛和耳朵之间的协作极为密切且互为补充时，我感到有点吃惊。同时我也发现，当两种感觉不一致时，会出现一系列的问题。这种混乱状态被称为麦格克效应(McGurk effect)。在网络上我也发现了麦格克测试，结果让人拍案叫绝。一开始，我看到录像中一个人在说："达-达，达-达。"不过，感觉有点怪。第一个音节听起来像是"嘎"。而观察他的嘴形，看起来也在说"嘎"，而不是"达"。然后我闭上眼睛，再次播放。这次我听得很清晰："巴-巴，巴-巴。"真怪啊！我的脑觉察到一系列的数据冲突——来自耳朵听到的"巴-巴"，来自眼睛的"嘎-嘎"——接下来编造出了一种全新的解释"达-达"。(如果你想折磨一下自己的脑，请用谷歌搜索"麦格克效应"。)

麦格克效应提醒我们，人类的感觉器官只负责数据的采集，真正的行动是在脑内进行的。与此相反，兔子能够从眼部神经直接向身体发送行动命令，无须经过脑的处理。而豆科植物为了保护自己，在太阳直射时会自动卷起叶子，既不需要眼睛，也不需要脑。然而，对于人类而言，由脑负责分析信息、解决冲突，并编造情节来理解万物。

总的来说，听力是一种可敬的工具。它让我感知有声世界的很大一部分内容，当然，不包括最深沉的低音歌曲和小型啮齿动物的情歌。虽然我的耳朵可能无法移动，但通过有褶皱的耳廓以及指挥头部转动的能力，却能够实现自然界无与伦比的精确定位。

鼻子,舌头

味觉:中等

味觉和嗅觉可以说是关系最密切的两种感觉。虽然初级教科书仍然将它们作为两种单独的感觉对待,但对于研究人员而言,它们都属于"化学感知"。我的舌头是一种非常愚钝的工具。虽然舌头的语言能力出色,有时甚至能受命从我的牙缝中剔出一根芹菜丝,但在化学分析方面,它只是稍稍强过石蕊试纸。它虽然能够分辨一些化学物质,但作为其合作伙伴的鼻子,却能够分辨上万种不同的气味。

我自己舌头的分辨能力可能优于常人,因为我属于对味道比较敏感的一类人。当我第一次知道有这类人时,我还以为需要经过特别训练,但事实并非如此。它显示出对抱子甘蓝根深蒂固的厌恶。拥有超级味觉的人占总人口的1/4,其中女性多于男性。这些人的味蕾数量是常人的70倍。由于受体丰富,所以能够向脑输送大量的信息,在吃到抱子甘蓝时,脑通常的反应都是"哎哟! 快吐掉!"

在罗列出像我这样的人可能讨厌的食物清单后,我的嘴边不禁露出了笑容。黑巧克力、黑咖啡、绿茶、辣椒、单宁红酒、蛇麻草啤酒、卷心菜、柚子和抱子甘蓝,他们对所有这些食物都唯恐避之不及。另外,对于味道敏感的人还擅长评估食物中的脂肪含量,这也是我的专长。给我77种冰激凌,从全脂冰激凌到脱脂冰激凌,只要舔一下,我就能够排定它们的顺序。

而味盲则属于另一个极端,味盲的人占总人口的1/4,我曾经认识其中的一位。(中间的一半属于味觉正常的人。)不行,味盲这个词容易引起误解。味盲的人分辨味道的能力与我一样。不同之处在于这些人味蕾数量较少,再强烈的味道,也很难将他们击倒。我认识的这位仁兄早餐能够吃一罐辣酱,并认为烤焦的面包美味可口。醋? 喜欢。土耳其咖啡？一边吃一边就着一大块黑巧克力。

为什么多样化的敏感度能在人类中长期存在？这是一个有趣的问题。我能够理解那些对味道敏感的人：有苦味的植物通常表明在进化过程中，这些植物已形成通过毒素进行自我保护的机制，以防被鹿、昆虫及其他食草动物啃食。因此，能够一下子感觉到苦味应该是一种宝贵的适应能力。对于一名处在育龄期的女性来说，这种能力特别有利，因为胎儿对于毒素格外敏感。这种能力对于患病的动物也很有用，因为很多苦味植物在少量摄取时有助于治疗疾病——北美黄连的根具有抗感染作用，罂粟汁有助于缓解疼痛，蛇根草能够降低血压。不过，**感觉不到**植物中的防御性化学物质，或未成熟水果的酸味，也有一定的好处。在食物匮乏时，越不挑剔，获得的热量也越多。动物世界也是如此：食草动物如果不吃苦味植物，就有可能挨饿，所以不太讲究口味；而食肉动物由于具备挑剔果蔬的资本，所以更容易拒绝苦味食物。

关于味蕾的注释：教科书过去将舌头表面的味蕾分为不同的区域，其中前部味蕾负责甜味与咸味，后部味蕾负责苦味，左右两侧味蕾负责酸味。这实际上是完全错误的！尽管舌头的某些区域对于某种特定的味道极其敏感，但舌头的任何部位都能够感知各种味道。编写教科书的这些人竟然对人们早在一个多世纪前便了解的这一事实一无所知！不过，还有一件事令我感到有点意外，我现在才知道，不仅舌头上有味蕾，上颚和咽部，甚至可能连胃部都有味蕾。我发现女性的味蕾一般比男性多，即使在味觉正常的人中也是如此。最后，从高中学的生物学知识中我们得知，除了酸、甜、苦、咸外，还有第五种味道：鲜味，这是蛋白质的"肉味"，陈年奶酪中就有纯正的鲜味。

大多数哺乳动物很容易受到有苦味的植物毒素的伤害，所以能够识别苦味。它们同样具备人类所拥有的辨别甜、酸、咸及鲜味的能力。毕竟，它们在食物方面遇到的挑战与人类相似。我们都需要盐来调节体液。至于甜味,如果膳食中包含水果,那么选择这些含糖量较高的食物就意味着每分钟能摄入较多的热量。酸味则可提醒舌头注意,不要让身体器官受到腐蚀。而鲜味则表示存在宝贵的蛋白质。

但是,每种动物的味觉仍有一定的差异。这种差异有时甚至会很大:狮子、老虎和猫(天哪!)不能辨别甜味(真糟糕!)。它们不吃水果,只吃肉,这种生活方式使得对甜味的感觉显得多余。有些鸟儿显然无法分辨酸味与甜味,可能是因为它们对于水果的依赖不仅仅是为了获取热量。(比如,院子里的红衣凤头鸟和黄雀需要利用水果中的色素来为羽毛着色。)

各物种的味觉敏感度也不一样。人类的味觉属于中等。我一共拥有约1万个味蕾。鲇鱼因为得在难以看到食物的浑水中寻找猎物,味蕾数量高达10万个。爬行动物从头到尾都有味蕾,触须上尤其多。这些动物早在张嘴进食前就已经对食物进行了一番点评。而犬科动物对于味道则相当迟钝。狼,或者我养的狗,可能只有2000个味蕾——仅为我的1/5。鸽子和鸡的味蕾则少于100个,这可能也是它们会尝试吃烟头的原因。蛇完全没有味蕾,它们的舌头的功能与我的鼻子一样。在味觉方面,昆虫是一个特例。除了奇怪的口器外,它们还会用足、触角或前肢上的化学传感器来测试食物是否可口。

从蜜蜂的触角开始,我们接着讨论关于嗅觉的问题。

嗅觉:不太好

我的鼻子能够辨别的东西比我的舌头多很多。根据最近的研究,这块小突起不仅是我的身体中一块主要的楔状骨,还可能是我择偶的工具。这也是为什么我和很多人一样,非常迷恋自己配偶的气味,他不在时,我甚至会将他的T恤衫铺在枕头上。同时我也能够通过气味分辨他的孩子。其中小男孩带着一股青草味和野性气味,他的姐姐则散发着泥土味和麝香味。即使是家里的狗,我也不得不承认,具有独特的气味:"库成"有一种淡淡的皮革的味道,而邻居家的那条狗"罗比"的脸上则有一种奇怪的香气。这些差异非常大。它们(以及我们)相互闻起来气味一定都很强烈,因为它们拥有如此强大的嗅觉设备!

在动物世界中,我的鼻子常被认为是虚有其表。回忆一下前面讲过的内容,我的脑的1/3需要负责处理眼睛收集的数据,相比之下,我的鼻子的能量仅相当于将街道的一个角落勉强照亮。与狗的鼻子相比,我的嗅觉能力可是一无是处。尽管鼻子的功能下降,但对外激素感兴趣的研究人员认为,鼻子还具有未被发现的能力。

鼻子最明显的存在价值是防止误食危险的食物。酸腐、生蛆及发霉的食物,都会释放出鼻子能够辨别的气味。另外,鼻子还可以在野火或雷雨即将来临之前发出警报。不过,这些都很简单。

通过嗅觉寻找理想的伴侣对于人类而言是很困难的,不过对于大多数其他哺乳动物来说,这是小菜一碟。这是因为它们有一个犁鼻器(VNO)。嵌在鼻腔内的这个器官是一簇专门负责接受外激素的细胞。所谓外激素,严格来讲,是由一只动物发出的化学物质,这种物质能够激起另一只动物无意识的反应。老鼠有一个很大的犁鼻器,一只老鼠通过嗅另一只老鼠的面部来吸入外激素。它的犁鼻器将信息输送到脑,那里约有300个基因专门负责"翻译"它们。根据探测到的化学物质,一只雌鼠可以确定另一只老鼠是不是自己的孩子,如果是的话会去舔它;如果发现是一只危险的雄鼠,就会向它发起攻击;如果是自己的姐妹,便开始调节自己的繁殖周期,以相互配合,在未来一起照顾孩子。当然,它也可能通过气味发现,这只老鼠闻起来似乎是一个完美的配偶。

哺乳动物在发情期——可能包括我在内——通过鼻子寻找配偶时,它重点关注的可能是未来配偶的免疫能力:这个候选者容易得什么样的病？对于哪些疾病具有免疫力？现在还不清楚它是通过外激素还是其他身体气味获得此等信息的。然而，不管是什么样的信息，都是通过鼻子进入脑的。如果这个探究者确定，潜在候选者的免疫系统闻起来与自己的太过相似，这可能表示这个对象可能与自己有血缘关系，需要加以排除。而如果差别太大，则说明进化的生态环境不同，可能导致双方之间的不适应。如果有一定程度的重叠，则它们的后代应该能够继承一个多样化且又适应当地条件的免疫系统。在这种情况下，它便会发出暗示。对老鼠的实验表明，在让雌鼠的鼻子失去功能后，它的交流能力便会完全丧失。它不再照管自己的后代，甚至允许入侵者将它们杀死。而雄鼠如果失去了鼻子，则既无法感知雌鼠的魅力，又无法探测到其他危险的同性。

因此，老鼠、猫、狗、大象、獾、麋鹿、马、旅鼠、野兔等，通过自己的犁鼻器，都能够嗅出非常隐秘的个体信息。然而，我只有犁鼻器的残余部分，其回路早已在进化过程中丢失了。老鼠有300个专门负责犁鼻器的基因，而我只有两个，其他的犁鼻器基因都已退化。甚至正常的鼻子组织，很多动物用来作为犁鼻器备份的部分，其基因也完全消失了。老鼠的鼻内有1000种气味受体。我只有350种。在我及其他所有人必然释放外激素的情况下，这可能还难以用科学常识予以解释。我自己确实也没有注意到自己的体味是否引起过他人无法控制的反应。

或许，我确实能够发出化学消息，而且它们携载的信息可能与其他动物的相似，只是我的消息还不够强烈。蚕蛾和猪向我们展现出什么才是真正强有力的外激素。当雄性蚕蛾的触角检测到雌性蚕蛾的外激素时，便会借助风向，找到散发激素的来源。它无须考虑自己的决定，一切都是在雌性蚕蛾化学物质的作用下自然发生的。同样，在母猪发情时，它只要闻到公猪的一点外激素，便会停在那儿一动不动，弓起自己的后背，就像孩子们说的那样，准备接合了。在猪的繁殖期，为了促进人工授精过程，人们会使用一种名为“促欲灵”的仿外激素合成物。

但是，我假定的外激素正在逐渐丧失。在写这本书时，在人体内只发现了一种符合定义的化学物质。(尽管在互联网上搜索“人类外激素”能够得到上百万个结果，但大部分都与香水有关，而有些根据潜台词，可能是在推销供人类使用的“促欲灵”。)最新发现的外激素，这一经过长期寻找才发现的重要成员，是(深吸一口气)雄甾二烯酮。男性的汗液、唾液和精液中含有这种物质。尽管女性对其味道没有什么感觉，但这种化学物质进入鼻子后，女性体内的皮质醇会不由自主地上升，这是一种能够提高身体紧张度、具有能量的化学物质。哇！(你的气味——啊！)为什么男性的气味会导致皮质醇含量上升，至今仍是个谜。

事实上，由于如此多的动物都有外激素，如果我**没有**，那么这反而很奇怪。一系列证据也暗中指出，人类能够在无意识间，通过嗅觉从他人的身体上获得大量信息，这些化学物质确实在丰富我们彼此间的感知。下面是一些与鼻子有关的趣闻：

◆ 在出生后数小时内，母亲和婴儿可以仅通过气味相互辨别。

◆ 在眼睛被蒙住的嗅觉测试中，女性更偏爱在免疫方面与自己具有互补性的男性的体味。这些女性其实是在无意识中，通过嗅觉寻找最佳的伴侣。(科学家并没有让受试者闻实际的身体，而是闻被穿过几天的T恤衫，有时使用的是人的腋窝垫，其中吸收了实际的人体化学物质。)

◆ 在类似的测试中，相比于异性恋男性的气味，男同性恋者更喜欢同性恋男性和异性恋女性的身体气味。

◆ 有些男性能够识别女性心情愉快时使用过的腋窝垫；还有一些男性及女性能够识别处在害怕状态下的男性使用过

的腋窝垫。(不过,他们都无法通过嗅觉识别处在害怕状态下的女性。)

◆ 两个同卵双胞胎穿过的T恤衫,被误认为是一个人的衣服,即使这对双胞胎没有住在一起。(即使是搜救犬也无法分辨。)

◆ 月经周期不稳定的育龄期女性,与男性同居后,月经会变得规律起来。

◆ 男性和女性闻过女性(而非男性)腋下分泌物后,都报告抑郁情绪得到了缓解,女性还报告有轻松的感觉。

◆ 在研究的案例中,约有一半共同生活的姐妹会像老鼠一样,迅速使月经周期同步。甚至连那些长期生活在一起的关系密切的女性,也有1/3会出现月经周期同步。为什么会出现这样的现象呢?最常见的解释是,与老鼠一样,女性在进化过程中也形成了一起承担照顾子女责任的机制,孩子的年龄相仿,最有利于一起照顾。我曾一度难以相信,婴儿在年龄上仅仅相差几周所带来的不利后果,会成为进化出同步性的驱动力。根据一种有点冷酷的理论,受孕期变化实际上是一场战争,女性通过错开自己的受孕期,进而赢得研究人员所谓的"高质量男性"的专注。由于过多变动会减少交配机会,所以周期会逐渐稳定下来。不过,如果这种现象背后的动机完全是为了竞争,那么我估计甲女会与乙女的周期趋向一致,而不是相互错开。因为甲女可以充分利用对乙女感兴趣的高质量男性。

这些林林总总的线索(有些仅依赖于一项孤立的研究)表明,我体内散发出的化学物质能够影响他人的行为。然而,是什么气味具有此等魔力？我的袖子上有很多种气味。过去，科学家曾认为人类缺乏气味腺。不过，现在他们发现，人的腋窝可能就是一个重要的气味腺体。这些隐秘的皮肤褶皱产生一系列的化学物质，而生活在那里的细菌又将这些化学物质转变成大量其他化学物质。如果我没有用剃须刀除掉腋毛的话，这些毛发会为化学物质的散发提供更大的表面积。有时候，我忘记使用能够将自然气味转化成"花香"的化妆品，褶皱的皮肤所产生的热量便会使这些化学物质散发到空气中。人的腋窝的气味，加上身体其他部位散发的味道，被科学家称为"气味标志"。

关于气味标志对择偶影响的研究才刚刚起步，因此无法回答这些恼人的问题：除臭剂会不会形成一个欺骗性的气味标志？而且，香水是否会影响正常的配偶结合？这些问题属于配偶嗅觉研究的下一阶段内容。也许迄今为止，最令人吃惊的结论是：在能够激起男性性欲的所有气味中，最具挑逗性的是肉桂面包所散发的味道。同样，"好又多"(Good & Plenty)糖果及香蕉面包的混合气味，能够让女性性欲高涨。不过，由于该研究的设计不合理，我不认为这有什么基因根据。

我们都想知道的是：我的配偶是不是通过我的嗅觉找出来的呢？我得说，我自己配偶的体味——他的T恤衫及枕头上的那种温和的麝香味——是这个世界上我最喜欢的气味。然而，对于人类而言，脑非常"吹毛求疵"，在择偶问题上，需要考虑的因素成百上千，从身高到体重，再到收入和收集甲虫的兴趣，等等。所有关于我的配偶的正面评价，有多大的比例是依靠我的鼻子作出的？天晓得！

如前所述，人类对于化学物质的检测能力非常平庸。舌头只能分辨5种味道：甜、酸、咸、苦、鲜。从一勺龙虾汤或一口热巧克力中感知食物风味的是鼻子，以及鼻子后面的脑。即使这样，我的味觉能力也是有限的。

我的鼻腔组织配备的受体能够感知约350种特别的气味。当热巧克力的香味飘进鼻子,一个或多个受体会被激活;脑接收相关的数据,确定我闻到的是什么东西。因此,350种受体能够让我的脑识别上万种不同的化学物质。不过,如果一次出现的化学物质超过4种,比如说巧克力散发的气味就多于4种,那么,除了4种物质(或气味)之外,其他的都会悄无声息地从我的鼻子底下溜走。

与此相比较,躲在我屋子的天花板上的老鼠有1000种气味受体,远远超过我的350种。因此,老鼠除了能够利用犁鼻器获得个体信息之外,其化学世界也是我所不了解的。或许,它能够隔着天花板感觉到我的位置。下面要谈谈我的狗。它天生具有敏锐的嗅觉。有些嗅觉最灵敏的狗,鼻子里有面积达20平方英寸(约130平方厘米)的结构专门用于捕捉化学信号,相比之下,我只有2平方英寸(约13平方厘米)面积的这种结构。"库成"用于这一组织的神经网络也远比人类的发达。因此,狗能感觉到非常微弱的气味,即便是嗅觉比较弱的狗,其嗅觉灵敏度也是人的几百或几千倍,强的达到上百万倍。相反,鸟类的嗅觉很差。至于人类的近亲灵长类动物,嗅觉也比较迟钝。

与味觉一样,有些人的鼻子比他人的敏感。不过,众所周知,嗅觉很不稳定:我的嗅觉虽然比我配偶的灵敏,但每天都会发生变化,而且对不同气味的敏感度也不一样。一般而言,科学家所称的"嗅觉敏感者",指的是对单一化学物质极度敏感的人。事实上,有些人能够有意识地发现男性外激素,即雄甾二烯酮,但在其他方面的嗅觉能力与常人并无差异。同样,对于芦笋也是如此:有些人在吃了芦笋后,会闻到一股特有的气味,但其他人却闻不到。因为能够辨识味道上的细微差别,职业品酒师及品茶师有时也被称为嗅觉敏感者。香水制造商也会雇用专业的"鼻子"。不过,科学家认为,这些专业人士并非天生具备这种能力,因而算不上基因意义上的超级能力。只是通过训练,这些专业人士能够对受体上感知到的内容进行精细的分析。

当然，男性和女性对于气味的处理方式是不同的。许多夫妇都发现，比起男性，女性能够觉察到更低浓度的气味。同时，女性识别这些气味的速度更快。此外，在感觉到雄甾二烯酮时，女性的脑会兴奋起来，而男性则没有这种反应。而男性会对女性性激素雌甾四烯感到兴奋，而女性对此则没有反应。还有一些证据或许可以归入外激素一类，女性在受孕期间，与听觉及视觉一样，她的嗅觉能力也会有很大的提高。这究竟是性激素的副作用，还是在择偶期间，女性的鼻子在判断男性质量方面发挥了很大的作用？不管怎样，常见的欧洲八哥在繁殖季节，雄鸟与雌鸟的嗅觉能力都会增加30倍。

在气味世界中，仍有一个事实令我困惑不解。我能够理解舌头可分辨富含热量的食物与有毒的食物。我也很高兴我的鼻子能够分辨腐烂的食物与成熟的食物。我甚至相信从周围人的气味中，我能够获得一些个人信息。然而，花香为什么如此吸引我，这让我百思不得其解。我们这里的五月花是一种低矮的林地植物，一般开的花为粉红色。因为需要依赖昆虫传播花粉，所以在其进化过程中，形成了很浓郁的香气，在春季的森林中，吸引着蜜蜂、苍蝇和我。然而，我不负责授粉，花朵在我的饮食中也不占什么比例，那么，我为什么会对五月花如此着迷呢？我想不明白，可能其他人也说不出其中的缘由。

触觉

触觉的感知和处理

我有幸抚摸过很多种动物，包括家鼠、金花鼠、松鼠、兔子、骆驼，甚至还有刺猬。对于最柔软的动物，人们通过一种类似于优先分配的过程，来充分获得那种丝滑的感觉。当然，我们首先使用的一般都是自己的双手。手上密布着触觉受体，特别是在手指的末端。然而，有些动物或动物的某些部位，由于非常柔软，即使是手指也无法感受它们。在大型动物中,马的鼻子的外侧便属于这一类。此时,如果这种动物性情温顺,追求温柔体验的人会使用面颊来感觉。此处的受体能够获得更精细的感觉。在这里,你可以尽情享受热乎乎的鼻子附近天鹅绒般的感觉。对于金花鼠,也得用到面颊,因为手指太过生硬。(使用面颊接触金花鼠并不容易,你得耗上好几天时间,还得献上许多葵花籽来培养感情。不过,这种投入完全值得。)而对于一些极端精细的毛皮,面颊也无能为力,只能使用嘴唇。人类的嘴唇上密布敏感的受体,所以也是唯一能够很好地感觉美洲飞鼠的器官。如果用手来感受这种动物,由于它们的表皮太过丝滑,除了感到有些暖和,不会留下任何其他感觉。当然,我一般抚摸的是"库成"的毛皮。将手埋在那光滑且带有深色斑纹的毛皮中,把脸靠在上面,总能够获得一种安全而舒适的体验。

各种生物对于物质世界的体验方式都略有不同。生活在肯尼亚地穴里的裸鼹鼠大部分感觉都来自超大的门齿。普通的实验鼠(又称挪威鼠)通过又长又敏感的胡须来探索夜晚的世界。浣熊使用敏感的爪子从事侦察活动。鸭嘴兽则利用宽大的橡胶似的喙进行导航。这些不同的感受世界的方式也反映在每个动物的脑中。在特定的触摸刺激下,脑中哪部分会出现响应？科学家在研究这个问题时,发现各种动物的"身体图谱"存在着很大的差异。例如,鼹鼠30%的"身体图谱"都用来负责4个门齿,并且在这个过程中,降低了身体其他部位的感觉能力。挪威鼠将类似的比例集中于胡须。在浣熊的"身体图谱"中,前爪垄断一半以上的资源。而鸭嘴兽的喙更专制,身体其他部位只占有脑图谱的15%。这种比例就像是喙有香蕉那么大,而身体只有一个巴西坚果那么大。

从喜欢亲吻松鼠的行为中不难想象人类的图形分布。我早就希望有机会使用"雏形人"这个词,它的意思是"小小人",就是根据脑中用于处理触摸信息的身体各部分所占的比例塑造的人体。而人体的"雏形人”图形几乎与鸭嘴兽一样畸形。头骨的上半部分是棒球，下半部分是篮球；面颊、口腔和嘴唇是大气球。枝条似的脖子伸出枝条似的手臂，在末端膨胀成接球手的手套，加上棒球棍般的手指。躯干和腿也呈树枝状，最后以小丑的脚完成画像。对于身体的接触体验，这就是脑分配空间的方式：占主导地位的部位是脸的下半部分加上手和脚。

另外，我之所以会抚摸狗，而不是直接把手放在它身上不动，这种行为的背后也有着生理学的解释。这是因为只有通过运动才能感知柔软，正如只有通过运动才能感知刺手、黏滑和粗糙一样。如果皮肤上负责感知纹理的部分不运动，便会进入休眠状态。我有这方面的亲身体验，把手放在“库成”的颈部皮毛上不动，我感受到的是来自皮肤的热量，同时还感受到了压力，但柔软的感觉在瞬间就消失不见了。

触摸不是单一的感觉，它有许多组成部分。分布在我的皮肤上的特殊感受器有着奇怪的名字——梅克尔触盘、克劳泽终球、鲁菲尼小体、伤害感受器、帕奇尼小体与迈斯纳小体——将各种信息传递给我的脑。我将手再次放到“库成”的颈部皮毛上。在我的皮肤下面，超级敏感的帕奇尼小体马上就能够发送皮毛在我手指下滑动所产生的振动数据。但帕奇尼小体很容易疲劳，而我对于纹理的感觉也随之消失。一些接近表层的迈斯纳小体也能够被激活，感受压力并粗略地解读纹理。虽然它们比帕奇尼小体更有耐力，但大约1秒钟之后，它们也不再愿意发送信号。而梅克尔触盘则更加持久。“这里有压力。”它们向我的脑汇报。“有压力。仍然还有压力。”它们可能坚持1分钟或更长时间。同时，随着热量从狗的身体向我的皮肤传递，克劳泽终球可能会感受到温度变化。这些温度感受器工作很稳定，除非狗身上着火，而我的皮肤温度超过113℉(45℃)，否则它们不会停止工作。到达这一温度后，名为伤害感受器的赤裸的神经末梢开始接管，并发出疼痛警报。如果狗在我的手下结冰，这些伤害感受器也会发出警报。至少，理论上是如此。

触觉仍是一个未被充分探索的领域。

脊椎动物(有脊柱的动物)拥有人类大部分的触觉系统,只是由于生活方式的不同,这些感受器的分布不一样。例如,苍鹭和鹤的腿部分布有类似于帕奇尼小体的感受器,以感受水中的猎物运动时产生的波动。野鸭、鹬和其他水鸟,其帕奇尼小体分布在喙上,目的也一样。蝙蝠将大量的梅克尔细胞分布在翅膀的表面,以感受空气的流动,所以即使不依赖眼睛,也能够在空中飞行。当然,在我一遍遍地抚摸着"库成"的脑袋时,它身上的默克尔感受器和帕奇尼感受器也在向脑发送信息。

触觉对于正常发育的重要性

抚摸狗不仅可以让人心情愉快,而且有益健康。所有这些细胞、终球以及触盘都需要刺激,尤其是在它们刚开始形成时。一只年幼的动物如果得不到充分的触摸,情况就会很糟糕。如果小时候父母对我疏于爱抚,长大后,我便容易出现紧张不安和焦虑的情绪。啮齿动物能够很好地证明这种可悲的后果,因为它们的生活方式简单,需要的实验手段不复杂。同时,它们的父母也不太会对这种实验提出抗议。结果是,一项又一项的研究证明,那些小时候常常得不到母亲爱抚(用舌头舔)的大鼠和小鼠,长大后会出现情绪系统失调的问题。它们更容易出现害怕与抑郁的情绪;经常暴食,且脑细胞发育低于正常水平。缺乏爱抚的雌鼠举止怪异,对后代不负责任,未表现出与生俱来的母性行为。

如果得不到充分的爱抚,人类的婴儿也会出现问题。早产儿因为医疗干预过多,父母很少有机会亲抚,所以是最危险的。不过,这方面的研究结果有点自相矛盾。很多研究表明,"袋鼠式护理",即让早产儿赤裸裸地与父母依偎在一起,能够让宝宝的情绪更加稳定,减轻压力,促进食欲,相比那些未经充分爱抚的婴儿,能够更早地出院。但由于不确定因素过多,所以目前还无法提供一个清晰的结论:婴儿吃得多,是不是因为在母亲的怀里常处于直立状态,而不是平卧状态?压力小,是不是因为父母的体温比恒温箱中的温度更稳定?婴儿是对父母的抚摸产生了反应,还是对这个动作产生了反应?大鼠的研究表明,机械的"抚拍"能够让大鼠"孤儿"更好地适应环境。有人可能会说:因为老鼠和人类的生理基础相似,既然对大鼠幼崽有益,那么对小孩子也应该有好处,并提出使用爱抚婴儿的机器。突然间,我记起自己小时候非常喜欢在洗衣机上午睡。我会爬上去,围上一条毛巾,在突突突的机器声中,进入美妙的境界。如果说我适应能力很强,可能就和这个机器妈妈的呵护有关系。

也许成年人的触摸反应可以帮助我们弄明白物理刺激为什么重要这个问题。对成年人的研究主要是在医院里进行的,它包括按摩和治疗性触摸。不过,至少在医院里,触摸并没有创造奇迹。大多数研究报告认为,触摸并没有减少止痛药的使用,虽然有些病人报告按摩缓解了疼痛感。它没有减轻抑郁症状,也没有改善睡眠质量。尽管如此,触摸的确能够减轻焦虑感。经过20分钟或更长时间的按摩或其他形式的触摸后,病人在手术刀下表现得更加平静。如果触摸可以减少成人的焦虑,它也可以减少婴儿的不安,如果是这样,触摸就完全有必要。

疼痛分水岭:变量

说到痛苦:我坐在这里都有疼痛感。我的脖子和肩膀的右侧承受着肌肉痉挛带来的痛苦。这是几年前一次车祸带来的后遗症造成的,其原因是在进化过程中,我的身体未能形成快速改变运动速度的能力,结果受到了重创。花柄似的脖子既要追随圆白菜似的头,又要挣扎着与身体的其他部分待在一起。左侧的抽痛源自自身的痉挛,这是最近才开始的,当时一辆大车差点把我那辆小巧的环保车给压扁,小车的顶篷压在我的头上,将"花柄"挤向左肩。人们常说,人类还没有通过进化,适应在电脑前一坐几个小时的生活方式,我们所有的问题都是由这个原因引起的。但实际上,在没有电脑的时代,女性也经常得坐着用手工作几个小时,多年后,她们也会落下肌肉和关节疼痛的毛病。对于捕捉斑马的母狮、为了争夺交配权经常打得头破血流的麋鹿、从树上跌落的松鼠(次数比你想象得要多)来说,情况也是如此。疼痛时常发生。因为疼痛能够向动物发出警告,在真正的危险降临前,及时采取措施,放缓脚步,躲到一边,或者干脆逃之夭夭。糟糕的是,疼痛会成为生活的一部分。我便是如此,只要坐下,就会感到疼痛。我很得意的是,我没有我的配偶那样爱抱怨,因为他全身上下的关节都有毛病。

最近的研究对坏脾气的人进行了很好的辩护。过去,人仅仅被分为两类——坚忍克己者和牢骚满腹者——密歇根州的一位神经学家现在把人分成了3类:val-val、met-met、val-met。(这些奇怪的名字代表基因各种变体。)每个类别代表父亲与母亲的儿茶酚-O-甲基转移酶(COMT)基因的不同组合。该基因有两种形式:好的止痛剂和普通的止痛剂。有1/4的人是val-val,他们从父母那里都得到了止痛剂。有一半人是val-met,有正常的疼痛控制能力。还有1/4的人是met-met,只有基因的两个最糟糕的版本,疼痛的感觉会遍及整个脑。因此,如果你是那种对小伤口抱怨不休的人,那并不代表你是胆小鬼,只是基因蒙蔽了你。其他哺乳动物也有COMT基因,研究显示,它们同样有的忍耐力强,有的很胆怯。

如果我比自己的配偶更脆弱,那也是因为男性与女性对于疼痛的感觉不同——即使是在考虑了COMT基因的作用之后。脑中的性激素可能决定了男女对于伤口的感觉。一般来说,女性有一个较低的阈值:轻微的烧伤、冻伤、戳伤或夹伤,都可能让我大叫起来。女性对于疼痛的**忍受度**也较低：她们会更快地投降，从冰水桶中或灼热的光束下缩回自己的手。（这些是疼痛研究人员常用的工具。）

其他方面的差异暗示了男性和女性的身体对于疼痛的不同反应方式。在感到疼痛时，男性心跳速度加快，但女性没有这种反应。男性的皮质醇和内啡肽（应激化学物质和止痛剂）水平上升，但由于某些原因，女性的脑既不紧张，也没有为自己的疼痛"开药"。对于女性而言，三处受挤压比一处受挤压感觉要痛，男性则不然。在实验室动物中，这种对于疼痛的整体敏感性也是如此——雌性大鼠和女性一样，伤害性感受器更容易发出警报。为什么会出现这种现象呢？大多数理论都集中在女性的生育上：她必须避免对"两个人的伤害"，可以这么说。

奇怪的是，在女性每个月的受孕期，随着雌激素水平的上升，她们的疼痛感会变得迟钝。这种现象与其他感觉模式形成了鲜明的对比，因为其他感觉在受孕高峰期都会变得更加敏锐。对于疼痛感觉的迟钝是否有助于女性征服最理想的基因捐献者，还很难说。它可能——与其他模式一样——只是一种副作用，而不是进化的产物。

触觉对人体的影响极为广泛，甚至深入到人体的内部，然而，科学家对此却不够重视，这着实令人意外。我们还不能够完全解释鲁菲尼小体帮助人类感受世界的方式，就颇为奇怪。话说回来，也许在5种感觉中，触觉是最不重要的一种。通过化学感觉，我们能够分辨可能进入人体的营养物质与有毒物质。视觉与听觉则是早期预警系统，报告危险或机会的接近。对于不断进化的人类祖先而言，也许触觉提供的信息实在太少且太迟了。如果危险或机会已接近鲁菲尼小体，可能为时已晚，无法收集更多有用的数据。可能就是这种"二线"地位，使得今日研究人类感觉的学者仍对触觉提不起兴趣。

额外的感觉

确实还不清楚以上所列举的感觉是不是人类感觉的全部。因为周围的动物还有很多其他感觉能力——方向感、电磁场感、温度微小变化感。人类对于这些感觉真的麻木了吗?或者说,仍有一些感觉尚处于潜伏状态?

方向

方向感最有可能存在于人类身上,因为人脑中有很多可以构成指南针的配件。磁石是自然界铁的磁化形式。而对于生物来说,从细菌到虹鳟鱼,脑中都有串在一起的磁石晶体。这些晶体链(大概)与指南针的指针一样,指向同样的地磁场,帮助生物体绘出其在世界各地的路线。利用磁石进行导航的有鲑鱼、蜜蜂、蠵龟、鸽子、蚊子、蝾螈和鼹形鼠等。动物对于磁石的依赖程度可能不同。科学家在鸽子身上安装了一个破坏磁场的装置后,有时会使鸽子失去导航能力。不过,在鲑鱼身上进行同样的试验,却没有引起明显的导航困难。所有这些认识,哪怕是对人类之外的其他物种,都还相当模糊。

据证实,人脑中也存在磁石晶体。不过,鲑鱼的磁石晶体集中在鼻子上,鸽子的磁石晶体集中在颅底,而人类的磁石晶体则比较分散。这种分布难以形成有效的感觉器官。因此,可能的情形是,人类曾经拥有过功能正常的指南针,但由于长期不用,其已经完全破碎了。这些晶体也有可能只是某些过程不经意间产生的副产品,或者它们甚至具有某些超出人类想象的能力。不管怎样,迷失方向的人最好借助植物的南北偏向性或天空中星星的位置来判断方向,而不能指望自己脑中的磁石链。

更好的办法是找一名男性问一问。一般来说,男性的脑能够更容易地进行物体的“心理旋转”。这种说法似乎有点不可思议，但却可能涉及整个史前社会男性和女性利用其领地内资源的不同方式。在现代的狩猎-采集社会中，女性通常分布在固定食物源（这边的一棵果树、那边的一片块茎地、山后头的一棵榛子树）的周围。男性也采集食物，但他们主要以狩猎为主。而与榛子树及块茎食物相比，猎物是活的，会到处奔跑。不同的觅食方式导致的一个结果是，女性每天的行程可能只有几英里，而男性则可能达到几十英里。有些研究人员认为，男性的脑之所以通过进化形成了较强的空间能力，是因为所有空间技能差的猎人都迷失了方向，死亡时尚未生育后代。一般认为，现代男性的导航方式是建立一个心象地图，标明哪里是去过的地方，现在正朝什么方向走。而根据最近的实验，女性的脑更喜欢利用地标进行导航：红绿灯向右，主干道在左手方向，而一小块种了块茎植物的土地再向左。因为如果带着婴儿，本身就让人手忙脚乱，再去追赶出没不定的猎物，绝对不是明智之举，所以那些能够回忆起植物性食物位置的女性在进化过程中，形成了擅长“物体定位”的脑。今天，一名普通的女性甚至能够在20英里（约32千米）之外的办公室，指挥自己的配偶从塞得满满的冰箱中找到一罐蛋黄酱。

电

接下来，人类对于电的感知又是如何呢？一些鲨鱼、鳐和电鱼可以感觉到附近猎物的电场，甚至能够向同伴发送电报。而我呢？除了偶尔感觉到我与其他动物之间的静电外，在电的世界中无能为力。人体实际上与电有着极大的关系——神经脉冲就是一种电脉冲——只是其能量极弱。

热

由于皮肤上的触摸感受器的作用,人类具有一定的衡量温度的能力。然而,人类没有任何类似于响尾蛇科毒蛇所配备的装备。这些动物——响尾蛇、巨蝮、铜斑蛇、青竹蛇,以及其他分布在亚洲和美洲的毒蛇——通过进化,在眼睛下方形成了一个能够接收红外线的小坑。人体,或更确切地说,老鼠身体向外界散发微弱热量并发出红外光波。在夜晚捕猎时,响尾蛇科毒蛇“看到”的老鼠不是黑色或白色的,而是冷背景下的热身体。由于有两个感受器,这些蛇甚至能获得一种类似“望远镜”的视力。(更准确地说,是“双重热感受能力”。)它们能够感受到1英尺(约0.3米)外小小的、温暖的身体,并且能够察觉几分之一度的温度变化。人类只有通过技术手段,才能看到它们的世界。

时间

我对时间的感觉是不是真正的感觉?与很多人一样,我有一种不可思议的估摸时间的能力。而一旦离开强调时间的文化环境,如换到另一个生态系统,这种能力便会消失得无影无踪。然而,回到了每天争分夺秒的紧张生活后,我又能够恢复对时间的测量能力,且误差在几分钟之内。

与在很多情况下一样,研究人员通过研究脑受损的人,发现了这一奥秘。我们现在知道,人类的内部时钟位于基底核(脑深处)和右顶叶皮层(耳朵的上方)中。事实上,时间感是很容易丢失的。帕金森病患者与注意力缺陷/多动障碍患者都会失去时间概念,而在药物的帮助下则能够恢复这种能力。

与其他动物一样,我根据太阳设定自己的内部时钟。由于时差或见不到阳光,人们常会感觉对不上时间,需要过一阵子,才能适应新的节律。采用夏令时后,人为推迟的晚饭时间会让我的狗一时适应不过来，它需要一两周的时间进行调整。人类与动物的不同之处在于人类长期的时间观，即对于未来的概念。从松鼠埋藏坚果的行为，我们几乎可以肯定，松鼠并不具有未来的意识，它只是盲目地重复从祖先处继承来的本能行为。不过，除了人类之外，科学家还发现其他一些具备一定规划能力的动物。猩猩证明自己至少能够为明天打算，松鸦同样如此。(具体情况请参见第八章。)然而，大部分动物只是过一天算一天，完全依赖于我们祖先在进化过程中曾使用的自然界钟表。

平衡

人类的平衡感如何？我的普拉提教练以折磨学员为乐，他让我们踮起脚尖，然后左右转动脑袋。人体内确实存在负责平衡感的关键部件，虽然我在高中生物课上学过，但后来便忘得一干二净。与听觉器官挤在一起的是前庭器官，形状像一只正在吃自己的枪乌贼。"枪乌贼"的工作端包括充满液体的腔室和小晶体，分别负责感觉一部分运动——旋转、加速、减速。这些部件出现故障后，人类便会失去捕捉牛羚或其他动物的能力。正常人干扰自己平衡感的最简单的方法是航海或在行驶的汽车后座看书。耳朵中的"枪乌贼"感觉到的是跳动，但眼睛却不以为然。接下来，根据理论，脑确定眼睛看到的一定是幻觉，推断嘴巴一定是吞下了什么可怕的东西，命令胃将这些有害的东西吐出来。因此，是的，平衡是一种二类感觉，在眼睛的作用下，可能会导致恶心。

总而言之，我将各种感觉罗列得如何？感谢硕大的脑，我的工作还说得过去。虽然需要将1/3的脑用于视觉，但与猫头鹰不同，我仍有足够的空间来支撑像样的智力。

在视觉上，我以捕食者的眼光来观察世界。眼睛的主要功能是支持我们捕获猎物，其代价是失去了对后背的保护。耳朵有助于弥补这一弱点。而化学感觉也证明了捕食者的生活方式:我最敏感的是苦味,这表明我能够对植物性食物挑三拣四。所有的感觉数据都集中到头颅内部,只是处理的速度不够快——至少没有达到家蝇的处理速度。其中部分原因可能是脑过大带来的不利影响:信息在那一大块灰色物质之间传递需要时间。我能确定,与其他动物一样,男性与女性看到、听到、尝到、触摸到以及嗅到的是两个不同的世界。或许我们已经觉察到这种差异的存在。

第四章

自由如鸟:生存空间

智人栖息在从赤道到北极的广大区域内。由于其杂食性的特点及使用多种自然材料营造居所的能力,智人能够在6万—10万年的短暂时间内,从位于非洲的进化起源地扩展至非常遥远的地方。智人的一些祖先——直立人及尼安德特人——同样能够灵活地适应不同环境,并且扩大栖息的范围。

尽管生活在极端生态系统下的人类各种族均进化出了各自的特点,但总体而言,这些差别很细微,识别起来并不容易。在这些种族中:在最寒冷地带进化的人类,一般身材高大、体格强壮、四肢短小、鼻子较窄,有利于保存身体热量;与此相对,在最温暖的地方进化的人类,一般身材矮小、四肢较长,有利于散热。而在高海拔生态系统中进化的人类,则采用了一套相当不同的适应方法,他们的肺、心脏以及血液均发生了很大的变化。对于干旱地区的人类进化研究较少,但有一点很明显,他们表现出比其他种族更有效的体液平衡方法。另外,人类所有的种族都有很强的灵活性,能够暂时适应人类整个生存空间内的任何生态系统。

在陆地动物中,很少有动物能够像人类这样,分布在如此广阔的范围内。即使是对于夏冬两季栖息地相隔数千英里的候鸟而言,也不能全年只生活在一种生态系统中。能够与人类一比的是家犬以及头虱和体虱之类的物种,它们的自然史表明,智人的家就是它们的家。

几乎遍及全球的分布

有一年春天,我与俄罗斯西北部涅涅茨的驯鹿牧民一起生活了一天。我不知道地面上的积雪有多厚,我刚一跳出直升机,就陷入了齐胯深的雪里。在前往涅涅茨人营地的路上,我不得不从踩出的雪洞里拔起一条腿向前迈,倒下,下巴埋进雪里,然后再拔另一条腿,感觉像是游泳而不是行走。等待我的东道主看到这幅场景,棕色的脸上笑开了花。他们蓝色的帆布帐篷附近就是一片云杉林,在阳光的照射下,树干的温度升高,露出了树根四周的土。经过雕刻的木质滑雪板上绑着一块北美驯鹿皮,被放在一个驯鹿雪橇上。我停下来看了一下雪橇,还真没发现铁器时代已经过去的证据。滑板由弯曲的小树做成,面板也基本一样。所有这些都以木钉连接,并以鹿皮条绑在一起。

我们(一群记者及无辜平民)被丢在了这里,成为白海阿尔汉格尔斯克商业旅行试运行的一部分。荷兰组织者希望将当地的经济模式从猎杀小海豹转变为观光旅游。我们的大部分旅行都糟透了,两名俄罗斯向导(他们之前从事技术工作,为了个人生计,被迫改行)给我们吃罐装豌豆,我们挤在海豹猎杀者冰冷的棚屋内,床抵着门,防止喝醉酒的猎人来打扰。小海豹有的被打死,有的已长大离开;两位向导误以为我们不喜欢大自然,将成年海豹赶到了黏滑危险的浮冰上。作为消遣,我们被直升机运送到一个偏远荒寂的地方,只能整天都与涅涅茨人为伴。

当我踉踉跄跄地站到坚实的雪面上时,迎接我的是伊利亚(Ilya),他又瘦又高,一头黑发,满脸笑容。他身后是他家的帐篷。附近还有其他几个家庭的帐篷,簇拥在一起。几家人共养了约100只驯鹿,这些驯鹿在一个用树苗围成的栅栏内,转着圈,蹄声响成一片。在伊利亚家前院的晾衣绳上,挂着风干的驯鹿皮——这是他生活所需的最主要的原料。伊利亚自己也完全以驯鹿皮着装——背上穿着鹿背皮，腿上裹着鹿腿皮。一个典型的北方人形象。

我之前有机会造访过很多在人类生存空间内条件最极端的地方。在本章中，我将复述这些经历，从干燥而寒冷的纬度开始，一直到炎热而潮湿的赤道。在我初次造访这些生态系统时，我自身的适应性变化只是暂时的，而且并不明显，有时因这种适应过程太过缓慢，让我痛苦万分。然而，在每一个地方，当我遇到那些长期生活在此的人时，发现环境已导致人类生活主题的永久性变化。在遮阳帽及GORE-TEX*发明之前很长一段历史中，远古人类便将栖息地扩散到了地球的大部分地区。他们征服了寒冷的冻土地区。太阳炙烤下的干涸之地也不能阻挡人类的生存。即使是年降雨量达到40英尺(12米)的丛林地区，也有人类栖息。近代史再次让我们感受到这种力量：当几个世纪前欧洲土地上的农民数量急剧增加时，对于他们而言，最值得冒险的是开拓新的土地。在他们遇到原住民时，只要有可能，他们便会野蛮地将原住民驱赶出去。他们在美洲、非洲以及澳大利亚发现了热带大草原，在我们这附近发现了寒带森林，在中南美洲发现了雨林和旱林。不管在哪种情形下，这些新来者都经受住了陌生生态系统的考验，继续繁衍生息。

这种征服新栖息地的能力在智人之前便已存在。一种在智人之前的不知名的原始人，在大约150万年前曾到达了北纬40°附近，留下了石器工具，但没有留下有助于识别其身份的骸骨。如今，芝加哥、吉尔吉斯斯坦和北京正处于这一纬度上。这里虽不是北极，但也肯定不属于热带。虽然当时的地球比较温暖，但气候的变化仍然非常大，人类学家据此得出结论，这个神秘的人种已适应在寒冷地带的生活。接下来，在大约70万年前，直立人利用自己的双脚，而且显然借助船舶，从南亚

* 一种多孔的薄膜，可用作防水透气的面料。——译者

来到偏远的岛屿弗洛勒斯。这表明他们已具备远途跋涉以及造船与导航的能力。在大约30万年前,另一种神秘的原始人在遥远的西伯利亚留下了石器工具,而与西伯利亚咫尺之遥就是北极圈。到了20万年前,尼安德特人在冰封的欧洲大地定居下来,在环境恶劣的冰原上,他们以猛犸为食,抵御着温度据估计低至-11℉(-24℃)的寒风。

当轮到智人重演人类走出非洲这一幕时,我们在本质上还是一种热带动物。我们的脂肪或毛皮的隔热性都微不足道,而且新陈代谢的速度也只能让我们在热带保持舒适。尽管如此,在5万年前,我们已经受住了澳大利亚南部的严寒,就算气候变化使湖泊干涸,导致整个澳大利亚沙漠化,我们仍会坚持下来。大约在同一时间,另一支人属神秘成员来到北极圈以北的俄罗斯北部地区。当时那里的温度比今天约低18℉(10℃),冬季最低气温可达-45℉(-43℃)。这些原始人也只留下了工具及他们所捕食的动物的骨头,因此我们无法知道他们是智人还是尼安德特人。但有一点很明确,他们能够在无尽的冬夜以及真正的北极气候下生存下来。显然,原始人类坚定地扩展着自己的生存空间。

生存空间的扩张确实会发生,这不仅仅是对人类而言。生物体的DNA决定了它们不断地探索繁衍生息的空间,即使这意味着要进行长途跋涉。几年前,科学家找到了一种陆地蜗牛环球旅行的基因证据。从北欧开始,这种蜗牛逐渐将自己的领地扩大到亚述尔群岛,然后继续前进,来到特里斯坦-达库尼亚群岛的大西洋小岛上,整个行程达5500英里(约8800千米)——这一切估计都是借助鸟类的脚或羽毛完成的。就在这一发现的几年前,在本来没有鬣蜥的加勒比岛海滩边,生物学家高兴地亲眼见证了一群鬣蜥栖息在浮木上。同样的情况发生在欧洲椋鸟身上,这种鸟本来只生活在欧洲,后来除了地球上最寒冷和最干燥的地方,处处可见它们的踪迹。与一个个关于扩展生存空间的成功故事形成鲜明对照的是,有一些物种仍然顽固地坚守在地球上某个固定的栖息地。很多生物都被自己的特殊需求束缚住了手脚。我们的近亲黑猩猩在很多方面与人类相似,但它们却无法离开温暖的森林。在人类破坏了黑猩猩的栖息地后,这个物种不得不集中生活在中部非洲的一小片森林里。如果这块栖息地再遭破坏,那么黑猩猩也将随之灭绝。其他猿类也面临着类似的命运,当然,也包括完全依赖竹子的大熊猫以及各种被大坝切断了产卵迁移路线的鲑鱼。

然而,对于人类而言,当他们感觉受压迫时,他们总是会冲破围栏,去寻找更绿的牧场、更红的沙漠或更蓝的水域。就在几百年前,我自己的祖先便重演了这种行为模式。他们逃离欧洲,前往北美洲的东北部。每次当人类从热带向极端寒冷的地区迁移时,他们总梦想着自己能够发现新的工具来抵御风寒,或有时只是耐心地忍受着严酷的自然环境,直到自然选择的力量让他们的基因更适合于新环境。在相当短的时间内,除了少数沙漠、冰川以及山峰,人类的分布范围便覆盖了整个地表世界。人类可以生活在海平面之下(荷兰),或者海拔3英里(约5000米)的地方(中国西藏)。人类徒步及使用划子接近北极圈,在索诺兰沙漠(位于美国)以仙人掌为食。唯一能与人类有一比的是那些在进化过程中依赖于人类的生物:狗与某些寄生虫(如体虱,如果没有人类,它们会立即灭亡)。人类是地球上分布范围最广的物种。而且,在双面绒及遮光剂发明很久之前,人类便已充分适应了这些生态系统。

寒冷干燥的栖息地

现在,再回到寒冷而干燥的北方,伊利亚带领我参观驯鹿产业终端的景象。喜欢动物的人彼此能一下子认出对方,尽管我们的共同语言不超过5个词,我们却热烈地谈论着马具、马蝇和狗。我是个在农场长大的女孩,后来能够驾着伊利亚的驯鹿雪橇转圈。相比于现代的马绳,雪橇的皮条又薄又粗糙,但5只鹿吐着舌头,一路跑得相当稳当。

由于已是隆冬,涅涅茨人以及他们的驯鹿正在向北迁移,走出森林,来到灌木针叶林。当分布在这片土地上的几百只驯鹿寻遍了雪地、吃掉了它们能够吃的一切东西后,它们会继续缓缓前行。到时伊利亚会将他的帐篷、皮毯、孩子,连同几件炊具以及一只小炉子,全部放到雪橇上。对着长毛狗吆喝一声,这群代表着一种文化的人开始一路吱吱呀呀地前往更好的放牧地点。对西方世界来说,挪威的萨米人用一个迷人的字眼来描述自己游牧生活:reindriften(跟随驯鹿)。

我认为北方人皮肤很黑,但伊利亚的小宝宝(包在驯鹿的小腿皮中)却有着奶油色的皮肤。她的眼睛有着常见于蒙古人种的内眦赘皮。她的眉毛几乎贴在前额上,而我的眉毛则可挂到我的眼睛上。她的脸呈半球状,鼻子扁平,眉弓很小,面颊在颧骨及下巴间稍突出。这副模样让我想起能抵御草原上刮起的大风的圆圆的蒙古包。这个营地内所有的涅涅茨人都有这些特征,有时候也被人类学家称为“为寒冷而设计的脸型”。

此时,我的注意力转移到了我自己的适应情况。人类尽管起源于热带地区,但却能够通过暂时性的调节,适应所有形式的极端条件。我自己的调节进展缓慢。与少数人一样,我的冷保护系统反应过度。每个人的手指到了冬季温度均会下降——约下降5℉(2.8℃),而我的手指则下降得更厉害,比正常温度低6.5℉(3.6℃)。这是雷诺现象(一种遗传性状,常发生在生活在寒冷气候条件下的人身上)的一个信号,多发于女性,而男性一般具有更强的抗寒能力。这种异常会导致相当大的危害。当我在雪地里摸爬滚打,向涅涅茨人的营地前进时,工作中的肌肉会散发出热量,这个副产品提高我的体温,连手套内的手指都变成了粉红色。然而,当我站着不动,在刺骨的寒风下哆嗦时,我的核心体温就下降了一大截。然后,在因寒冷引起的歇斯底里中,我的手指及脚趾中的血管被冻得封闭了起来,将更多的血液转送至身体的重要器官。

我的手指一个关节接一个关节地变成了白色。就算我把手指伸进伊利亚炉子上煲的滚烫的雷鸟汤里,也不会有任何感觉。如果我真的面临被冻僵的危险,这种血管收缩的反应是很正常的,甚至是有利的。这种反应可以防止温暖的血液在流过肢体末端时被冷却。尽管它可能导致肢端冻伤,但却可以保护人体更重要的部分不受伤害。但为什么我们中的一小部分人会过早地出现这种反应,还是一个未解之谜。我把手插到下面的口袋里,尽量不停地活动。

至于我其他那些适应寒冷的能力,可能正在取得一些小小的进步。我可能需要在寒冷的条件下生活几周甚至几个月——每天在外边待几个小时——才能充分发挥我的潜能。但即使到那个时候,我还是无法和涅涅茨人相提并论。暂时的适应根本无法和几个世代的自然选择相抗衡。

在极端寒冷的条件下,伊利亚和我所采取的某些技巧是相同的。其中最简单的一个改变是我对于疼痛的感觉会变得麻木。刺激源(刺骨的寒冷)并没有变化,但反应(痛苦)缓和了一点。而且,很快地,正常的手会出现“摆动反应”,交替着切断血流,以节省热量,然后再打开动脉,以防止冻结。(我的“雷诺手”没有进行这样的交替。)如果我经常到位于北极的这个地方来,我的新陈代谢机制会在我冷的时候,习惯性地调低我的体温。这样可以节省热量,但我的整个体温会下降1.8℉(1℃)。此外,我的哆嗦反应通过肌肉的运动,能够产生应急的热量,但为了热量利用的经济性,也会调低体温。同时,不光是疼痛感减弱,我也没那么怕冷了。最后,我的脂肪量也可能会有所增加。

在真正可怕的情形下,通过大幅降低我自己的体温,我能够在几周内成为一个适应寒冷气候的动物。科学家曾让一些男性浸在水温为57℉(14℃)的水箱中,每次1小时,以准确测量人体发生的变化。结果科学家发现,通过这样每隔1天冻上1个小时,4—6周后,他们就可以锻炼出不怕严寒的体魄。实验的最后,当这些男性再次进入水箱时,他们体内能量的消耗会降低20%,而且不会出现什么问题。这也是适应新气候的原理:制造一种效率更高的动物。

这些适应非常有用,特别是对居住在像我现在所处的气温环境下的人而言。我们这些来自中纬度的动物,必须与4个区别分明的季节做斗争,从高温到潮湿到寒冷,再到潮湿。实际上,我与其他在这类温度条件下进化的人对于寒冷的适应力,可能会比那些来自温暖气候条件下的黑皮肤的人更强。美国黑人士兵继承了他们的非洲祖先耐高温的能力,但受冻伤危害的可能性却是我的4倍。我之所以说我的适应力"可能"会比那些黑皮肤的人更强,是因为我只找到了针对非洲裔人口的研究,而且研究也忽视了黑皮肤的美拉尼西亚人和南印度人。不过,斑豚鼠身上的黑斑点会早于白斑点被冻伤的事实,说明产生这种差异的原因在于为皮肤着色的黑色素。如果真是这样,那么黑皮肤的人被冻伤的风险将大于像我这样的浅肤色的人。

虽然我对于自己的这种短期气候适应能力颇感自豪,伊利亚对此却不以为意。北方原住民也具备这种应急反应机制,但他们能够在极端的条件下利用这种能力。

不过,科学家并没有弄清楚,伊利亚和他的亲人是如何在没有火炉及驯鹿皮毯子的野外度过一个极端寒冷的夜晚的。科学研究的范围目前还仅限于少数生活在寒冷地区的人。不过,根据已有的研究成果推断,伊利亚已通过进化具备了三种抵御严寒方法中的一种。我敢打赌,伊利亚同样具备生活在斯堪的纳维亚的"跟随驯鹿者"拥有的那种能力。他们实际上同时运用了两种技巧:隔热及调低体温。如果真是这样,当伊利亚感到寒冷时,他的循环系统会欺骗皮肤,防止寒气侵入血液。他的皮肤温度会降得很低,甚至低于我在气候适应反应中的最低安全温度。同时,他体内的新陈代谢速度会下降,降低重要器官的温度并节省能量。而且，虽然他的新陈代谢速度比我低，但并不会带来危险。这种同时出现两项防御措施的机制，叫做“隔热体温降低法”(insulative hypothermia)，生活在寒冷地区的人们，由于缺乏足够的高热量食品，常会进化形成这种反应机制。

让隔热体温降低法闻名于世的并不是北极人，而是澳大利亚中部的原住民，因为他们能够在几乎全裸的条件下抵御风寒。在沙漠地区寒冷的夜晚，他们对于居所有着自己的概念：一排树枝阻挡风吹即可。他们任由火堆熄灭，裸体躺下。他们的体核温度不断下降，到日出时下降了7℉(4℃)。他们睡觉时就像是婴儿。“狠心的”科学家曾让高加索人也体验这种生活方式，受试者一个晚上都在哆嗦，根本无法入睡，而他们的新陈代谢速度则忽快忽慢地急剧变化。

如果伊利亚没有实践过隔热体温降低法，那么他可能无法同时使用两项防御措施，而只能要么利用他的皮肤作为隔热层，要么降低自己整个身体的温度。生活在澳大利亚北部的原住民，由于能够获得比沙漠地区更充足的食物，所以只使用隔热反应：在寒流来临时，他们的皮肤温度会下降，但他们的新陈代谢以及体核温度均保持稳定。与此相对，只使用体温降低法的是卡拉哈里沙漠的布须曼人以及安第斯山脉的秘鲁印第安人。他们不是只牺牲皮肤，而是让整个身体的体温下降以保留热量。

最后，伊利亚也可能使用第三种方法：提高而不是降低他的新陈代谢速度。对于那些食物供应无忧的人，身体经常选择燃烧并释放热量，提高新陈代谢速度来保暖。在因纽特人的食谱中，高脂肪的动物性食物占据极大比例。因纽特人并不会将这些脂肪储存在体内，而是立刻燃烧消耗掉。这种情况令我颇感吃惊。我一直认为因纽特人身上的脂肪一定很厚，而且我觉得自己永远不会有一个能够脱去衣服、让我能够打量其形体的因纽特朋友。我曾看过很多因纽特人的脸，给人的感觉是胖乎乎的,但现在,看着一些穿着内衣的因纽特男子的照片,我不得不纠正自己的错误看法。总体而言,他们的身材并不比一般人肥胖,而肌肉则比大部分人结实。科学的“皮肤褶厚度”测量也确切地证明了这一点:因纽特人的皮下脂肪并不比其他人厚。对于因纽特男性来说,这会产生相反的效果:他们的身体脂肪与较低的甲状腺激素水平的设定相关,而较低的甲状腺激素水平的设定又会降低新陈代谢速度,进而降低体温。因纽特女性的新陈代谢看起来没有受到身体脂肪的影响,可能是因为女性需要更多的脂肪以生育后代。另外,将能量转化为代谢热去温暖心瓣的是肌肉组织,而不是储存的脂肪。这也是女性容易比男性感到冷的原因——她们的肌肉欠发达。

对于人类为了应对寒冷和冬季的挑战经过进化而形成的各种反应机制,我想我不应该感到惊讶。第一,我们分布在几十种寒冷的生态系统中,每种生态系统对于其中的动物都会产生特定的压力。第二,自然界中存在着大量应对寒冷的方法。例如,生活在加拿大及西伯利亚的地松鼠将自己的新陈代谢调节到了一个极端:它将自己的“恒温器”调节到接近冰点,蜷曲在铺着草的洞穴中,一年中有7个月的时间都处于冬眠状态。与它完全相反的是不停进食的伶鼬,其栖息地就在北极附近。伶鼬的策略不是节省能量,而是消耗大量的能量——足以满足5倍于其体重的动物正常情况下的需要。这样的能量产生速度已非常接近自燃的状态。而北极熊适应寒冷的方法又与地松鼠和伶鼬不同:因为它的体形庞大,而且利用脂肪进行隔热,经常出现的过热状态使它不时地将腹部贴在冰面上降温。

有趣的是,即使在没有面临寒冷威胁的情况下,北方人在自己舒适的帐篷内也可能以更快的速度产生热量,有点像伶鼬那样。他们的基础代谢速度比我的要高出许多(据报道,高出3%—30%)。因此,即使在像今天这样不太寒冷的天气条件下,伊利亚仍然得多进食,方能保持自己的温暖状态。不过,伊利亚看起来吃得并不多。在他蓝色的帐篷内,他拿来一只有点破的瓷碗,从炉子上的锅里舀了一碗汤给我。汤里有一块精瘦的雷鸟腿肉,还有一些冻原植物。伊利亚的主食是驯鹿肉,含脂肪也不多。由于没有因纽特人可以享用的肥硕的海豹及鱼类,所以涅涅茨人可能无法承受过快的新陈代谢速度。想到我自己家厨房里的食物足够提供伊利亚一家人一周所需的热量,吃着伊利亚准备的午餐,我感到有点过意不去。不过,我的向导再三向我保证会给好客的伊利亚提供补偿,我才将冰冻的手捂在红白相间的碗周围,并深深地吸了一口气。汤闻起来有清爽的冰原味道,同时让我由里而外地暖和起来。

我无法确定被厚厚的驯鹿皮包裹着的伊利亚的体型。但如果伯格曼(Carl Bergmann)的理论正确,他的身体一定非常强壮。伯格曼是19世纪一名德国生物学家,他发现越向北,动物的体型一般越大。这是一个相当合理的理论。大量的肌细胞能够产生大量的热量。而且,动物的体型越大,温暖的内脏与温度较低的体表的比率也越大,意味着它们的储热能力比小型动物更强。对于北极动物来说,最理想的体型是球状——这种体型的表面积最小,大多数动物在感到寒冷时,会蜷成一团,形成近似于圆球的形状。白尾鹿分布在从加拿大南部到南美洲哥伦比亚的广大地区,其中分布在委内瑞拉的雄性白尾鹿平均体重仅为110磅(约50千克),而到了其分布范围的最北部,则可达到440磅(约200千克),这与伯格曼的理论恰好对应。人作为一种动物,也遵循这一原理。表面看起来,我的体型比伊利亚大。但我可以享受产前保健,享用维生素、抗生素以及干净卫生的食物,这种不公平使得智人个体之间的比较非常困难。尽管如此,科学家还是通过对来自不同地方的100个人的研究,发现了伯格曼规则的作用:平均而言,适应了北方生活的人,其体型要大于生活在热带地区的人。然而,伯格曼规则并不绝对。对于某些动物而言,这种作用影响非常小,甚至根本不产生影响。正如伯格曼自己的解释:“事情并不总是像我们想象的那样。”但这就是大自然的作用。然而,对动物产生或左或右影响的生态压力,并非只有一种。

同时,我认为艾伦规则对于伊利亚的体型也适用:相比于躯干,伊利亚的手臂及腿应该比我的短。在伯格曼发表其规则30年后,美国博物学家艾伦(Joel Allen)也提出了相关观点,称北方动物的四肢应该较短。艾伦这种说法的理由与伯格曼的相同——减少表面积可以有效地防止热量的散发。四肢越长,表面积越大,体内热量的消耗也越大。北方雪兔与沙漠地带长腿兔的对比是艾伦的理论的典型证据:雪兔的腿较短,耳朵较短,头也较圆。而北极狐与其温带近亲赤狐之间的对比结果与此类似:北极狐不仅拥有世界上最温暖的皮毛,它的耳朵与腿也很短。

伊利亚的脸型对于他在寒冷环境下的生活是否有帮助更是一个值得探讨的问题。人类学家曾断言,蒙古人种的特征是“寒冷作用的结果”。根据这一说法,几乎看不出的眉弓(眉毛所在位置的那块骨头)、眼睑的内眦赘皮、弓形颧骨以及面颊上的厚厚脂肪,都反映出了对寒冷的遗传性适应。这种说法听起来相当合理,这些特点的综合使得蒙古人种的脸型更接近于理想的球状,进而能够实现表面积的最小化。

不过,研究人员现在认为,蒙古人种面部特征的形成主要是受到了“遗传漂变”(genetic drift)的影响。形成独特特征的方式有很多。自然选择显然是一种方法:由于突出的鼻子容易导致冻伤、坏疽甚至死亡,所以突出的鼻子基因遭淘汰,而小鼻子基因得以保留。另一种方法是一小群人去开拓新的领土,经过很多代的进化之后,本来他们所携带的一小部分基因信息,浓缩成了一个大家所共有的特征。后来,如果这些人与其他种群汇合,这些特征又开始向新的方向漂移。由于研究人员顽固地拒绝承认蒙古人种的脸型具备预防冻伤的能力,遗传漂变看起来是最有可能的解释。最近的DNA分析为这一解释提供了证据。整个的人类基因组——各种构成人体的基因——以一种可以预测的速度进化,出现有利的基因突变,并将突变后的基因整合到整个基因组中。因此,如果某个特征的进化速度比整个基因组突变速度快,则它可能是受到了来自环境的压力。然而,对许多人类头骨的测量结果却显示,蒙古人种的头骨形状的变化速度并不比整个基因组的变化速度快。因此,产生这种形状的原因不是自然选择,而是遗传漂变。因此,有可能所有具有蒙古人种头骨形状的人有着共同的一小群远古祖先,他们由于某个很普通的原因而获得了这种形状。

这场争论还没有结束。关于这种适应寒冷的脸型的最新研究表明,可能有两种(而且只有两种)特点是自然选择的结果。通过测量来自非洲、中东、欧洲、西伯利亚、东亚以及南美洲的2472个头骨,一名来自斯坦福大学的人类学家得出了这样一个结论:在全世界的各种脸型中,只有适应寒冷的脸型表现出"进化工程"的证据。他发现西伯利亚的布里亚特人作为蒙古人种的一个分支,其宽阔的头骨(更接近球状)已超出遗传漂变能够解释的范围。另外,他们的鼻子又高又窄,也是遗传漂变无法解释的。这些特征可能便是自然选择的结果。趋向于球状的头具有明显的优势,但又高又窄的鼻子又该作何解释呢?我在资料中吃惊地发现,如果人体吸入的空气温度为-25℉(-32℃),那么为了防止肺部受到冲击,人体消耗的总热量的1/4要用于对空气进行预热。因为整个预热过程都在鼻子里完成,所以窄鼻子相比宽鼻子更有利于提高空气预热的效率。尽管如此,将蒙古人种的头骨及鼻子看成是进化的结果还为时过早,因为研究者只分析了一部分北方人,研究者本人也很快告诫说,这只是一个开始。

一架轰鸣的俄罗斯直升机出现在我面前,将我从石器时代拉回到了现代。向导给了伊利亚一些钱和一袋硬糖。对此我深感不安,依我看,这周围500英里(约800千米)都找不到牙医。不过,我怎能主宰他人的快乐与痛苦呢?伊利亚挥手向升起的直升机告别,我看到了他棕褐色的牙齿以及内眦眼皮下面闪闪发亮的黑眼睛。

寒冷和阴湿的栖息地

从北极圈向南,我很快便到达了冰岛。这里是冰岛的北部,到处都是积雪与冰川,但与北极相比,这里又是另一番景象。北极的特点是又冷又干,而这里很不幸,是又冷又湿。我本人对于各种气候环境不存在偏见。即使是在夏季,冰岛也能够让你心醉。站在一处火山的山肩上,可以看到下面的一大片草原,在阳光的照射下,发出令人目眩的绿色。远处,蓝色的大海闪闪发光。面对如此美景,不由得让人想脱掉上衣,让自己好好地享受阳光。而就在此时,一场暴雨却不期而至,雨落在坚硬的土地上,也砸得人脸生疼。有时候,雨还会变成雪或冻雨。在狂风的作用下,雨雪会从常人无法捉摸的角度袭来。

我之前没有在冬季来过冰岛,实际上,人类在这个地方的居住时间还不够长,所以还没有进化形成一种应对这种横扫的暴雨的特别机制。维京人迁移到冰岛的时间也只有约50代。要在如此短的时间内通过进化形成明显的特征固然难度很大,但绝非不可能。最近我看到一则关于70年前引入澳大利亚的甘蔗蟾蜍的报道。经历了70代的繁殖,有些甘蔗蟾蜍的腿变长,相比于原先的短腿蟾蜍,这种新蟾蜍能够以更快的速度扩大自己的领地。

我对于维京人相当敬佩:即使是最娇小的金发美女,骑马的水平看起来也一点不赖,即使是顶着暴风雪在山路上换轮胎也不在话下。整个夏天他们看起来似乎都不用睡觉,而到了冬天,则把时间用来看书和写作。在这次旅行中,当地的文化又一次显示出特别的危害——凌晨2点钟阳光明媚,我的摄影师还躺在睡袋里,差点被一群调皮的孩子捏住鼻子。虽然维京人很能干，但他们身上还是穿着羊毛及戈尔特斯(GORE-TEX)面料的衣服，他们利用脚底火山岩的热量来为居所供暖。要找到真正适应了这种寒冷潮湿环境的人，我们得跑到地球另一端同一个纬度的地方。在这里居住着(或曾经居住过)一个我无比尊敬的人种。他们居住在南美洲的最南端，这里同样有着暴风雨和大雪。他们就是火地人。

达尔文(Darwin)在航行途中曾遇到过这些人，并做了令人难以忘怀的描述。首先需要说明的是，这里并不是一片安宁的地方。冬季的温度接近冰点，而到了炎热的夏季温度可能升至64℉(18℃)。这里的风非常大，并且随时都会出现狂风暴雨。达尔文在自己的描述中对此地的东部部落颇感好奇，因为部族中的人非常勇敢，只使用原驼(一种小型野生无峰驼)披肩来抵挡恶劣的气候。附近的中部地区的部落则更让达尔文惊奇不已，因为他们身着一块“只有手帕大小的”水獭皮。而当达尔文遇见最南部(也最冷)的岛屿上的渔民时，他完全被惊呆了。这里的人整天生活在独木舟上，以潜水捞海产、捕鱼和猎杀海豹为生，一年到头赤身裸体。

达尔文写道：“有一天，一名正在给新生儿喂奶的妇女，可能是出于好奇心，来到了船边，冻雨打在她裸露的胸部以及同样没有穿衣服的婴儿身上，慢慢地融化！”可怜的达尔文当时并没有意识到这里的火地人可能成为他即将发表的自然选择理论的最重要的证据。他们适应这一栖息地的历史已有10 000年(大约四五百代)。他悲叹道：“在这种常有暴风雨的气候条件下，到了夜晚，五六个人赤身裸体，蜷曲着睡在潮湿的地上，周围几乎没有遮风挡雨的东西，与动物无异。”而他又怎能知道，这些人正在进行着舒适的亢进代谢？

与达尔文一样，我对火地人也非常着迷。但目前从文化角度来讲，火地人已经灭绝。为了加深对火地人的了解，我认真钻研了布里奇斯

(E. Lucas Bridges)留下来的回忆录。布里奇斯是一名传教士的儿子，19世纪80年代末期在火地群岛长大成人。布里奇斯的玩伴都来自一个称为奥纳的部落，他们只穿着原驼皮。男性使用左手，抓住胸部附近的兽皮(这只手也用来握持弓箭)。这样，他们能够在跳舞、摔跤或在雪中跟踪猎物时，迅速拽掉这块兽皮。布里奇斯常和几名奥纳人各地旅行，对于他们只穿长袍及软皮平底鞋便能跋山涉水的能力一直感到不解。他们甚至能够在晚上脱下长袍，躺在原驼皮上呼呼大睡。他还说，奥纳人在深深的积雪中开路时，打头的人会穿上用原驼腿上的皮做的护腿，防止自己的胫骨被冰屑划伤。

奥纳女性也同样强悍。与大多数狩猎-采集者一样，奥纳人需要到处游荡，而在迁移过程中运送工具和孩子的任务就落到了女性身上。其实除了孩子以外，也没有多少东西要运送。奥纳人采用澳洲中部原住民的方法，使用一些树枝来抵御风寒。

火地人的体型与伊利亚的体型形成鲜明对比。一些南美洲部落，包括奥纳人，个子实际上比来自温带地区的第一批欧洲移民还要高。这一点或许反映了伯格曼规则，但也有可能是由于欧洲人在人口膨胀及环境污染影响下发生了矮化。真正令人感到困惑的是火地人的头的形状。虽然火地人生活在寒冷地区，但与伯格曼规则和艾伦规则所宣称的不同，他们的头并不呈球状，而是像欧洲人一样，脸部拉长。关于环境与人类头的形状的关系，由于很多证据的缺失，至今仍是未解之谜。女性火地人的头的形状使该问题进一步复杂化：在迄今为止所测量过的头骨中，她们的头骨是最结实的。布里奇斯关于奥纳人家庭暴力的描述可能有助于解释这一现象：男子如果认为自己的妻子不守妇道，就可以在她的腿上射一支箭或对她拳打脚踢。任何时候，只要有男子在帐篷里发怒，所有的女性都会条件反射地以头触地，让身上的原驼袍子盖住自己的头。女性火地人坚实的头骨可能就源于此。

离开这些火地人及冰岛人时我感到很难过。在分布有人类的地球的各个角落，那些生活在寒冷而潮湿地带的人在我看来是最艰难的。一只松鼠能够在寒冷的季节里冬眠7个月已令人称奇，而人类却能够在更恶劣的天气条件下不借助冬眠而生存，实在是匪夷所思。

高海拔栖息地

继续我探索人类居住范围的旅程。我现在离家已经很近了。在一个天气晴朗的好日子，从我所住的地方能够看到远方的山脉。华盛顿峰是新罕布什尔州怀特山脉的最高峰，海拔约为6288英尺（约1916米），比我家所在的地区高出6258英尺（约1907米）。不过，对于那些来自美国西部的人而言，这座山峰根本称不上高。我姐姐住在内华达山脉地区，她甚至怀疑华盛顿峰能不能称为山。不管怎样，华盛顿峰是我们这里的最高峰。当我们站在周围的山头上，华盛顿峰便成了我们的目标。在一个晴朗的夏日，我和几个朋友一起向山上爬去。

在接近峰顶时，四周都是石头，还有一些矮小的开花植物，我感到了一种无法适应的疲劳。这种疲劳不是那种肌肉上的疲劳，而是由于心跳加快而导致的疲劳。另外，我感觉肺部空荡荡的，忍不住想要打呵欠。到达山顶后，风呼呼地穿过岩石，我一屁股坐在一块大石头上，心脏仍在快速地跳动。我之所以会出现这种反应，原因就在于这里1英里（1600多米）高的海拔。空气密度仅相当于海平面空气密度的80%。所以，每次吸入的氧气只有正常情况下的80%。要让我的身体组织得到正常的氧量，我要么必须加快呼吸频率，要么让心脏以更快的速度工作。它们正处于适应过程中。还好，我没有出现头痛、恶心或其他不适症状。要记住，相比于某些智人所适应的生存高度，我现在只是站在一个小蚁冢上。

如果让我去西藏的拉萨，我很有可能会头痛欲裂。当我睡觉时，随着呼吸频率的下降,窒息的感觉一定会让我一次次地醒来。一些最新研究表明,此时我肠道内的有益菌可能会慢慢地被有害菌所打败。因而,我可能会出现严重的高原病。有经验的登山者如果攀爬速度过快,也会出现一些头痛及呕吐的症状,但他们能够从容应对这种情况。然而,如果让这种反应进一步发展下去,则可能导致肺部的水肿——登山者称,如果听到脆纸袋的声音,很有可能是肺部出现积液,这时候便应该下山。如果咳出粉红色的泡沫状痰,则表明你本该早点下山。而一旦出现脑水肿,后果则严重得多,一开始是大便失禁,接下来便是丧失协调能力,最终失去意识。这两种水肿都可以有效地将一个无法适应的身体驱逐出基因库。

不过,如果我走得没那么高,速度也不是太快,那么通过灵活地调节自我生理功能,我就可以适应含氧量较低的生活。这时,我头痛及恶心的感觉可能会有所缓解。在几天内,我的呼吸会加深,每次可以吸入更多的氧气。同时,动脉收缩会导致血压上升,将血液压到肺部的更深处以搜集氧气。还有,我的骨髓会加快制造红细胞的速度,红细胞在人体内负责运送氧气。我的右心室会膨大,送来新鲜的动脉血。最后,我能够爬得更高,产生适应高原的能力。

如果我的父母在我还小时便将我送到拉萨,那么我的气候适应能力应该会更强。我的胸部会更大,以便进行更深的呼吸。关于这种适应是不是一种特别的基因表达,我还找不到任何相关的研究——如果是基因表达,那么便是环境激活了我的增大胸部的基因——也有可能只是正常的骨头变形。根据从我的活动中吸收到的振动,我的骨头会永久性地改变形状。例如,如果我专门打网球,握球拍一侧的手臂骨会变粗变长。但对于我而言,现在已经太迟了。对像我这样居住在低海拔地区、成年后又迁移到高海拔地区的人曾开展过一些研究,但还从未发现超级大的胸部。

因此，除了加快心跳、血液流速及呼吸速度外，造访高海拔地区的人拿不出其他什么招数来适应高海拔。作为一名女性，我在适应过程中遭受的痛苦可能比一名男性小，而且适应速度也更快。尽管具体的原因还不清楚，对于老鼠的研究表明，雌激素具备某种神奇的保护力。另外，研究还清楚地表明，雄鼠在高海拔地区狂躁地死去，而雌鼠则安然无恙。尽管很多人认为女性也具备类似的优势，但还缺乏相关的科学证据。

如果我真的是天生就具备征服2英里（约3200米）海拔高度的能力，那么最理想的情况是，我的祖先在很久以前便来到拉萨，他们使用石器工具，在宽阔的大草原上追逐牦牛（至于人类是在5000年前还是30 000年前来到了西藏，目前尚存在争议）。如果是这样，那么我现在坐在这里肯定一点事都没有。喜马拉雅山高耸入云。拉萨坐落在两座山脉狭窄的河谷中，海拔约为2.3英里（3700米），或华盛顿峰海拔的两倍。这里的含氧量只有海平面的60%—65%。（在世界上海拔最高的城镇，由于比起拉萨还要高1英里，所以空气含氧量更低。）

大山只是人类生存空间的一部分，石器时代的工具根本无法应对环境的挑战。对于早期迁居到北极的人而言，他们还可以通过多穿一层毛皮及在雪洞内生起一堆火来抵御风寒，而对于稀薄的空气，则没有任何应对的工具。即使是今天最好的适应高原生活的工具——金属氧气罐及面罩——也显得极为粗糙和原始。对于早期的人类而言，要将自己的生存空间扩展到更高的地方，唯一的方法便是进化。这也正是藏族人的做法。

西藏是一个非常适合对高度的影响进行研究的地方，因为这里不仅生活着土生土长的藏族人，还生活着移居的汉族人。汉族人想要达到藏族人当前对于高原的适应水平，即使运气再好，也得指望很多年以后发生基因突变才行。

与居住在一起的汉族人相比,藏族人的胸部更大,肺也更大。一名汉族的小孩,即使长成较圆的胸膛,其肺容量也达不到藏族人的大小。同时,藏族人的心脏也更加强壮——只有17%的藏族人的右心室增大(工作过度的表现),而在汉族人中,有29%的人存在右心室偏大的问题。与其他高山居民相比,藏族人即使是在运动状态下、所有肌肉都需要氧气供给之时,仍能保持脑的完全供氧状态。

海拔越高,基因的变化越让人惊奇:一个研究小组招募了20名来自超高海拔的藏族人,并把他们带到低了0.5英里(约800米)的拉萨,将他们的身体活动能力与拉萨人相比较。来自高海拔地区的藏族人在踩健身自行车时,虽然吸入的氧气量相同,但成绩却可提高17%。即使他们在自行车上高速运动,他们的呼吸仍很缓慢,而且与那些来自"低海拔"地区的拉萨人相比,他们的心跳速度也要慢得多。

这些超人为什么能够表现得如此出色?首先,藏族人的呼吸频率大于居住在低海拔地区的人。这样,他们的肺部便有更多的机会与氧气接触。然而,他们并不拥有多出常人的血细胞来运送这些过量的氧气。实际上,有些研究表明,相比于居住在海平面高度上的人,他们的血液中氧饱和度甚至更低。迄今为止,藏族人如何在稀薄的空气中为自己的肌肉及脑供氧还是一个未解之谜。在寻找相关线索的过程中,我偶然发现了一项特别令人兴奋的研究。

比尔(Cynthia Beall)是美国的一名人类学家,她对藏族女性体内的血液氧饱和度进行了观察,然后将这些女性按家族分组,以确定是否存在基因的影响因素。她得出的数据表明,有些藏族女性由于基因的作用,血液中的氧饱和度增加了10%。其重要性在于:这些女性怀孕后,婴儿存活的概率可以增加5倍。更严格地讲,对于那些**没有**表达这种(假定的)基因特征的女性而言,婴儿的死亡率要高出5倍。尽管两种类型的女性能够生育同样数量的婴儿,但是,氧饱和度较高的女性的孩子存活下来并生育后一代的可能性要高很多。这也是自然选择的表现：因为婴儿死亡率如此之高，所以含氧量较低的基因会很快地消失。

说到养育后代，这里还有一个忠告：如果你自己没有这方面的基因，就不要在高海拔地区怀孕。对于在拉萨出生的藏族及汉族婴儿的对比表明，汉族婴儿的个头明显偏小，尽管其血细胞数量较多，但它们仍然无法保持身体的完全供氧状态，使得他们容易缺氧。

藏族女性对于高原的进化反应与男性不同。比尔对藏族男性及女性的氧饱和度的分析表明，男性从二十几岁开始，他们的血液含氧量便开始下降。不过，藏族女性似乎不会出现这方面的衰退，一直到四十几岁，她们的血液含氧量仍保持不变。根据我的大胆猜测，育龄期女性有这方面的特别需要：如果她们不能为自己的胎儿提供足够的氧，胎儿便无法存活，也就无法继续传承她的DNA。

不过，藏族人只是一部分居住在高海拔地区的人，并不能够代表他们中的全部。与生活在寒冷地区的人一样，生活在高海拔地区的人适应自然的方法是千变万化的。居住在秘鲁安第斯山脉的人便采用了一条不同的进化道路。与藏族人不同，安第斯人拥有大大多于常人的血细胞，他们的血液能够携带超出常量的氧。不过，安第斯人在生育方面还未达到藏族人的水平。在秘鲁境内的山脉上，海拔越高，出生的婴儿身材便越矮小。而且不管在哪个地区，矮小的婴儿通常体质较弱。

当然，我们也不能忘记居住在埃塞俄比亚北部赛明山脉的阿姆布拉斯人——没错，我和比尔从前都没听说过他们。在比尔到达那个地区对他们进行研究之前，这些人一直为科学界所忽视。阿姆布拉斯人居住的地方海拔有3500多米。他们在那里进化了多久还不得而知，但肯定久远到对人类的基因组成进行了某些改变。而这些适应性变化所代表的是第三种适应高原的模式。与藏族人一样，阿姆布拉斯人的血细胞数量并不比常人的多，但是，这些血细胞输送氧的能力却比常人的强。他们的氧饱和度不仅高于藏族人,而且高于安第斯人。人类DNA的这种千变万化不由得让人惊叹不已。一种单一的挑战——海拔高度——竟产生3种不同的进化适应模式。

我认为,与人类相比,生活在高原的其他动物的进化方式同样令人称奇。一组日本科学家通过对比高原鼠兔(一种可爱的袖珍兔)与实验室大鼠,确定了高原鼠兔应对稀薄空气的方法。研究人员将两种动物放在一个加压舱内,该舱室可以模拟任何高度条件下的环境。当舱室的模拟高度达到2260—5000米时,由于较厚的动脉管壁产生的限制作用,大鼠出现了高血压现象。大鼠心脏的右心室由于超负荷工作出现了膨胀,并且随着氧含量的下降,它们产生的红细胞数量也在增加。而高原鼠兔由于动脉较薄、弹性较好,所以血压的变化不大。另一种高山物种,即安第斯无峰驼,通过进化获得了另外一种不同的反应。无峰驼的血细胞较小,里面含有特别的化学物质,使得这些血细胞具备了快速吸氧的能力。生长在亚洲山区、毛发蓬松的牦牛,则通过改变动脉管壁细胞来维持稳定的血压。(它们还有一种类似澳洲原住民的本领,即在山上的空气变寒冷时,能够调低新陈代谢速度,以节省能量。)

我第二次造访华盛顿峰是在冬季,并在那里待了3天。是的,那还是一次带着任务的造访,所在位置是山顶的天气观测站。在这个形似碉堡的建筑物内,几名工作人员每小时报告一次风速(创纪录的风速)、雪(风以创纪录的速度夹带着雪)、云量及温度(相当低)等。当地的文化也是相当令人称奇——这次是奇客文化,极其投入的天气奇客们乘着雪地履带车上山,但是当为期一周的轮班结束时,他们只使用雪橇下山。在这个地方待上3天,已足以让我开始自发地进行灵活的生理适应。我心脏的右心室由于需要一天24小时辛勤地工作,出现了肿大。我的血压也悄悄地升高了。我的骨骼加快了血细胞的生产。由于这些变化是循序渐进的,所以根本不会引起我的注意。直到有一天,一场风暴即将来袭,我要么尽快下山,要么在这个碉堡内与奇客们再待上几天。真的要感谢人类基因的功能,似乎对我在各种奇怪的地方游泳、爬行、迁移或攀登都已有所准备,我对飞速下山已有了把握。虽然我与第一片雪花一起急匆匆地落到山下,可没有出现像藏族人或牦牛那样的氧饱和状态,只是我跑起来的样子活像一只雄鼠。

热得可怕的栖息地

从西藏高原向下,就到达了喜马拉雅山的雨影区,这里是一片沙漠。高大的山峰形成一堵巨墙,甚至能够挡住云的流动。来自印度洋向北流动的潮湿的空气,由于需要越过如此陡峭的喜马拉雅山,所有的水分都在冷却过程中变成雨落下。过了喜马拉雅山之后,空气中已没有任何水分。戈壁,这片黄色的、吞没了蒙古国及中国大片土地的沙漠,便是雨影作用的结果。

我被派遣到这片巨大的黄色沙海中,报道美国自然历史博物馆的年度恐龙探索活动。几天来我们一行的车子不分昼夜、风尘仆仆地行驶在没有路的沙漠上,向挖掘地点行进。我们一行18人,由不同人种组成,且分工不同——有些人专门搜寻恐龙、有些人是机械师、有些人是地质学家——还有7辆同样多样化的运输工具(包括两辆德国越野车、两辆俄罗斯越野车、两辆食物及化石运载车,以及一辆油料车),每天晚上我从内衣上抖落下来的沙子,多得能够把车子压扁!

沙漠气候是一种最容易适应的气候。在北方,我的手指会发白并感到麻木。而在潮湿的热带,我的身体会膨胀,有两天我的手指抖个不停。不过,至少白天的沙漠与智人发源地的温度接近。虽然不是太理想,而且下午的温度经常攀升至110℉(43℃),远远超出人体感到舒适的80℉(27℃),但只要水够喝,适应起来还不是太困难。

在这样的沙漠中,对我而言最大的威胁是枯燥感。因为人类的工具仍对付不了炎热和沙土,每过个把小时就会有一两件工具出现过热或陷入沙子里面,整个团队只好停下来。没有任何东西可供阅读,也没有任何东西可供观赏,我只能连续几个小时坐着,背靠轮胎,凝视着炎热的天空。有时候坐得难受了,我会扫视一些新的山谷,一个白点在下一排煤山的底部反射出光来:人类。

除了能认出那个白点一定是一座圆形的房子或蒙古包之外,我的眼睛看不出任何东西。而且我知道,在蒙古包的附近一定有一群羊、几只骆驼、一两条狗,以及地球上最烈的马和最勇敢的人。而且这里也一定有水,这些水或许是去年冬季的积雪融化后,从山缝中渗出来的。

沙漠的生态是由其极端条件确定的:白天炎热,到了夜晚又极其寒冷,而最突出的特点莫过于极其干燥。只有少数动植物能够在沙漠地区生存。对于人类而言,炎热及寒冷并未构成真正的阻碍。真正考验我们的是干旱及其所导致的生物匮乏。我们的温血新陈代谢要求定期添加燃料,而这正是沙漠所缺乏的。而且,我们是并不常见的潮湿动物,水分会不断地从皮肤蒸发。尽管有些人在进化过程中,各排汗孔之间的距离有所增加,但还没有一个人真正地进化成完全意义上的沙漠动物。

首先,让我们从最简单的事情开始——不被烤干。作为一个准北方人,我并不是一个很好的例子,但是至少能够作为一个不适应的警示示例。首先,我不够瘦。前面讲过,对于北方动物,最理想的体型是球状,因为这种体型的表面积最小。同样,如果你希望有效地散发热量,那么就应该像屋内的暖气片一样,需要有很多的散热片和细管,以散发热量。生活在非洲南部干旱地区的马赛人以游牧为生,他们的体型应是热带地区人类体型的代表。他们看起来就像是加柯梅蒂(Giacometti)的雕塑,有着长长的躯干及腿。身体脂肪是影响散热的最大因素,而马赛人看起来似乎身上一点脂肪都没有。

而我与他们不同，没有加柯梅蒂式的身材。不过，生活在沙漠地区的蒙古人也没有这样的身材，他们的身材似乎确定了一个适应夏季"火炉天气"以及冬季严寒天气的进化平衡点。与其他众多沙漠不同，蒙古人所处的沙漠远离热带地区。从体型上看，蒙古人与我更相似，而不像马赛人。对此我并不感到奇怪，因为蒙古人的膳食中包含大量的羊脂，以便在寒冷时进行旺盛的代谢。在这个探险队中，有一位名叫铁木尔(Timur)的蒙古国机械师，他力气极大，这表明他可能拥有超乎常人的、提供热量的肌肉。虽然铁木尔比我还矮6英寸(约15厘米)，并且看起来也没有我粗壮，但他却能够出其不意地抓起我并举起来，还一边笑得前俯后仰。在科学研究方面，我没有发现任何与蒙古人的生理学有关的研究。相比蒙古人，生物学家对蒙古国境内的濒危动物，如双峰驼、普氏野马和雪豹等更感兴趣。

尽管如此，即使没有拉长的体型，在我们离开自己的舒适环境时，我们仍有自己的一套保持凉爽的方法。正如我们在第一章所说的那样，关键在于我们身上的体毛已退化。人类不是通过生长浓密的皮毛与外界隔绝热量，而是依靠水冷法来散发体内热量。人类的皮肤即使在寒冷的情况下，仍在向外散失水分。我们散失水分的速度与热带凯门鳄(短吻鳄)差不多，而凯门鳄从未远离水源。

这种潮湿的皮肤可能会导致严重的伤害，但只要我们能够及时补充分泌出的水分与盐分，应该说我们的冷却能力非常出色。人类的出汗速度能够超出任何其他动物——如果需要，1小时的出汗量可达近1加仑(约4.5升)。实际上，我在戈壁沙漠上逗留的时间越长，我的出汗量便越大。我的身体对于散发过多热量的临时解决方案，就是利用更多的水。不过，长期的适应解决方案却不在我的能力范围内。布须曼人适应了非洲卡拉哈里沙漠；澳大利亚沙漠的原住民(还可能包括其他超出科学家研究范围的沙漠定居者)已通过进化，保持较低的出汗率，而他们同样还能保持凉爽。只有那些祖先曾在干燥栖息地进化过很多代的人,由于环境会淘汰那些出汗量大的人,而让那些出汗量小的人生存下来,才具备这种节水能力。生活在热带地区的人还保留了一种调节汗中盐分的功能基因。不过,对于远离赤道的人(包括我的祖先)来说,这种基因已经退化,因此,我们保留盐分的能力并不理想。这是一个问题。

如果我们不能及时补充不可避免地从皮肤排出去的水分与盐分,我们所有人都会立即死亡。发热的身体会持续地排出水分,直到身体冷却或完全丧失功能。同时,如果一个人只能补充通过流汗流失的水分,而不能补充盐分,那么他仍然难逃一死。有一个非常简单而有趣的实验,1933年,一名科学家带着一条狗在沙漠中行走了很长一段路程,且人与狗均已喝足了水。一天下来,狗的体重减少了0.5%,而人的体重却减少了3%。人体的汗液会将盐分带出皮肤。而身体缺盐后,其保留水分的能力也会随之丧失。而狗的喘息只消耗水分,其体内的电解质也有助于体内水分的保持。

当我的身体在蒙古国阳光的照射下出汗时,另一种方式的调节正在悄悄地进行着。尽管像我这样来自温带地区的人拥有粗壮的胳膊与腿,但至少我们的循环系统还能够满负荷工作,与寒冷条件下限制其工作的情形相反。通过将血液输送到我的四肢,我能够将热量散发到空气中——前提是空气的温度低于我血液的温度。有了前些天的经验,我的身体到了后来会提前出汗,这是应对过热的一个预防措施。同时,汗液及尿液中的盐分也会减少。我的血液会混合更多的水分,降低血液黏度,分布到身体的各个角落。这样可以减缓我的心率,最终心率会在几天内稳定下来。我的体温也会稳定下来。经过两周的时间,我的身体状态已经使我能够不再依赖表面的血液冷却,血液的容量也会恢复到正常值。灰尘使尽浑身解数,将我皮肤的出汗孔都堵住了。

但当我那博学的同伴每天晚上在营火旁喋喋不休地谈论上下颌骨时,我便有时间从自己的身上搓下很多小泥球。我已经适应了这样的环境。

一般而言,任何动物,只要在这种炎热的环境中经历了世代的进化,其适应能力一定比我强。有时候,我们一行人会遇到几只骆驼。它们的毛油光发亮,表明它们是家畜,而不是野生骆驼。骆驼的身材又瘦又窄,它们肥厚的驼峰便可充当很好的遮阳工具,在阳光下它们的影子看起来很是怪诞。骆驼长长的腿可以使它们远离炙热的沙面。它们的皮毛非常厚,能够将110℉(43℃)的空气与自己100℉(38℃)的身体相隔离。同时,骆驼的体温变动范围也大于人类正常的波动范围,因而不会导致严重的不良后果。如果天气炎热,骆驼的体温可达102℉(39℃),这对于人类而言已经是发高烧了。而在黎明前的寒冷空气中,骆驼又处于轻微的低体温状态。

山羊肉和绵羊肉是沙漠地区人类的主食,山羊和绵羊采用另外一种控制体温的方法,即通过头部进行冷却。与其他某些动物(鹿、骆驼及兔子等)一样,山羊和绵羊可调节自己的循环,并通过嘴鼻的喘息有选择性地降低脑的温度,使其低于体温。起初,科学家以为这种方法是为了防止重要器官被灼伤,但后来随着了解越来越深入,脑看起来竟成了一个了不起的身体散热器。研究表明,如果不通过脑散热,山羊需要增加一半的耗水量,通过大量排汗来维持体温。而通过脑散热,它们消耗的水量则可以减少。至于人类是否具备选择性地冷却脑的能力,仍是长期的科学争论话题,两方面的论点都没有明确的证据——这可能意味着,如果我具备这样的能力,就不值得这样大书特书。

有些动物在进化过程中,通过保持小巧的体型来散发热量。根据伯格曼规则,沙漠地区的狐狸一般要小于生活在温带地区的亲缘关系很近的狐狸。在我位于北方的家附近的树林中,赤狐平均体重为11磅

(5千克)。美国西部沙漠地区的沙狐,体重只有赤狐的一半。而撒哈拉地区的大耳狐,体重竟然只有2—3磅(1.0—1.5千克)。除了散热容易外,体型小巧的动物所需的食物和水也较少。

当然,大部分沙漠动物都是控制体内水分的大师。美国西南部的跳囊鼠能够产生身体所需的全部水分,这些水分是其膳食中各类种子的代谢副产品。澳大利亚的斑胸草雀对于水也是同样的节俭。我看到过一位科学家的描述,他希望能够确定这个漂亮的小家伙能够在没有水的条件下存活多久。但一年后,他不得不选择放弃,说自己为鸟儿感到难过。

我本人有时候也会对某种动物所承受的进化命运感到心痛。2001年,《自然》(*Nature*)杂志曾刊登过一幅题为“露水昆虫”的照片,这幅照片令我终生难忘。照片的主角是一种名为*Stenocara*的甲虫,它原生于纳米比亚海岸非洲最干燥的沙丘地带,这种甲虫并不指望能够像较大的动物那样找到供水的地方。因此,在一些比较难得的黎明时分,在从海洋飘来的一缕缕雾气中,它们会将自己的鼻子倾斜着向下,展开自己不平整的翅膀。湿气会在鞘翅上凝结,水滴通过膜翅下面的水槽,流入它们的口中。这样的情景真让我难过万分。我真想抓来所有的这种甲虫,给它们提供饮水瓶。我知道,在人类进化形成自己千变万化的适应方式的过程中,他们同时也进化出了一种承受自身命运的能力。

这里不是炎热的栖息地,这里是潮湿的栖息地

完成了沙漠中的工作后,我回到了城市,洗去了满身的尘土,又开始重新适应城市生活。在家待了一个月后,艰苦的工作给身体留下的印痕得以消退。接下来,是接受火的新考验,更准确地说,是接受真菌的考验。

离开蒙古国,让我们向南跨越赤道,然后向西,经过1/4个地球的行

程，到达马达加斯加。在这个巨大的岛屿的西侧有一座国家公园。这是一座关于雨、蜘蛛以及森林的公园。除了雨、真菌以及浸泡得完全潮湿的森林，这里还有酷热。这一次，我要写的是一名爬行动物专家，他对整个马达加斯加岛进行了考察，研究这里的爬行动物与两栖动物。因为这些生物在旱季要夏眠，所以我们必须在它们外出活动时去拜访它们，这段时间有一个非常确切的名字，叫雨季。因此，我们一行人——1名英国直升机驾驶员、4名马达加斯加研究人员以及6名搬运工——在雨季的雨林中宿营待了10天。白天，我们在冒着热气的丛林中遍地搜寻壁虎、蛇和鬣蜥。到了晚上，我们做着同样的事情。在这期间，我们吃的是用咖喱粉和罐装沙丁鱼煮成的米饭。

对观光者而言，沙漠与丛林的最大区别便是湿度。如果说沙漠的判定依据是它们的干燥度，那么热带雨林的判定依据便是另一个极端。习惯了北方干燥的气候，一下子来到这种潮湿的环境，真让我感觉苦不堪言。

在开始的几天里，当我的血液冲向皮肤希望得到冷却时，我的身体为血液添加了过量的水分，使我全身上下肿得就像是一块海绵。由于这种热水肿，我浮肿的双手不时抖动。“回家吧。”我疲惫的心脏不时地嘀咕，抵挡着过多的水分。“回家吧，回家吧。”然而，那套曾适应了蒙古国干热环境的适应系统最终启动起来，适应了马达加斯加的环境。我的双手开始消肿，心率也逐渐稳定下来。出汗的时间提前（并且排出的汗甚至比在沙漠中还要多），但潮湿的空气已过度饱和，无法吸收我的汗液。在整个停留时间，我的皮肤由于出汗一直是黏糊糊的。在这里，炎热的天气模糊了白天与黑夜的区别。如果不是因为这里的大蜘蛛能够用丝将我捆起来并吸干我的血液，我还真可以像达尔文笔下的火地人那样，夜晚就舒舒服服地睡在地上而无须任何遮挡。

根据很多人类学家的观点，俾格米人或许最能代表人类对炎热潮湿环境的适应。这些小矮人的分布绝对与潮湿的环境分不开。他们生活在非洲中部、菲律宾、马来半岛以及安达曼群岛的森林中,矮小的体型有助于减少散热问题带来的麻烦,有利于他们在丛林生态系统中降低自身能量的消耗,因为在这里,食物有时也会出现令人意外的短缺。与火地人一样,很多俾格米人只蒙着一块很小的遮羞布。这里最可恶的就是蜘蛛。

在这里,我的生理表现再次暴露了我的温带基因。我的体型较大。仅仅是在热带森林中步行这件事,也会由于我的长胳膊、长腿以及高耸的头而显得非常困难。而且,我的身材相对臃肿。与北极熊一样,我的散热速度较慢。这片土地曾孕育了我的原始祖先,如今我却在这里备受煎熬。我的皮肤呈半透明状,总是黏糊糊的,并且相互摩擦——我之前可能提到过,我太胖了,根本适应不了这里。菌类钻到我的脚趾内,让我动弹不得。我总是感到口渴。

与其他大部分动物相比,人类之所以能够在更大的范围内生存,主要得益于对工具的依赖。如果没有火与衣服,我们只能局限在地球中部的热带地区。通过使用工具,加上能够从千变万化的环境中发现食物与安身之处,人类拓展了自己的生存空间,分布到了地球上的各个角落。

不过,尽管今天的人们能够非常容易地进行迁移,我们中的大部分人却仍然生活在自己的祖先通过进化所适应的环境中。因此,我现在要回家了。我的家所处的纬度适中,白天的长度随着季节变动交替变化。春夏秋冬,缓慢变化的环境能让我的身体轻松地适应。我在这里不会感到双手疼痛。只是在6月的某天,我会注意到,在整个冬季都很松的婚戒变得有点紧。接下来,虽然秋季的第一次寒流会让人有点不适应,但当它再次到来时,就基本上没什么感觉了,而且,过不了多久,我便可以穿着薄薄的毛衣铲雪,根本不在乎天气情况。

这就是我的家，位于北极与赤道之间的美国北部的东海岸。在这里，每立方英尺（1立方英尺≈0.028立方米）的空气质量为1.2盎司（约34克）。年降雨量约为42英寸（约1067毫米）。夏季中午的气温要比蒙古国戈壁低25℉（14℃）。这个纬度与我的祖先在欧洲进化时所处的纬度类似。因此，我的身体在这里能够发挥其最佳的功能。另外，得益于我们史前祖先的到处闯荡，我的身体也能够灵活地进行调节，让我在极其寒冷的北极和使人脚趾糜烂的热带生存。对此我刻骨铭心，充满感激。现在，我要回家了。

第五章

鸠占鹊巢:领地观念

人类是一种领地动物,其原因与其他很多动物一样:在熟悉的生态环境下,能够更快地完成每天获取食物与居所的工作,同时领地观念也降低了发生严重冲突的风险。通过利用栅栏、植物、石头、塑料鸟以及其他物品标明边界,人类发出这样一个信号:越界者会遭到攻击。

由于人类的社交本性,一处领地并不一定为其居民提供所有的需要。实际上,人们经常会将各自的领地聚集在共享的淡水、狩猎区或交通干线等资源周围。(这与很多领地动物的表现不同,它们的领地必须提供所有的需要。)不过,领地的品质具有深远的影响,因为如果领地质量不佳——嘈杂、拥挤、缺乏绿化——将影响其居民的身体健康。

当人类的领地受到入侵威胁时,与麻雀及其他领地动物一样,其居民同样具有主场优势。因此,在自己的地盘内,即使是较弱的一方也常常会取得胜利。另外,在领地受到强敌入侵时,与其他动物一样,人类的防御行为也表现出同样的等级结构。尽管存在主场优势,但第一选择通常是逃跑。人类在受到围攻时,第一选择是藏起来,其次是发出威胁,最后随着入侵者的迫近,选择进攻。女性由于一般体型较小,更容易受到暴力伤害,所以相比于男性,更多的时候是放弃自己的领地。

人类的领地受到了所谓聚居现象的影响。在过去,一个人的领地能够满足一个家庭的全部需要,冲突仅发生在边界处或受到入侵时。

到了现在,大部分人所宣称的是一个非常小的领地,而在公共领域寻找食物。因此,人类的领地冲突可能会更加频繁,但性质却可能更加温和,因为他们希望得到的不过是停车位及挠痒娃娃(Tickel Me Elmo)玩偶,而不是为了争夺事关生死的水源或抢女人。

人类领地的大小与形状

住在我家后院的乌鸦一家控制的整个领地约有8个城市街区那么大。它们也想扩大自己的领地,但问题是,那样的话它们的防线便会更长。因为这样大小的地盘已能够提供充足的食物,既有用于登高远望的大树,也有浓密的常绿树林用于睡觉与筑巢,因此它们将自己的王国限制在了这个范围内。有时候,我的乌鸦们(一对成鸟及它们的几个差不多已经长大的孩子)会潜入邻居们的领地,看看那里的蚯蚓是不是更肥美。如果被发现,在一阵喧嚣中,它们被赶回自己的家。因此,一般情况下,它们会待在家里,留着力气准备与另一群乌鸦展开大战。这也是很多动物自从在卵壳里便具有了领地性的原因。在大家约定了边界,并认为越界会导致麻烦后,便可大幅减少争斗次数。

如果人类不具备乌鸦这样的领地性,就可能会出现下列后果。假如你对自己的居所没有任何正式的权利,同样的,整个街区的人对于他们的居所也没有此等权利,一天下来,当大家全部下班时,人们便会疯狂地寻找居所。大部分人自然而然地会去寻找最舒适、最安全的居所。在一座有门卫把守的高楼前,一群人会争先恐后地冲进大楼。汽车会尖叫着驶向郊区,并在通往豪华寓所的道路上发生碰撞。你可能得花上几个小时去寻找比较适合且未被别人占领的居所。进入房间关上门后,你还要面对前一天晚上抢占了这里的居住者留下的一片狼藉。而且,这种情形也会发生在白天领薪水时。首先进入总裁办公室的人会抓起当日面值最大的那张支票,后来者只能去翻垃圾桶内的垃圾,搜罗一些丢下的硬币。这不是一种高效的生活方式。很多人情愿接受虽不太理想但仍可靠的领地。其他很多动物也有类似的感觉。

我的领地包括一座房屋以及周围的一些土地。房屋是小巧的平房结构,前面的门廊设计有助于和邻居们进行社交活动。这座房子建于1917年,当时这里的人口较为集中,生活方式也很简单。房子有3间设在高处的小卧室,每间卧室里有一个小衣柜。房子的后面接了几个新房间,里面有我这个新家过上现代生活所必需的空间与物品。

房屋的构造具有典型的人类居所的特点,即它的寿命要远远地超出人的寿命。这座房子里面住过不止四代人,建于我出生前半个世纪。这种现象在自然界并不常见。住在我家后院的老鼠所挖的巢穴在第二年便会被丢弃(经常会被大黄蜂占据)。狼挖的巢穴有时可以用上几年,它们常常是在每次产崽时才会挖掘新的巢穴。我家周围的乌鸦一年到头几乎用不着巢穴,只是在每年的4月份准备产卵时才需要营造新巢以保护产下的卵及幼鸟。与人类更为类似的是住在地下的哺乳动物,如草原犬鼠及旱獭,它们的洞穴也会一代代地重复利用。

在建造居所时,人类会使用任何容易获取的材料。在这方面,与我们最接近的可能算是石蛾和蓑蛾。这些昆虫的幼虫使用周围能找到的任何东西制成一个可移动的茧。对于石蛾而言,这种茧是在水下做出来的,算是石头房、茅草屋、枝条棚的混合构成物,都用胶粘在一起。蓑蛾使用植物枯死后留下的细纤维编织住所。同样地,我的居所原本也是使用1917年时大量存在的材料制成的。房子的地基是由当地的石头垒成的,而上层建筑的材料则取自当地的松树及杉树。全世界的人在可能的情况下,都更喜欢利用木材建造房屋。其次是石头,尽管这种房子仍需要使用木材制作屋顶。在气候寒冷、不长树木的地区,因纽特人及其他北方人使用冰雪建造房屋。在美洲平原上干旱而没有森林覆盖的地区,原住民使用稀疏的小枝条搭成框架,再在上面蒙上拉紧的毛皮。在东亚最深处的戈壁沙漠，旅行者报告发现了被抛弃的类似皮质房屋的框架，但这里的框架材料竟是恐龙化石。在人类为建造居所所想出的各种别出心裁的方法中，最吸引我的是土耳其中部的人通过掘进某种奇怪的软岩石所形成的房屋。人类居住在塔楼上、山谷中，甚至是深入地下13层的地下城中（人们在石头上雕出蚁穴似的家，并以蜿蜒的隧道相互连通）。有些塔楼高达75英尺（约23米），至今仍有人居住。

回到我自己的地盘。在我的房屋周围，有一小块田地，这也是我的领地。就人类的领地而言（至少是对农业社会到来之前或现存的狩猎-采集社会而言），这块领地太小了，只有1/5英亩（约800平方米）。相比于由7只乌鸦组成的家庭需要几英亩的领地来养活自己，我的这一小块土地看起来太危险了。一般来说，动物体型越大，其生存所需的领地也越大。一只老鼠只需要100平方英尺（约9平方米）的领地，一头大象则需要几百平方英里（1平方英里=2.59平方千米）的领地，而一小群狩猎-采集者也需要差不多同样大小的领地。如果我不得不仅仅依赖于我那1/5英亩的领地来获得我所需的一切，那么我不是渴死，就是吃光领地内的松鼠和旱獭后饿死。

但幸运的是，人类发明了农业，它改变了人类的地理分布。人类对于全功能领地的需要逐渐减弱。今天，我所吃的食物是在其他人的领地中生产的，这些领地分布于世界各地。我饮用的水不是来自我家后院的池塘，而是来自一个我很少去的乡镇内的湖泊。我身上衣服的纤维、桌子的木头、盘子的陶土，所有这些来自哪里，我只有一个模糊的概念。如果明天我失去了自己的所有领地，我照样活得好好的。今天，人类能够在小如公园内一条长凳的领地上生存。

纵观人类生存的整条时间线，这称得上是一个了不起的现象。至少科学家是这么认为的。观察一下人类近亲，即类人猿的生活，我们便能够大致了解早期的人科动物是如何划分世界的。黑猩猩以素食为主,一个黑猩猩团体包括20—100只雄性及雌性黑猩猩,共同拥有约7平方英里(约18平方千米)的领地。(对于资源条件差一些的领地,面积可能得扩大10倍。)这些黑猩猩平常分散在领地内,独自或与几名近亲一起寻找食物。当夜幕降临时,它们各自用一些树枝在树冠上搭建睡觉的地方。如果一只黑猩猩碰巧遇到其他黑猩猩,它们便会通过合作来捕杀疣猴。但一般情况下,一小群黑猩猩只会在领地的核心区域活动。领地的外围一般只供一伙雄性黑猩猩募集成员、巡逻及与相邻黑猩猩团体开战之用。

与黑猩猩相比,大猩猩的领地观念不太强烈。大猩猩团体内的成员数量较少,性格也比较温和。它们一天的觅食距离不会超出1英里(约1.6千米)。各个大猩猩团体都将活动范围限制在核心区域内,而且这些核心区域还常和邻居们的相重叠。在两个大猩猩团体遭遇时,也很少会发生战争。由此可见,我们的两个近亲表现出了不同的领地观念。经过我自己对那些与人类亲缘关系较为疏远的物种的领地模式的研究,我发现了非常多的领地划分方法:

◆ 在由1000只乌干达水羚羊(一种可爱的羚羊)组成的迁移大军中,只有少数雄性水羚羊能够赢得“交配领地”。这些领地被描述成是大草原中的高尔夫果岭群。每名冠军会站在自己的“果岭”上,瞪着自己的邻居,并等待着雌性顾客的到来。而雌性也不会惠顾没有赢得“果岭”的雄性。

◆ 对于大部分燕鸥及其他群居鸟类而言,一对伴侣在筑巢时,会与其他鸟巢保持足够的距离,以便它们能够探出身去,用喙威胁自己的邻居——而不会引发正面冲突。

◆ 乌黑白眉猴是西非的一种猴子,以家庭为单位进行活动,各组的活动范围重叠在一起,但为了避免发生不愉快的事情，各组领头的雄性有时会发出一种“洪亮的咯咯声”。这种声音可以让其他雄性带领自己的家庭成员离开这组族群的领地，避免了冲突的发生。

很多人类学家希望通过现代的狩猎-采集社会来寻找农业社会前人类划分领地的方法的线索。不过，这种比较并不是万无一失的，但确实也没有更好的研究方法。而且，同样是人类，也可能有不同的领地行为。以下是我尝试概括的一个大致的领地划分方法。

开始时，人类以小组行动，可能像黑猩猩和大猩猩一样，有着固定的领地。不过，资源的紧缺等原因可能会导致这些领地在不同程度上与其他领地相互重叠，并可能存在一定的冲突。在领地范围内，每个人类家庭（至少是女性与其后代），或许会每天晚上找一个私人的睡觉地方（或许这个地方在一个季节内都是固定的）。这是我个人的猜想，其依据是下面这些狩猎-采集社会的领地安排：

◆ 作家马修森（Peter Matthiessen）曾造访过生活在伊利安查亚的达尼部落，他们守护着自己明确的领地。一大群达尼人（类似于黑猩猩的群居规模）建起了一个半永久性的村落，并从事原始的农业活动。至于周围的邻居，有些被认为是盟友，有些则被视为最可恶的敌人。在边界处常发生流血冲突及袭击。在领地范围内，个人的居所按性别分开，婴儿、女孩与自己的母亲一起居住，而男孩则与父亲一起居住。

◆ 在卡拉哈里的布须曼人中，有30名成员的坤族族群占据的领地为300—1000平方英里（合770—2590平方千米）。这些领地可能与一些定居牧场主的牧场相重叠，但因为两种文化使用不同的资源，所以不会产生冲突。相邻的坤族族群的领地可能会相互重叠，但分享水源及其他稀有资源的传统避免了彼此发生暴力冲突的风险。个人的领地包括临时搭建的茅草屋,一般只用来睡觉——里面住着一对夫妇及他们的后代。

◆ 刚果民主共和国境内的姆布蒂俾格米人占据的领地形似梳齿,原因在于他们需要依赖两种不同性质的资源。在雨季,各个族群迁移到梳齿的根部,这里有一条道路连通。这里的班图农场主自古以来便使用物品交换俾格米人的劳动力,直到森林再次恢复生机。位于各姆布蒂族群领地底部的这些农场是他们此时生活资料的来源。在森林干枯时,姆布蒂人返回,一年中的其他时间都在自己的梳齿形领地上漂泊。班图农场主认为森林没有利用价值,所以他们也不去侵扰姆布蒂俾格米人的领地。

关于领地,有几个常见的观念。首先,典型的生存文化将其领地或全部领地看成是世界的中心。这在任何没有地图及地球仪的文化里都是可以理解的。其次,他们经常将自己看成是“伟大的人”、“真正的人”、“土地的主人”,或存在其他类似的以自我为中心的观念。最后,他们共同持有这样一种观念,即他们的身份是与自己的出生地紧密相连的。一名年轻的女性,虽然离开自己的群体,与外地的男性结合,但仍然认为自己属于故土。人老了之后,有时会尽量安排自己的最终行程,以便落叶归根。

尽管我不会说我认为自己的领地是世界中心,但对于其他两个观念却是深有同感。虽然我现在住在南波特兰,但我仍认为自己是“缅因州布斯贝港人”,因为那里是我长大的地方。尽管童年时那个与世隔绝的农场如今对我已没有一点吸引力,但那里是我自己身份的核心。当然,很多人都希望能够落叶归根。虽然今天很少有人会在自己死前回到“家”,但很多人在死后仍被安葬在故土。

因为大部分现代人只占有非常小的领地,所以很少会把死去的人埋葬在他的住所附近。随着社会分工越来越细,每个人的领地只保留了极少的功能。所以,相比于两万年前,我的领地如此之小也就不足为奇了。与乌鸦一样,我能够占有更大的领地,但保卫过大的领地需要花费过多的时间。

此外,我的领地也变得越来越分散。乡村的共用地及各种中心是每名成员的一个新的共享领地。因此,公墓也成了我的个人资产的一部分。同样,街道、市中心的公园以及向东两个街区的沙滩,都是我的一部分资产。从这个角度来讲,我的领地绝对越过了缅因州的州界,虽然缅因州与我的出生地一样,已成为我的身份的不可分割的一部分。缅因,尽管只是地图上一块被曲线围住的区域,但感觉上就是我自己的财产。整个美国对于我而言也会让我产生归属感。如果界线继续扩大,将加拿大包括在内,则我的归属感会减弱;如果将整个南美洲都包括在内,则这种归属感便会进一步减弱。如果界线继续扩大,我家族的领地历史让我对欧洲西北部也有亲切感。超出这个界线后,我的领地感彻底消退。我不会认为亚洲是我的领地,南极对于我而言也太陌生。我不知道乌鸦是否有同样的感觉:整个缅因州南部,甚至新英格兰或北美,虽然不是它们的家,但却让它们有家的感觉。

越大、越高、越湿润越好

我的领地非常安全且有吸引力,但却不是最好的领地。如何衡量现代人的领地的质量是一个弹性很大的问题,原因是不同的文化对于这个问题持有不同的标准。例如,对于游牧文化而言,理想的领地应该宽广且草木茂盛。然而,对于捕鱼文化而言,人们便会舍弃草地而选择最好的船坞。在我所处的文化中,由于将所有的资源全都转化为金钱,而且金钱已成为地位的象征,所以一个领地最重要的功能是表现出这种地位。根据这种文化,拥有最安全的巢穴的乌鸦,比不上那些住在包了金的树上的乌鸦。

因为人类的地位目前已与自然资源相分离,所以领地财富的象征也具有极大的随机性。因此,现代人对于领地判断的标准也会随着时尚潮流而变化。一年前,最好的领地是加勒比海上的小岛,再过一年,则变成前往国际空间站的俄罗斯飞船。也许再过一年,又变成了阿尔卑斯山上的城堡或前往地心的电梯。在大部分现代文化中,这也是宣称领地的主要方式:当前流行的是竞相获得稀有的物品。如果乌干达的水羚羊也根据这些规则行事,那么雄鹿们第一年争夺的是"高尔夫果岭",第二年它们便要为争夺观光游艇上的繁殖地而打得头破血流。根据人类的文化,我的领地在提供食物及居所方面的意义并不大,主要是为了体现我的经济地位。

尽管我的领地已收缩得很小,而且还要面临不断变化的潮流动向,但它还是能够满足一些原始的需要。即使今天人类已与其居住的土地严重脱离,但研究表明,我们在确定潜在领地时,仍下意识地有一张选择表。解释这种原始渴望的首要理论是大草原假说。该假说认为人类会更喜欢那些能够唤起他们对于非洲大草原的种种回忆的东西,因为那里是人类的发源地。我们渴望有宽阔的视野、肥壮的羚羊,还得有一些树木,以便在狮子出现时能够爬上去躲避。研究已表明,孩子们格外喜欢这种场景,而成年人则不太明显。

近来,大草原假说正在被一般进化假说超越。一般进化假说认为,我们真正需要的还有很多:虽然宽阔的视野不错,但我们还需要水、山、躲藏的地方;这里的草不能太高,以便我们能及时发现狮子;这里的环境要多样化,以提供各种可供我们食用的植物和动物。另外,景观的变化也便于我们确定地标以进行导航。最后,我们需要领地内有一些神秘的元素——河流蜿蜒流向看不到的地方，或者山脉挡住了我们的视线……一般进化假说认为，我们保留着一个原始的愿望，从中能够获得不断探索的力量。地方美术博物馆关于“通俗写实场景”部分，便是这个理想的风景的一个极好的示例。

今天，很少有人能够保留这样美好的领地。保卫一个有山有树有水的草原的成本，在过去5000年里呈大幅上升态势，但我们似乎已将上面的这一份长长的清单浓缩成几个可承受的特点。很多人似乎已经同意：宽阔的视野是好的，不管视线所及是否属于自己的领地；有水的地方是好地方；面积大的地方是好地方；周围满是绿色，要好于死气沉沉的棕褐色。如果根据这些标准来判断现代的领地，那么让我们在附近走走，找一找哪里有最好（资源最丰富）的领地吧！

离开我自己的王国（有很多绿色植物，面积较大，但视线受到树木的阻挡），让我们向山上行进。这里是会厅山的山顶，上面有几座这个城镇中最宏伟的老房子。这些房子比我的房子大上一倍。如果不是周围的城市森林已长得太高，从这里一定可以望到远处的地平线，还可以看到隐隐约约出现在西边远处的华盛顿峰。向东（仍被取代了草场的树木阻挡）应该可以看到卡斯科湾。这些领地占据的是整个风景中的一个高点，所以视线非常开阔。（不过，每建一个新的居所，便会栽下一些小树，以满足人们对于绿色的期望。几十年下来，便形成了一片树林。）

高度之所以占据着人类愿望清单的首要位置，主要在于其得天独厚的景观优势。建筑的历史与山顶是分不开的：在欧洲，山上的城镇把守着制高点。墨西哥的玛雅人用石头垒起假山，而美洲南部的筑墩人通过堆土堆的方法，使人占据的高度超出了周围的森林。马可波罗（Marco Polo）在北京旅行期间，发现了一座皇家假山，高100步，长宽各1英里，山顶上建有一座宫殿。

理论家认为我们之所以喜欢高处,是因为这是有视觉动物的一种本能。我们渴望尽早发现食物(可能是一群游荡的鹿或远处树上成熟的水果),以及潜在的捕食者(不安分的狮子或正在接近的敌人)。在进化过程中,那些选择视线开阔的营地的人,处境要好于那些选择在山谷中扎营的人,因此这种喜好被植入基因,变成了一种生物冲动。乌鸦会本能地选择最高的枯树来监视自己的领地,其中的原因基本相同。类似的还有,海鸥栖息在烟囱上,狼会选择在高处监控自己的王国,并发出嗥叫。

现代文明以多种方式满足人类的这一喜好,其中一种方式便是建造高层建筑。现代人以钢筋混凝土制造"高山",并将它们分成无数块领地,用来出租或出售。自电梯发明以来,一个一成不变的规则是人们都喜欢住在最高层。在酒店里,最贵的套房一定是在顶层。在公寓楼中也是这样,顶楼的价格最高。2006年,据《福布斯》(*Forbes*)杂志报道,人们会为顶层房子多支付50%的成本,尽管除了高度之外,它们与低楼层的房子没什么两样。有时候,对于这些稀有领地的争夺会达到白热化状态。《福布斯》杂志报料,曼哈顿一所公寓的顶层套间售价高达7000万美元——相比于我那座海拔只有30英尺(约9米)的矮房子,每平方英尺(1平方英尺≈0.09平方米)的售价高35倍。

关于人类为什么喜欢住在高处的研究并不多,而且我搜集到的资料很多都是住在学生宿舍的大学生们完成的。尽管如此,透过他们对于自己房间的反应,我们还是能够加深对于这一问题的了解的。住在低层的学生常常感到自己的房间太小,不够私密;而住在高层同样房间内的学生却认为自己的房间明亮、安静、宽敞。不过,爬得太高,也是要付出代价的。一些零散的研究表明,住得过高容易导致心理健康问题。住在高层建筑内的儿童更容易表现出心理健康问题的症状。有一项研究发现,为了心理健康着想,最佳的居住环境是单层的家庭式居所,就像我家那样。但在大多数此类研究中,科学家并没有确定哪一项更重要——是满足住在高层建筑中的愿望,还是特定人群的神经衰弱问题。

继续我们的探索。让我们离开我家往山下走,一直走到那片海滩。沿着海滩,可以看到破旧的小木屋与崭新的宅第交替分布。在我们这儿,也包括世界上很多有钱人住的地方,人们已对山顶失去了兴趣,取而代之的是水景房。这代表着一种有趣的回归现象。就在几十年前,人类还认为倒入湖泊、河流以及海洋中的垃圾会消失不见,实际上这种想法有史以来从未发生过变化。任何东西,不管是人的尸体、污水,还是工业化学品,都被排到了这些非常方便的下水道中(在很多贫穷的国家,情况仍是如此)。随着乡村逐步发展为城市,那些有钱人便离开了发出恶臭的水体。过去,在我居住的这个宁静的小镇上,海滩被汽油罐、破旧的码头以及停车场所包围。潮水退去的时候,污泥中到处可见往年被丢掉的瓶子和破碎的瓷器。然而,在发达国家,随着环境法规的加强,水环境正在得到有效改善,人们从厌水转变为亲水。如今,如果有人希望显示自己的实力,他就会到山下购买一座靠近海滩的渔民的破房子,拆掉后重建一个视线好且亲水的居所。

人类渴望亲近水,正如人类渴望拥有开阔的视线一样。一组国际研究人员要求432名来自4个洲的受试者对一幅场景中一系列他们喜欢(或讨厌)的地方进行评分,结果表明他们喜欢(或讨厌)的地方相当具有普遍性。各种水景景观占据了10项最佳选择中的5项。受污染的水域——黄色的池塘、绿色的沼泽,以及到处是死鱼的沙滩——是人们最不愿意看到的景象。综合这些人们喜欢与讨厌的地方,可以看出,人们喜欢水是喜欢水的“健康”。我们毕竟是源自潮湿地带的动物,每天都需要摄入水。实际上,自然界中最健康的水体,即瀑布,是最受欢迎的。(快速流动的水可以防止蚊子及其他害虫的滋生,同时水在从高处落下时,可吸收氧气,有助于水的净化。)不过我想,水对于我们的吸引力也反映了我们得食用那些同样被水吸引的植物和动物。人类与其他众多捕食者一样,也会经常盯着水源,等待口渴的猎物进入狩猎范围。(人类也与其他很多动物一样,对于黄色的水心存疑虑,因为这种颜色的水表示水中可能潜伏着鳄鱼,或存在其他危险。)因此,如果在我的领地附近加上潺潺流动的小溪或瀑布,则一定可以提高它的档次。

提高领地档次的又一个方法是扩大面积。人类当前拥有的文化认为,居所(以及某种程度上居所周围的领地)越大,代表的经济实力便越强。按"每个房间的人数"这个国际标准来衡量,我的房屋是非常宽敞的。我的配偶、他的两个孩子及我本人,按4个人计算,每个房间的人数约为1/3人。一般西欧人的居住密度是这一密度的两倍,而波兰人的平均居住密度是这一密度的5倍,每个房间约有1.5人。用另一种常见方法来衡量,结果也同样惊人:我的房子的人均居住面积为600平方英尺(56平方米)。这一水平相当于华盛顿特区的平均水平,而在一项涉及50座国际化城市的研究中,华盛顿特区的居住空间是最大的。(其他居住空间较大的城市包括墨尔本、多伦多、奥斯陆和斯德哥尔摩,不过华盛顿特区的人均居住面积比这些城市仍要多出1/3。)如果将我的住所与贫穷国家相比,达卡的孟加拉国人的人均居住面积只有40平方英尺(3.7平方米)——比一张大床的面积还小。在内罗毕(肯尼亚)、达累斯萨拉姆(坦桑尼亚)和安塔那那利佛(马达加斯加),人均居住面积也只有55平方英尺(5.1平方米)。如果按这样的人均水平计算,我的家够住26个人。综上所述,我的领地确实是非常之好。

但是,还有更大的房子。让我们沿着海岸前进,远离城镇及工业区。在靠近大海的地方,房子一下子变得非常大。看过了这些房子,即便是我家附近靠海滩的那些新宅第也会显得非常矮小。这里有岩石海岸和湾头滩,高高的石头墙形成用于防护的边界线,房屋上面有大树遮着。这些巨型建筑物至少都有一个世纪的历史,当时供一个家庭及其佣人们居住。每幢房子都有4个我的家那么大。不管是从海上还是从陆地经过,你一眼就能看出来,这些房子的现代拥有者靠这些家产发了大财。

这样大的房子及领地花费极大。如果一个领地发挥的作用超出了基本的需求,其效率不免低下。领地内的居住者,不管是一只麻雀还是一群狮子,都不得不花费更多的时间与精力来维护这样的领地。但在很多情况下,动物必须违反效率的原则。椋鸟唱歌,并不是因为唱歌是一种有效率的方式。它发出颤鸣和啾啾声,只要体内脂肪允许,能多大声就多大声。在表演了自己具备的所有本领后,大量雌鸟便会聚集到它的树下,欣赏它的漂亮巢穴。正是由于不考虑经济问题,它才能选择到最强壮、最勇敢的雌鸟来抚育自己的下一代。

人类的行为比较复杂,因为他们的领地除了提供居所的功能外,常常还具备象征性的功能。人类特别的文化使他们正逐渐远离交配、繁殖等生物方面的要求。几乎所有其他生物(在这个意义上,还包括植物)都把全部精力用于追求这样一个目标:保持健康,以繁殖尽可能多的后代。不过,这一目标对于人类已不再适用。尽管在一些极度贫穷的地方,这仍是一个主要的目标,但目前的趋势是后代越来越少或甚至没有后代。在这种奇怪的情形下,很多人的行为看起来是没有意义的。比如,为什么一对夫妇努力打拼,积累了可观的财富,却没有生育后代的计划?对于这个问题,在生物学上没有一个明确的答案。我觉得现代人的处境有点类似家猫的处境。一袋袋的猫粮使得猫不再需要一个有很多老鼠及小鸟的足够大的领地,但是,猫仍保留着保卫领地及捕捉小鸟的本能,只是它们已经没有胃口再去吃捕来的小鸟。我估计人类也是一样,对于一个能够养家糊口的领地的追求只是出于古老的本能。

这些宏伟的老建筑四周都是苍天古树,在这些大树的下面是盛开的杜鹃花、葱绿的树篱以及一簇簇的其他花朵。在宽广的领地内,生长着各种各样的植物。随着我们向城镇行进,绿色植物越来越少,而在住宅区中心,则完全看不到植物的存在,住在公寓中的人只能在自家的窗台上养几盆蕨类植物。

嘈杂拥挤:危机四伏的领地

比起海边的房子,我自己的房子很不起眼。它没有那些房子高大,坐落在低矮的山坡上,视野也不够开阔,无法欣赏围堵大象的场面。而且除了供鸟儿嬉戏的水盆外,我的领地内也没有任何水源。尽管如此,我的房子并不是最糟糕的。

像我这样的房子,里面可以住26个人。拥挤的环境并不适合人类。实际上,很少有动物喜欢拥挤的环境。对于很多动物而言,攻击性事件的发生次数与群体的数量成正比。如果一个笼子内的兔子数量过多,那么即使食物充足,它们的攻击性也会大大增强,而交配次数和繁殖的后代的数量则相应减少。老鼠也有这方面的倾向。但不同的是,雄鼠在拥挤的环境下会感受到压力,而雌鼠没受到什么影响。我期望两种性别能够表现出不同的自然史,事实也确实如此。拥挤的环境对于男性负面影响很大。很多针对拥挤问题展开的研究关注的都是犯人、难民及其他失去领地控制权的人,所以无法提供一个清晰的结论。不过,如果把几名男囚犯关在一间牢房内,而把几名女囚犯关在另一间牢房内,男囚犯会出现更多的健康问题。根据一项研究,即使只是让很多男性住在同一座房子里,他们也会感到不适。在印度的家庭中,由于拥挤的环境,男孩出现高血压的比率比女孩高。在一个拥挤的环境中,让男性与不希望接触的人发生身体接触,也会导致他们的压力指数的上升。

但是,拥挤的环境也会给年轻的女孩带来负面影响。所有的年轻人都容易失去对个人生活的控制感。一般来说,生活在拥挤环境下的人为自己打算、请求帮助以及进行社交活动的能力要弱于其他人。女性更容易出现“习得性无助”(learned helplessness)问题。对于人均居住面积极小的坦桑尼亚人而言,这无疑是一个令人悲哀的结论。

但是,与世隔绝的领地也不是一个理想的居所。(关于独居的研究主要集中于老年人,所以相关结论的可适用性也得打上折扣。)尽管所有独居的老人都有可能出现情绪低落和抑郁,但女性更容易表现出这种倾向。在领地中独居的男性感受到的痛苦并不太强烈。不过,独居本身并不一定会导致女性受到伤害:一项来自澳大利亚的研究表明,相比于独居的男性,独居的女性更愿意积极参加社交活动,因此,她们报告出现孤独感的比例并不高。(这项罕见的研究仅针对25—44岁的人。)

虽然男性可能不会因为孤独而出现心理问题,但我们都知道,没有女性陪伴在身边,男性的身体更容易出现每况愈下的情形。比起和配偶一起生活的男性,独居的男性更容易患病,寿命也更短。这一现象似乎更多反映的是文化问题,而不是生物学问题:在生活富裕时,女性会敦促自己的配偶注意细小的健康问题,以防它们发展成大病。尽管关于这方面的研究还很不充分,但我们有理由相信,人类男女的表现与老鼠雄雌两性的表现类似:对于老鼠的研究表明,比起有一两名同伴的老鼠,一只孤零零的老鼠更容易出现精神问题。

除了拥挤和孤独之外,还有很多因素可能导致居住环境令人厌恶。人类不喜欢嘈杂、光线昏暗或只能看到四周建筑物的居住环境。住在安静、光线充足且能够看到大自然绿色植物的房子里的人,表示自己的生活压力较小,而且很有生活富足感。医院的病人如果能够看到绿色的植物,那么比起那些只能盯着钢筋混凝土建筑看的病人,康复的速度会更快一些。如果无法完全控制居所,也会带来压力。根据在苏格兰进行的一项研究,即使去除了收入较低这个影响因素,那些花钱借用别人居所的人——租房者——比起拥有房屋产权的人,更容易出现健康问题,且寿命更短。不管人们对于居住环境的厌恶是因为何种原因,所有恶劣的居住环境都会对其中的居住者造成压力,这种压力进而会导致很多身体健康问题。居住环境不好,对你的健康有害。

上述这些居住环境问题,在那些缺乏经济实力的人中间会更加严重。这也不由得让人想起芝加哥一个声名狼藉的住宅项目,即卡布里尼-格林房地产项目。居住在这种特殊的高层建筑中的人,并不会有任何自豪感。高楼层的人(有些高楼已被拆除)可以享受较好的视野,可惜他们只能享受到这些。很多住在这些公寓里的家庭,感觉自己像住在牢房里一样。整天都可以听到刺耳的音乐声,由于暴力活动猖獗,在公用楼道中行走或乘坐电梯都需要承担很大的风险。很多年轻男子聚集在一起组成帮派,为了争夺销售毒品及栖身的地盘,他们经常大打出手。在如何为那些无力独自维护自己领地的人提供居所方面,这个房地产项目是一个反面教材。

对于大多数动物而言,如果自己的领地又脏又臭,会面临非常困难的处境。对于雄鸟而言,如果不能找到一个有吸引力的巢,那么雌鸟便会投入其他雄鸟的怀抱,而它自己就只能坐冷板凳了。有些雌鸟情愿做“有房者”的“小妾”,也不愿意做“无房者”的“夫人”。尽管当小妾会降低它建立健康家庭的机会,但如果居住环境不好,同样也会产生不良后果。即使是那些选择了破巢的雌鸟,也不会繁育太多的后代。当然,破巢导致的不良后果绝不限于上述这些。雄性大角鸮如果不能确定自己的领地,则只能偷偷地进入其他鸟的领地获得食物。它们完全没有获得交配的机会。在雪兔消失后,首先挨饿的就是这些无家可归的“流浪者”,它们甚至有可能被饿死。那些被年轻狮子逐出狮群的年迈的狮子,也会面临同样的命运。更为凄惨的是无家可归的划蝽,它将被它的竞争者吃掉。

不可避免的入侵

人类为什么侵入别人的领地？毕竟，对于动物而言，领地性之所以有效，部分原因是它能尽量减少竞争者之间的接触与冲突。那么为什么又要破坏这样的平衡？要回答这个问题，让我们回过头来再看一下我的领地。我想如果我们回到远古时代，我的领地便能够说明某些闯入他人领地的动机。

在我家附近，一旦冰川消退，而肥壮的驯鹿也从南方回来了，对领地的争夺便开始上演。在有文字记载前，这片土地可能见证过无数起一个部落被另一个部落赶走的事件。第一起有文献记录的事件，讲述的是一群欧洲探险者的故事，他们藏身于船上，估算着这片土地的好坏，当时这里由阿姆奇克伊斯部落控制。毕竟，如果这片领地没多大价值，那么入侵便毫无意义。因此，欧洲人所做的和乌鸦常干的事没什么两样。他们跨入边界线一点点，四下张望。当乌鸦这样做的时候，它们总是（迄今为止）得出结论，里面的资源（蚯蚓及用于做巢的树）不值得发动战争，所以它们便会回家而不采取行动。然而，对于欧洲人而言，由于面临着国内人口膨胀的困境，这片被森林覆盖的领地，加上海洋中丰富的鱼类资源，便具有了不可阻挡的诱惑力。他们回到家便开始酝酿一个适当的入侵计划。

17世纪早期，英国定居者首先确定了自己在阿姆奇克伊斯人领地中的位置。我们无从得知他们是礼貌地请求获得宿营的许可，还是旁若无人地自顾自定居了下来。不同的入侵者使用不同的方式，具体情形取决于他们的文化道德背景。在我所处的生态系统中，英国农场主逐步向海岸推进。在这样做的过程中，并没有发生什么冲突，但他们都有一种错误的看法：如果一块土地没有人声称拥有所有权，那么他们便可以自由地占有这块土地（这是他们在欧洲的惯例）。这种看法给后来的入侵者造成了极大的困扰。而印第安人的看法是,整个水源地及山脉都属于一个共享领地,理所当然地不归任何个人所拥有。然而,英国人对于印第安人的这种看法一无所知。

真是难得糊涂。在英国,所有的领地均已有主。那些希望通过扩大土地以增加权力的人,首先得发现新土地。因此,投资者将农夫们派遣到我们这儿,划分出新的领地,并开始生产家畜及粮食。这也是入侵的一个原因。现在,大部分能够积累财富的领地都已有了明确的主人,所以,这种可以大量获得土地的机会确实不多。

如今,在我所住的地方,最常见的入侵方法是"小偷小摸"。在领地动物中,这是一种由来已久的策略,因为这样既可以获取相邻领地的有用之物,又可以避免真正控制领地而带来的麻烦。对于乌鸦来说,它们实践这一策略的方法便是悄悄地越过边界,抓来几条蚯蚓,得手后便飞快地逃回家,防止被发现。这种策略的好处在于它可以保留自己的资源,并(希望)避免发生争斗。对于人类社会及动物世界,这同样是最好的策略。在我们这个地方,从事这种小偷小摸行径的多为年轻男子。与乌鸦一样,他们会潜入别人的领地偷窃珠宝和电子产品,得手后便立即逃跑。如果不巧被主人发现,便有可能发生打斗,但他们更希望逃回到自己安全的居所。

到目前为止,我家还未曾失窃过。不过,有迹象表明,入侵者曾对屋内的财产进行过评估。有一次,一名不速之客离开后没有关上后门。还有一次,一个小偷爬上地下室的门,向窗内张望,并在雪地上留下了痕迹。房子周围的东西不会引起小偷的兴趣——割草机、梯子、鸟食容器等,这些东西不是太过沉重就是体积太大,不适合作为盗窃的对象。

周围的领地对于我的领地也有一定的保护作用,因为这些领地的业主大多拥有充足的资源。不管是对周围的邻居还是对我本人来讲,入侵别人领地可能带来的麻烦远远超出获得的收益。正因为如此,我们会安分地待在家里。而在较贫穷的地区,情况就不是这样。在我之前住过的一个社区里,入侵的好处常使风险看起来微不足道。对于入侵者而言,熟悉环境是一个很重要的因素,所以自己的邻居是一个很好的入侵对象。在这个地方,很多人都知道一个骨瘦如柴的小偷,他的头发乱蓬蓬的,衣服很肥大,好像从来没有洗过。他走路的样子很紧张,与当地的环境很匹配,但如果他这样的人来到我现在住的地方,绝对会非常醒目。在这里,贵妇们推着婴儿车,一对对夫妇带着爱犬四处溜达,因此,他的一举一动都会与周围的一切格格不入。在大街上,人们会注意他的一举一动。如果他离开大道,消失在某处后院中,便可能有人开始着手调查。正因为如此,小偷小摸的人常常流窜到与他自己的领地类似的地方。犯罪统计数据也揭示了这一模式:租赁地比起私家住宅更容易被侵犯,同样,拥挤的地方以及看起来无人过问的地方也容易成为入侵目标。

不过,我的领地也经常被侵犯。今天早上,我们的邻居休(Hugh)先生在我家门外敲门。尽管门没有上锁,但直到我去开门并站在一边后他才进来。他的这种表现表明,在我的领地内,不会有冒犯行为。这是和平入侵的一个基本规则:如果你没有携带武器而且举止得体,那么你便可以在不发生争斗的情况下进入别人的领地。如果大家意气相投,我可能还会主动向你提供一些资源——给一些糖果,一起玩扑克,以及晚上留宿。乌鸦(和我一样,也是一种社交性动物)也会接待友好的访问者,特别是一个家庭的来访。小乌鸦长大成家并搬到其他领地上后,还会定期回老家,很像人类在休假时的走亲访友。

谈到家庭,家人属于一类特殊的入侵者。尽管人类的家庭成员可能会共享领地及居所,但他们不太可能共享里面的所有东西。例如,在我的居所内,我和配偶只是平均地分享少数几间房间。其他地方被不可见的界线所分隔,例如,餐厅的餐桌我占有1/2。当我配偶的文件、钥匙和书放在我这一半(更整洁的一半)时,我便会轻轻地将它们放回原处。我的办公室是属于我的,每份文件、每箱书、狗毛风滚草,全都归我。床他占了一半,柜子他也占一半,他儿子的卧室在无形中也被他占据。这种情况在人类家庭中相当普遍:每个家庭成员宣布对于某些东西拥有所有权,不管它是一个小棚屋的地上铺的一条毯子,还是一座大宅第的一个套间。

除了居所之外,我的领地还是很容易侵入的。虽然周围有围栏,可以防止狗进入,但门并没有上锁,任何人只要拔掉插销就可以进来。这是一种很典型的领地。对我而言,居所是"核心区域",这一区域对于我的生存具有至关重要的意义。而对乌鸦而言,领地的核心区域每年春季会随着巢的转移而变化。乌鸦的核心区域还包括一个最好的蚯蚓生长区,还可能包括一个水源地。乌鸦及我的外围领地也包含一些资源,但其还充当缓冲区的功能。在我的领地的缓冲区内,邻家的一个男孩不时地将棒球扔到里面,以便找个借口翻过篱笆墙。另一位邻居则放任他的猫在这里捕食小鸟。到了夏天,村里那些游手好闲的人(每个地方都有)制造出大量的噪声侵犯我的缓冲区的领空。

至于我扩展到公共领域内的领地,则更容易受到侵犯。就在几天前,我发现自己在镇上的鱼市的位置被挪动了。我们这些正常利用这一公共领域的人,都把车子停在专门标了颜色的地方。但那天在我准备停车时,一辆很大的挂着外地牌照的豪车停在了那里,占据了3个标了颜色的车位,并且挡住了前门。在我进去时,3名衣着华丽的老妇女正在测试两个年轻小伙子保卫自己商铺的能力。"我估计他们连怎么抓鱼都不会。"一名妇女用沙哑的嗓子大声说道。小伙子们容忍了她们的挑衅行为,并拿回了属于自己的东西,看着悻悻离去的3名妇女,他们还故意大声喊:"谢谢!"我没有与入侵者发生冲突,而是停在一旁等着,因为我知道不需要争斗,我马上就能够收回自己的公共领地。

防御的义务

只要人类拥有属于自己的领地，便需要对其进行防御，防止入侵者的闯入。竞争者必须明白，越过边界会导致可怕的后果。最主动的防御方式是在边界处做出明显的标志。老虎会划开树皮，并以尿液、肛门腺分泌物及大便散发的气味来标明边界。乌鸦及其他很多鸟类会落在自己的领地内的不同地方，来表明一个特定的领地要求。河狸用河里的泥巴在自己属地四周堆起很多小土堆。对人类而言，我们标明边界的方法可以说数不胜数。

我认同的是典型的西方模式。陌生人在接近我的领地时，首先会注意到在公共人行道与我的领地之间的树篱。入侵者会注意到，有一条小路从人行道上分出，并穿过树篱中的一段缺口。然后，拾级而上，到达一个上面有顶的门廊。最后，是一道门。入侵者离核心区域越近，我的防御工事便越坚固。与此同时，我在屋内会首先通过一道玻璃门观察他，再决定是否打开门。正如人类几千年来一直做的那样，我也养了一条狗，不管来访者是朋友还是敌人，它都会发出警告。

但是，这样的防御并不坚固。我以前住在纽约时，外围的防护不是可以轻松越过的树篱，而是铸铁做的围栏。另外还有两道门，把手里没有钥匙的人拒之门外。进入里面，我住的地方位于3楼，门上还有锁。我的朋友住在这栋楼的底楼，他们的窗前都有铸铁条封着，门前还有栅栏。一个邻居在花园内的灌木盆景被小偷搬走后，干脆用链条将新拿来的盆景与围栏拴在一起，以表示他保卫自己财产的决心。

如今，即使是上述这些方法也已经过时了。人类最先进的标明边界的方法，让人不由得想起农业出现后所形成的最早的人类定居点。今天，全封闭小区里面有很多房屋集中在一起，四周是高墙，用于防止入侵者进入。这些定居点的出入口极少，而且还有人员或电子设备负责警戒。这些地方很少会成为入侵的对象。

不久的将来，可能还会回归到古老的"吊梯"防御法。北英格兰城堡的石头墙厚达3英尺（约0.9米），窗子呈箭形展开，看起来绝对没有欢迎外来者的意思。地面厩棚与楼上住所只通过梯子连接。在即将受到侵犯时，领地主人会爬上楼，并拉起梯子。以梯子设防的方法在世界各地均有运用。在土耳其的厄赫拉热，我有一次发现了一条长长的峡谷，崖壁上分布着黑色的门廊与窗子，而且离地面都有10—20英尺（约3—6米）。我知道在这些门的后面，是古代通过开凿较软的岩层而形成的教堂、储藏室及房屋。有的还有一些古老的梯子。然而，我根本无法进到里面。假如我是一名入侵者，面对这样的结构，我会感到完全无从下手。想到这里，我发现高层建筑中带钥匙的电梯或许能达到同样的效果。虽然梯子与电梯都不能够保证万无一失，但这两种方法或许都能提高位于街区转角处的公寓的防盗能力，而根据犯罪统计数据，这个地方最容易受到小偷的青睐。

迄今为止，我还从未经历过对我的居所的恶意入侵，因此我也不知道我能采取何种程度的防御方法。我知道的是，我对于自己的外围领地受到的入侵已感到非常不悦。对于邻居家的男孩穿过树篱，我还不是太讨厌。最让我反感的是，有人放任他们的杂草及生性残忍的猫侵入我的领地。

这种情况产生了一个有趣的问题：几乎在所有情况下，动物的领地防御行为仅针对同种动物。例如，我这里的乌鸦对于院子里的金翅雀、松鼠和旱獭一点都不在意。同样，金翅雀也是如此，它们只会与其他金翅雀发生小冲突，而不会去妨碍山雀与朱雀。在一定程度上，它们也不会与人发生冲突。因此，在我的领地，我与这些动植物愉快地生活在一起。实际上，这种原生态环境不仅让我获得美的享受，而且还得到了道德方面的利益。然而，我的利益受到了猫、英国麻雀、欧洲椋鸟、日本竹以及南蛇藤的威胁。所有这些生物都与我们称之为家的地盘上生长的原生动植物争夺生存地。所以，我对它们采取了防御措施（工具是除草机与大剪刀，还有一些其他比较方便的工具），只要它们入侵，就立即予以消灭。

如果有人恶意地穿过防线进入我的居所，我会作何反应？没有面对过入侵者的人无法给出这个问题的答案。不过，有理由相信，我的反应可能与其他领地动物的反应类似。所谓的"逃跑距离等级"，说明处于防御地位的动物会根据入侵者与自己的距离采取相应的行动。这是一个非常直观的理论。想象一下你在自己的居室内发现了一名入侵者。如果入侵者与你的距离比较远，最有可能的反应——不管是对于人，还是对于其他动物——是逃跑。如果入侵者比较近，你逃跑的举动会引起他的注意，那么你便可能选择躲藏（其他动物还常有一种"冻结"反应）。如果与入侵者的距离更近，那么可供你选择的方案便会减少。你将被迫面对入侵者，并发出防御性的威胁。浣熊如果被逼上绝路，会发出嘶叫声及吼声；而人则可能会尖叫或抓起一把餐刀。最后，如果入侵者与你的距离太近，所有的选择方案都不可能实施时，你便可能像俗话说的那样做困兽之斗。最后这种方法是最不可取的，也是最危险的，对于任何动物而言都是如此。如果有逃跑的机会，大部分动物都会毫不犹豫地选择逃跑。母狮在发现有狮群入侵时，它们采取的行动非常有创意。它们会仔细倾听，通过吼声的数量判断狮子的数量。如果"远征军"的数量较少，那么本土作战的狮群便会群起赶走入侵者。如果数量较多，那么便会任其掳夺——除非资源极缺。

对于人类而言，女性更倾向于避免争斗。最近一项研究表明，面对各种威胁，男性与女性的反应存在显著差异。女性一看到麻烦，更可能逃跑或躲藏。面对同样的情景——有陌生人从灌木丛后面跳出来，或某人在撞到你后勃然大怒——男性更倾向于搞清楚情况或寻找武器。

整体而言，女性会更快地大声呼叫以寻求帮助，而男性在任何情形下，都不愿意利用这种反应。我知道自己在极度恐惧的情况下，让别人知晓我的危险的本能非常强烈，所以会不由自主地发出尖叫。

幸运的是，并不是每次入侵企图都会导致此等决战场面。一般情况下，展开竞争的两方都会有机会掂量对方的实力，以决定是主动出击还是进行防御。如果我从门内看到的是人寿保险推销员或宗教宣扬者，我只要皱皱眉头或拍拍手，便足以让入侵者退缩。如果入侵者是陌生人，我便会通过玻璃对其动机进行考量。如果他看起来心怀恶意，我便会退到自己的核心区域内，以避免发生争斗。

虽然很少发生，但一旦事态升级，众所周知的主场优势能够发挥重大的作用。当生物学家首次注意到野生动物存在这一现象后，他们几乎不敢相信。通过进一步观察，人们发现的确存在这种现象：如果在自家领地上发生决战，一只胆小的、瘦弱的小鸟也能战胜体态庞大的入侵者。很多鸟都存在这种现象，人类也是如此。对于人类而言，最好的研究对象便是体育运动，民间早就认为主场总是占有优势。对这一现象的认真研究发现，情况的确如此。一项对127年间在英国和美国举行的40万场体育赛事（包括橄榄球、棒球、曲棍球、足球和篮球等比赛）的大型研究发现，这种现象在早期的体育赛事中较为明显，近些年则有所减弱。但另一些研究却发现，这种现象在不同的国家，甚至是不同的年度，差别很大。研究人员得出的结论是，与之前人们的观点不同，主场优势并不仅仅与观众的支持有关。看起来，除了原先认为存在的观众支持度的不同，主场队员对于赛场的熟悉和客场队员由于旅行所致的疲劳，也是导致主场优势的原因。人类领地的入侵者也表现出主场优势的影响。在被领地主人发现后，大多数入侵者都会首先躲到安全的地方。

对于其他动物而言，形成主场优势的因素与人类体育赛事类似。

住在我院子里的山雀对灌木丛会更加熟悉，也更了解领地内的危险。与没有任何可靠食物来源及居所的闯入者相比，它可以得到更好的休息。另外，它还可能拥有较高的睾丸素水平，很多动物在赢得一场战斗后均会出现睾丸素水平上升的现象。实际上，实验已表明，单单睾丸素水平这一项因素便足以决定鸟类领地防御的成败。被注射了睾丸素的雄性猫头鹰，在听到一只扬声器播放的另一只猫头鹰在领地的叫声后，便向这只扬声器发动了猛烈攻击。而被注射了睾丸素的雄性苏格兰红松鸡，能够防御一个非常大的领地，甚至会把当季最年轻的雄性红松鸡全部逐出。胜利者从自己的成功中获得更高的睾丸素水平，即使第二年并没有注射睾丸素，它们仍表现得非常好。失败者没有了领地，不得不忍饥挨饿。对于占有者更为有利的是，入侵的鸟由于经历过领地之战的失败，其睾丸素水平可能已受到抑制。失败者的睾丸素水平常会出现急剧下降，容易出现消沉、胆怯的状况。

是何种化学物质影响了我这样的女性的领地反应还不得而知。实验室中对于小鼠与大鼠的实验表明，养育后代导致雌鼠脑内的化学物质发生变化。因此，可能是这些变化导致繁殖后的雌性在自己的后代需要时，将自己的恐惧抛到一边。然而，很多没有后代的雌性仍表现出极强的领地反应。著名的是，雌鬣狗带头标志家族的领地，巡逻领地并打击入侵者，甚至发起对相邻鬣狗族群的攻击。实行一夫一妻制的岩羚（非洲），雌岩羚负责边界标志的工作，雄岩羚跟在后边，并用自己的标志覆盖雌岩羚的标志。雌老虎标志自己的领地，并在领地受到其他雌性入侵时，采取防御行动。即使是东方果蝇，也会保卫自己产过卵的桃子，它会用头撞击那些企图入侵的其他雌性。

对于人类而言，在身旁有男性时，女性很少参与抵抗入侵者的斗争。黑猩猩也是如此，一般由雄性排成一行，悄无声息地在边界展开巡逻，以期突然打击入侵者。雌性黑猩猩很少参与这种行动，特别是在它们处于繁殖期时更是如此。我所知的唯一由女性冲在前头的是吉普赛式的巴基斯坦文化。在警察试图冲入营地时，总是女性从自己的帐篷中冲出来与警察对峙，那些大男人和孩子则躲在后面。由于人类拥有多种多样的文化，仅发现一例这样的角色发生转变的文化，确实令我感到惊讶。

除了保卫我的核心区域及院子外，无论我走到哪里，四周还要保持着一个自我空间。当我站在商店门外排长队时，或健身房内有一个人在我想要使用的器械上占用过长的时间，我便感到我的空间受到了其他竞争者的侵犯。如果其他车与我的车贴得太近，我也会因为我的空间受到了侵犯而非常生气。实际上，对于驾驶员个人领地的研究是这方面的一项创新研究。1997年，一名社会学家测量了驾驶员在购物中心腾出停车位所需的时间。他发现，当有人等在一旁时，腾出停车位的时间要增加7秒钟。如果等待的人按喇叭，占有车位的人会多待12秒钟。这样的结果让我感到吃惊，因为人在很多情况下都会努力照顾其他人。还有更令人吃惊的：男性（仅男性）发现等在一旁的车比自己的车好时，实际上会**更快地**让出车位。女性则对这种象征地位的标志毫不在意，或与我一样，根本搞不清阿尔法汽车与埃德塞尔汽车的区别。

在其他情形下，男女对于个人空间的防御方式也不一样。虽然男女看起来都对何种入侵有危险持相同的看法，但他们对危险程度的看法并不一样。女性逃离公共场合的速度更快，特别是那些昏暗人少的地方。女性对在公共领地接近她们的陌生人更容易感到怀疑。这些在我看来相当正常，因为女性的体型较小，而且男性实施侵犯的概率也很高。相比男性，领地入侵对女性的威胁更大，在可以逃跑的情况下，她们选择保卫领地将更加危险。

游牧者的奇特案例

接触了挪威的萨米驯鹿牧人后，我知道了游牧的意思就是无家可归。游牧者并不是无目的地游荡，他们的路线相当于一条绿色公路，把冬夏两季的家连接起来。史前那种漫无目的的游牧形式可能随着人类人口数量的消长而一起发生改变。在那些因为瘟疫或灾难而人口锐减的地区，外来者可以不受阻碍地自由游荡；然而，在那些人口密度较高的地方，当地人肯定会保卫他们的领地。黑猩猩及其他领地动物也是如此：在游荡过程中，不可避免地会侵犯其他动物的地盘。即使你能够找到一个可以避免侵犯别人领地的地方，你最后也会发现，你对这个生境中的食物及居所资源一无所知。

因此，被我们称为游牧者的人更像是那些在伦敦拥有夏季领地、在迈阿密拥有冬季领地且已退休的人。他们在自己的资源地之间有规律地来回移动。我所遇到的过着游牧生活的萨米人，他们的冬季营地（目前是一些小村庄）位于内陆，到了夏季，他们又迁移到沿海的放牧点。在现代医药使人口膨胀之前，萨米人冲向海边，自由地按先到先得的原则确定自己的夏季领地。这在共享资源（放牧地点）不紧张的时候，可以说司空见惯。然而，同样常见的是由于人口膨胀，资源已严重短缺。在这种情况下，人们常会划分过去共享的资源。每个部落、每个家庭或每个人均分得了自己的领地。领地间可能没有标志，也可能以河流、山脊或其他自然地貌为界。但每块地都有主人，随着季节的变化，游牧者通过公共的道路，在自己的两块领地间迁移。

在所有的游牧民族中，最有意思的是吉卜赛文化。（我这里的“吉卜赛”定义并不严谨，意为那些居无定所、依赖他人谋生的人。）分布在巴基斯坦、阿富汗以及北印度的一些部落，他们的主要资源既不是牧场，也不是狩猎地点，而是其他人的村庄。根据巴基斯坦的普吉瓦斯文化，每个家庭宣称拥有的不仅仅是一个实际的、包括几个村庄的领地，同时也是一个职业领地——在巡回区域内提供的一系列技能与服务。令我感到惊奇的是，由于无数世代以来对这些职业领地的严格守护，竟导致各“商业团体”使用完全不同的语言。制作篮子与扫帚的春格尔人与专精于赤陶玩具、嘉年华表演、音乐及色情业的康贾尔人说的是完全不同的语言。驯养动物并表演魔术的喀兰德尔人与从事铁匠行业的侯拉尔人也使用不同的语言。

每种职业使用村庄内的不同资源（例如，侯拉尔人利用的是“农作劳动预算”，康贾尔人利用的是“娱乐预算”）。因此，他们的领地可以相互重叠而不会产生摩擦——正如乌鸦与蜂鸟共享领地一样。但如果两名玩杂耍的人碰在一起怎么办？这种情况是不会长久的。因此，普吉瓦斯人发明了一种标志临时领地的方法，不管是在街头还是在市场中。占据了一片领地的普吉瓦斯人会不时地发出一种特别的声音，如鸣叫声、击鼓声或某种乐器声。据说普吉瓦斯人能够仅仅通过这种领地声音便可识别出好几百人。如果外来者提供的是与领地占有者相同的商品或服务，他便会改道前往他处。

对于那些挨家挨户叫卖商品的普吉瓦斯人，另一种领地观念已变得不重要了。对于一名向“自己的”客户推销扫帚及篮子的妇女来说，客户的居所就构成了她的领地，而那些企图抢生意的竞争者一定会遭到报复。与其他很多动物一样，普吉瓦斯妇女的领地以后也会变成她们女儿的领地。对于这些普吉瓦斯人而言，客户的领地比自己位于乡镇边缘的帐篷营地更加重要，也更加持久。

直到现在，在我自己所处的文化环境中，人们的领地也会像普吉瓦斯人那样一代代地传递下去。由父辈建立的农场会由其子辈继承，然后再传给下一代。这种情况如今仍在不时地发生——我的堂姐住的房子是我的祖父母建的。

然而，对于很多人而言，领地的象征意义大于实际意义。我喜欢自己房子的形状与颜色，也喜欢院子里的绿色植物，但我并不依赖于这些东西所提供的服务。我可以轻松地适应街上的领地，甚至是另一个半球上的领地。只有在那些人迹罕至、连冷藏车都到不了的地方，我才会开始担心我的土壤是否肥沃，我的瀑布是否洁净。因此，我的领地是一种奢侈的享受，是我的身份的体现。因为我的食物及未来都不依赖于我的领地，所以我不会费太多的精力去保卫它。

尽管如此，我仍保留着远古人类的喜好，希望自己的领地内能够提供我所需的一切。10年前，在我更换自己的领地时，最难适应的便是这里不佳的视界。在我之前住的地方，从山坡向远方望去，可以看到一个小海湾、一条高速公路，还有我喜欢称之为垃圾山的地方。虽然景色不好，但毕竟视界比较开阔。我仍很怀念那里。如果我的房子像变魔术似的变到了海边，我也不会反对。此外，我在这里种了很多树和灌木，可以有效地屏蔽那条破公路发出的噪声。这是一个相当富足、美丽的地方。这里的空间也非常宽敞，相比之下，世界上很多人实际的居住面积只有公园内的长凳那么大。

第六章

贪婪如狼:食性

作为一种完美的杂食性动物,智人可以从约3万种植物以及各种各样的动物(如昆虫、鱼、贝类、爬行动物、两栖动物和哺乳动物),甚至可以从小甜点中吸收营养。智人的食物来源包括各类植物以及几乎所有动物。因此,智人的牙齿系统综合了负责切割和研磨的牙齿,这种情况同其他杂食性动物,如黑熊、野猪、黑猩猩以及臭鼬等很相似。

与其他任何物种一样,食物不足成为阻碍人口增长的压力。虽然同其他很多动物相比,食不果腹的人口占总人口的比例较低,但在每年死亡的婴儿(1200万)中,食物短缺是导致半数死亡案例的潜在因素。

与其他少数几种动物(白蚁与切叶蚁)一样,人类的大部分食物是经过加工的,很少是直接食用的。人类掌握了火之后,大部分食物都需经过火的加热。当然,借助真菌、酸、盐、细菌以及乙醇(俗称酒精)的作用,人类也会把食物保存起来供日后食用。像金花鼠与渡鸦一样,人类会储藏食物,供几天甚至几年后食用。

与熊或骆驼一样,智人能在身体内储存一定的食物能量。然而,智人的这种能力,加上他们本能地喜欢高热量的食物、近来又获得了大批量生产此类食物的能力,导致了很严重的疾病。最轻的症状是感觉不适、行动能力受阻,而关节问题、循环系统疾病和代谢障碍却可能导致死亡。

如今，很多人的进食方式已迫近自杀的边缘，这在自然界中是一种罕见的现象。尽管如此，这种进食方式却像涂抹在滚烫的英式松饼上的黄油一般，以极快的速度蔓延开来。

牛排还是土豆？

我应该吃什么？我的意思是，一个**自然的**人，**自然而然地**会吃什么？水果和蔬菜？牛肉和鸡肉？每样少吃一点，或每样多吃一点？人类的生物性强制膳食是科学家激烈争论的一个话题。不同派系的科学家参照人类近亲动物的各种食性，认为我们应吃它们现在正在吃或过去曾吃过的各种东西。其中包括坚守在地球某些野生区域内的大猩猩、黑猩猩、尼安德特人以及狩猎-采集者。这些近亲具有截然不同的食性。因此，正常人从中可得到的结论是，我们只应该吃上面爬着昆虫的树叶与细枝，或者只吃肉，或者像黑猩猩那样，吃水果和猴子。即使是在狩猎-采集者群体内部，他们的膳食差异也很大。例如，因纽特人吃驯鹿和海豹，卡拉哈里沙漠的布须曼人却不吃；布须曼人挖新鲜的块茎吃，但这种做法却只能让因纽特人一无所获。

对于一种竟然问自己“我应该吃什么”的动物而言，这真是一个可怜的借口。熊并不需要担心这样的自我反省问题。但对人类而言，情况的发展让人不由得提出，人类应该**想**吃什么就吃什么。仅从单纯享受这个方面来讲，我喜欢这个观点，但实际上，如果我这样吃的话，我就会变成一个大胖子，我得把屋内所有的走道都改造一下才能通行。我的身体想吃任何东西，从早到晚都是——只要不是变质的食品。我的继女却有着不同的问题——她的身体对蛋白质不怎么感兴趣。她的脑不断地提醒她喝牛奶的必要性。

但既然已经提出了这个问题，让我们好好地看一看我们的各种近亲在吃些什么（或过去吃些什么），并瞧瞧它们吃的食物中有没有什么东西能够吊起我们的胃口。

因为大猩猩、黑猩猩、猩猩以及倭黑猩猩是与我们亲缘关系非常近的动物,有些人认为应该模仿它们的膳食。不过,需要注意的是,这些人似乎有点犯糊涂。一个建议所有食物都不应经过加工的人甚至激进地反对喝牛奶:“没有人在原始森林中看过黑猩猩给野牛挤奶。”这不由得让人想起是否有人在原始森林中看到黑猩猩戴劳力士手表,或正在讨论供应这类经济学问题。真正让我感兴趣的是黑猩猩在原始森林中吃些什么,而这样的信息很容易获得。

黑猩猩吃的是树叶、树茎、树心、树皮、球茎、树根、嫩芽以及树藤——所有这些都是未经加工的。它们只消耗少量的动物蛋白质,那就是碰巧停留在树叶上被它们不小心吃下去的昆虫。另一种大型类人猿,即猩猩,也几乎以素食为主,偶尔也能看到雌性猩猩以某些有点特别的动物,如懒猴(行动迟缓的灵长类动物)、老鼠、长臂猿(小型类人猿)等为食的场景。类似黑猩猩的倭黑猩猩情况也差不多,尽管这种大型类人猿也经常津津有味地吃着蚯蚓、甲虫,有时甚至是较小的哺乳动物。

大猩猩,这种与我们有着最近的亲缘关系的动物,却有着不同的表现。相比于其他类人猿,大猩猩吃的水果更多。它们还会使用工具,弄开含高热量营养物质的铁青树坚果。它们也吃肉。像协作捕猎者(母狮、人、狼)那样,通过联合进攻,雄性大猩猩可以追捕的猎物很多,包括中等大小的猴子、南非林羚、野猪、小型啮齿动物、小鹿等。与其他类人猿一样,它们也是生吃食物。因此,在享用铁青树坚果时,我们的这种大型类人猿近亲除了吃下了植物性食物,也吃下了一些昆虫。在一些好日子,有些大猩猩还会生吃猴子。

现在,我很怀疑这是不是我应该吃的食物。很少有研究关注生吃食物的人的健康状况,但我看到的那些研究结果很令人担忧。人类生吃食物的时间越长，身体便越消瘦，在10名生吃食物且接受研究的女性中，有3名出现了停经——表明她们已无法生育。另一项研究发现，生吃素食的人，其骨骼质量下降。还有一项研究发现，重度生食者，每周平均消耗20磅（约9千克）水果，其牙齿的腐蚀情况明显比其他人严重。因此，还是让我们考虑其他的进食计划吧！

是什么东西为人类祖先提供了能量？第一次与类人猿谱系相分离的类似人的动物是古猿——地猿与南猿，代表者如著名的露西。但在300万—500万年前，它们以什么为食还是未知之谜。由于没有食物化石，对于膳食的估计在很大程度上只能依赖于对其牙齿的分析。这种分析可同时在可视领域与微观领域进行。

从镜子中，我可以宏观地看到自己的牙齿具有不同的形状。我的门齿像铲子，犬齿像矛，而臼齿则排成一排，让我想起厨房里用的拍肉器上那一个个锥形结构。通过牙齿的外形便可清楚地了解它们的功能。我的门齿是锯状的刀，适合切割与剥离。犬齿则适合穿刺。（我的犬齿之所以较钝，是因为人类自从学会了制造矛之后，便不再需要使用牙齿撕咬敌人。而黑猩猩仍然靠用牙咬，所以它们的嘴里仍有尖锐的大牙齿。）最后，臼齿像是连锁的拍肉器，用于撞击与磨碎。我的牙齿并不是标准的杂食性动物牙齿。在吃肉的黄鼠狼或狼的口中，尖尖的矛状齿排在上下颌中，像是一排帆船，它们很适合将肉切成块状后，不经过咀嚼就直接吞下去。我的牙齿也不是标准的食草动物牙齿。观察一下吃草的马或大象的上下颌，你会发现其牙齿的顶面较平，还带有像老式搓衣板的波纹结构，便于磨碎植物。而我的牙齿前面像刀，用来切下一块食物，再用臼齿研磨食物。臼齿的尖端既足够锋利，能做一定的切割动作，又足够钝，能用来研磨。这种门齿与臼齿相混合的情况也见于其他一些杂食性动物，如猪、黑猩猩、黑熊等。因此，要回到人类祖先吃什么的问题，首先得看一下我们的祖先露西长着什么样的牙齿。

从化石判断，露西的门齿与黑猩猩较宽的、用于切削植物组织的门齿相比，较为窄小。同时，她的犬齿和我的一样，也不太尖锐。而她的臼齿尽管没有我的突出，但仍具有杂食性动物的特点。不过，这并不能够证明露西在300万年前的非洲大草原上以羚羊为食。人类学家还不敢直接得出这样的结论。尽管大部分大型类人猿吃一些肉食，而现代的狩猎-采集者也吃肉，但大部分科学家在没有发现新的口中残留着排骨化石的阿法南方古猿之前，不会宣称露西是一个真正的杂食性动物。

……或者，如果微观研究能够在单个牙齿的小齿坑内发现极细的肉纤维，那么科学家也可以宣称露西是杂食性动物。昂加尔（Peter Ungar）是一名美国牙齿学家，他研究食物在你我的牙齿以及露西的牙齿上留下的细小的擦痕。不同的食物会留下不同的痕迹。例如，水果会导致孔蚀，而树叶则会留下条纹。当昂加尔观察露西的牙齿时，他看到了孔蚀、条纹以及微小的薄片，表明她一生均以水果、坚果、种子及块茎为食，并加以咀嚼。因此，根据牙齿上的标记，相比于现代黑猩猩，露西吃的植物性食物种类更多，而相比于现代得州人，她吃的肉要少很多。

当然，同位素检测也可以揭示出仅仅是由于吃肉而形成的牙齿结构。这种检测的依据是古代人科动物及食草动物爱吃的植物种类不同。与现代奶牛一样，早期的奶牛类动物吃的是所谓的C_4植物——主要是草。不过，早期的人科动物像黑猩猩一样，吃C_3植物的器官——水果、阔叶以及树根。每种植物的同位素信号储存在消耗此类植物的动物牙釉质和骨骼中。因此，如果古代人科动物是素食主义者，那么它们的骨头中应只有C_3同位素。但如果它们吃食草动物，它们便应吸收了这些动物体内的C_4同位素。当一组人类学家在对露西的一个后代的牙齿进行测试时，你猜怎么着：300万年前，阿法南方古猿要么特别喜欢吃草，要么就是以食草动物为食。

因此，根据远古时代的牙齿上的细微划痕以及进行同位素测量，对早于200万年前的人科动物到底是肉食者还是素食者的争论一直没有停止过。而到了200万年前，完全成熟的人属动物，彻底确定了其肉食性。与乌鸦、臭鼬、狼、野猪以及其他很多动物一样，人科动物也形成了非常灵活的食性，使它们——最终使我们——能够在各种各样的生态系统中繁衍生息。

不管是什么，都请烧熟了给我

如果我们的食性范围不能算独特的话，我们对于温度的关心绝对很特别。人类喜欢吃热的食物。在我想吃肉时，我想到的是一块外表焦黑、里面滑嫩的牛里脊肉排。这种肉或许直到100万年前才出现在人类的餐盘中（人类学家对烧烤争论不休，有的认为在200万年前便出现了，有的则认为在25万年前才出现）。然而，所有的人类学家都同意，直立人是第一种吃烧烤食物的人属动物：直立人不仅吃肉，而且还将肉烧熟了吃。在直立人之前，人科动物吃的肉基本上都是未经加工的，他们使用牙齿或石刀从骨头及筋上撕下生肉。如果你认为烧熟的肉更硬，那么说明你从来没有品尝过生肉。我亲自体验过吃生肉的感觉，它在牙齿间来回滑动，虽然牙齿能够压碎一点点，但马上又会滑出来。要通过牙齿将它嚼烂，绝不是几秒钟的事，得花上好几分钟才能完成。

而这还是针对圈养的奶牛的肉而言，至于野生动物，由于它们整日都在锻炼，它们的肉会更加坚韧。我想起自己还是个小孩子的时候，有一年秋天我的母亲打了一只白尾鹿：肉看起黑黑的，有一股呛鼻的味道，弹性好得就像是汽车轮胎。当然那还是烧熟的肉，如果当时让我生吃这样的肉，估计今天我的牙齿上还会留下当时吃的鹿肉的痕迹。

在史前的某个时刻，烹饪之火第一次将我们的食物与其他动物的食物区分了开来。在直立人之前,我的祖先使用火仅仅是为了驱赶豹及其他夜行性捕食者。在直立人将羚羊腿放入原本用来驱赶猛兽的火内的那一刻,他的营养选择范围就大大增加了。

火为我们的膳食带来了巨大的变化,进而促进了我们的脑的变化,一名来自哈佛大学的灵长类动物专家甚至将人类看成是"烹饪类人猿"。兰厄姆(Richard Wrangham)博士不光是嘴巴说说,他还采取了实际行动:他曾在一周内,只吃黑猩猩那种未加工的、富含纤维素的食物。深陷的眼睛和大嘴巴让兰厄姆看起来真像一只黑猩猩。他说:"咀嚼未加工的食物,需要大量的工作。"野生黑猩猩每天需要花5个小时咀嚼食物,才能嚼烂富含营养物质的植物细胞。炊火是人类第一种节省时间的厨房工具。

用火加热食物有很多优点,其中之一便是软化食物。加热后,即使是最坚韧的野生动物肉也会变得容易切开。在生肉中,完整的肌细胞很难挤压。一对强健的臼齿可以磨碎肌肉,但是很难将其切开或挤出细胞内的肉汁。而随着热量的渗入,肉内的蛋白质发生硬化。经过加热后,牙齿的尖锐边缘可以对细胞产生剪切作用力,使肉块变小,并压破藏有肉汁的细胞。太好吃了!当然,烤的时间太长会导致肌细胞过度收缩,挤出所有的水分,给牙齿带来问题。幸运的是,对于刚学会使用火的人属动物而言,这样的错误不是不可挽回的。在干燥细胞间的连接组织到达其自身极限后,会熔化成一种湿滑的汁液,让肉再次变得容易咀嚼:这也就是经长时间烧烤的肉的"嫩"的成分。

从事过餐饮行业的人都知道,一堆火或者一大桶热油都有一种原始的吸引力。一旦人属动物知道洋葱圈及薯条在炸过后味道更佳,他们的天性便是享受花生酱黄油三明治、樱桃酒以及腌黄瓜的美味。这样,祖先们便发现了一个烹饪王国。当然,也有可能是另外一种情况——先是烤坚果,然后才是烤肉。不管怎样,人类开始烹饪的意义并不亚于鸭子第一次下水。

尽管如此,加工食物并不代表人类已聪明绝顶,因为其他动物也会加工食物。很多种类的切叶蚁会将一片片树叶拖入洞穴,然后向里面接种一种特别的真菌。它们留给这些真菌一些时间来分解树叶,然后吃掉。当年轻的蚁后离开家,建起自己的新巢时,它会带上一些真菌"种子",以开垦新的农场。同样,有好几百种白蚁(与蚂蚁很像,但不是蚂蚁)也使用真菌,将植物碎屑变成加工食品。有一种雀鲷通过照看藻类园地来养活自己,还有一种水蜗牛看起来似乎能够在海草上钻孔,然后在开口处以自己的粪便培养自己最喜欢吃的真菌。大部分动物的进食都是直截了当的,但有的动物却并非如此。

不过,直立人的聪明之处不仅仅在于食物的加工,他们会利用火来大幅增加可食用的食物数量。如果你能够从数以百计的动植物中汲取营养,那么你便可以更好地应对变化。大熊猫由于过分钟情于竹子,使它只能在一种生态系统中生存,而这一生态系统的范围正在不断缩小。树袋熊与它的桉树一起被孤立在少数几块地方。我的祖先没有受到这种头脑一根筋的阻碍。面对坚硬的块茎,他们用火来软化它们。坚果太硬?用火来将它们爆开。火还提高了食物营养吸收率。生吃豆科植物的种子(蚕豆、鹰嘴豆以及扁豆)会导致痉挛,而它们被煮熟后,不仅营养更丰富,吃起来也可口得多。我的祖先曾生食含有旋毛虫的野猪肉,体内很容易寄生旋毛虫,但野猪肉经过火烧之后,体内的旋毛虫便会死亡,为他们留下更多的营养。对于其他寄生虫来说也是如此。有些含淀粉的植物,加热后能够更快地放出能量。另外,加热也有助于维生素的吸收——现代的西葫芦及胡萝卜在烧煮后,可比生食提供更多的维生素A。发霉的种子烧过后再食用,导致肾衰竭的可能性则大大降低。这些经过改良的食物使得人属动物不再需要不停地寻找低热量的食物。把食物烧煮一下,他们出现疼痛、发热、痉挛以及肿瘤的概率大大降低。他们日趋繁荣,而生食者仍然不断付出代价。

食物也起生理方面的作用。骨骼与牙齿的生长消耗量很大,而进化总是鼓励"经济型"器官的发展。因此,当人类的上下颌不再需要每天咀嚼几个小时后,那些上下颌较轻的人便有更多的能量用于其他方面。经过无数世代的进化,人科动物的上下颌变得小巧起来。他们的牙齿也逐渐变小。甚至连他们的肠道也在变小,因为加热过程帮助提前完成了一些消化工作。类人猿的腹部较大,而人科动物的肚皮变小了。利用其他地方节省的能量,可以产生一个更大的脑。当然,也有可能是由于食物经烧煮后形成了一系列的诱变因素,导致我们的DNA更频繁地发生轻微的突变,加快了我们的进化速度。这很有可能。

在人属动物向智人进化的过程中,其膳食也发生了相应的变化。石器切削工具的改进,加上火在食物加工中的应用,负担不断减轻的牙齿与上下颌进一步变小。

火就是导致我的上下颌少了4颗牙齿的原因吗?正常人有32颗牙齿——8颗门齿,20颗臼齿,以及4颗象征性的犬齿。我缺少后面的4颗臼齿(或称智齿)。其中有两颗在我二十五六岁时才出现,由于它们未能很好地与我的牙弓配合,被牙医拔掉了。而上面两颗则一直没有出现。我对此感到很自豪,因为这种现象表明我正处于进化的边缘。当前人类的智齿出现情况差异极大。一组捷克科学家通过对史前塔斯马尼亚人(现在已灭绝)的观察,发现他们的智齿发育得很好,而史前墨西哥人则已完全没有第三臼齿。即使在现代人基因混合的情况下,种族的差别仍然存在。在墨西哥的另一项研究发现,1/4的现代人至少缺少一颗智齿。不过,在克罗地亚开展的一项调查却发现,只有1/20的人缺少了一颗牙齿。在新加坡的华人中,有3/10的人缺少一颗或多颗牙齿。实际上,由于嘴形的缩小,很多人的口腔内已没有这最后一批臼齿的生长空间。这个问题已困扰人类很长时间了,相关的风险——感染、咀嚼能力受阻，甚至是在受影响牙齿周围生长的肿瘤——已使得一些长有32颗牙齿的人从人类的基因库中消失。

在我们考察现代人的膳食前，还有一个近亲——虽然科学家还不太确定在这里提及他是否适合——仍值得考虑。回到过去，当诞生于非洲的新面孔（智人）向欧洲迈进时，她遇到了一位英俊的表哥，即尼安德特人。在这位新贵到来前，尼安德特人享受平静的大陆式美餐已有15万年的时间，他有漂亮的厨具，是原始人类中较强壮有力的一支。即使智人与尼安德特人之间没有发生相互交配的情形（这可是一个颇有争议的话题），尼安德特人的膳食仍激起了我的兴趣。如果我的理想的、由生物特性确定的膳食可以通过对其他物种的研究而得到确定，那么我就必须承认，尼安德特人的膳食具有一定的相关性。与黑猩猩或大猩猩相比，尼安德特人与我更加接近。那么他究竟吃什么呢？当科学家钻开他的骨头，并检测了同位素后，他们得出了这样一个结论，尼安德特人基本上纯粹以低纤维且缺乏维生素的肉类为生。啊！我不敢相信自己能适应全肉的膳食。不过，如果我整天在自己的领地内游荡，靠吃那些同样整天在自己领地内游荡的动物过活，我或许也不会有问题。但对整天伏案工作、吃着现代肉类的人而言，尼安德特式的饮食方式很有可能导致他得心脏病。

因纽特人与坤族人的膳食

但是，仍有很多人遵循那些祖先的道路。现代人对于尼安德特人的肉排与大猩猩的沙拉，以及各种综合了肉食与素食的菜单究竟孰优孰劣争论不休。科罗拉多州立大学健康学家科戴恩（Loren Cordain）倾向于尼安德特人阵营，他提出了一个惊人的“原始人类膳食”建议，提倡吃精肉、海鲜以及蔬菜，同时少吃碳水化合物。这实际上就是在阿特金斯食谱的基础上减去脂肪，再加上水果。持相反观点的是弗吉尼亚医师米尔斯(Milton R. Mills)博士,他更倾向大猩猩的素食主义。米尔斯的“比较解剖学饮食法”在互联网上非常流行,认为人类的身体就是为了素食,并且仅仅为了素食而构造。坦白地说,很多饮食专家发出的尖叫声真让我们想要捂住自己的耳朵。另外,如果仍有活生生的智人在从事狩猎及采集活动,并以野生食物为生,那么我们为什么要去争论尼安德特人及大猩猩的问题呢?看看这些人吃的是什么,难道不是更有说服力吗?下面我要讨论现代食客——狩猎-采集者的后代幸存者——吃的是什么。

这就是现代狩猎-采集者吃的东西:正如我们这些超级文明的人会使用筷子和刀叉一样,他们吃的东西也不尽相同。有关人类膳食的详细研究可谓凤毛麟角,但看起来人类似乎能够以任何饮食方式生存。据报道,坦桑尼亚的哈德萨族人以素食为主,只吃少量的肉食。(这里的肉食指的是动物性蛋白,可以是鱼、青蛙、麻雀、蜥蜴、金花鼠、木蠹蛾幼虫、蝉、毛毛虫、狗,甚至是面目可憎的龙虾。人类实际上可以吃任何东西。)与此相对,直到不久前,因纽特人的一半热量都来自肉食——另一半则来自脂肪。一些浆果、少量海草,以及啃食地衣的驯鹿的胃内容物,便构成了其全部的植物性食谱。这是一种相当具有尼安德特风格的膳食。接下来,轮到南部非洲的坤族人了!他们从植物中获取身体所需热量的2/3,另外1/3则由肉类提供,与我们现在的膳食结构比较接近。

然而,无论我确定多大的肉食-蔬菜比例,我也会很快发现这些都与我的现代生活毫不相干。坤族人领地内的肉食与蔬菜,其质量与超市中的肉食及蔬菜完全没有可比性。野生动物的肉平均只含有4%的脂肪。至于懒洋洋的奶牛,它身上的肉脂肪含量高达36%。另外,我吃的蔬菜都是人工种植的,在加工过程中又损失了很多营养成分。

更复杂的问题是,如果我选择遵循捕食者的膳食,那么我应该遵循的是女性捕食者的膳食，而不是其他人的膳食。在很多文化中，看起来负责狩猎的男性会首先享用动物最有营养的部分——器官、脂肪以及骨髓——之后才将猎物带回家供其他成员食用。而且，当时对动物的屠杀通常是根据一定的仪式或禁忌进行的，最终使得只有很少的人能够得到较好的营养，而这些人几乎肯定不是女性。在1978年的一项研究中，医师们总结出了一个澳大利亚原住民群体的肉食分享模式：首先由年老的男性进食，之后是负责狩猎的男性，接下来是孩子与狗，最后才是女性。一份关于土耳其智人化石的未发表的研究报告表明，这是一种食物分配的古代模式：相比于男性，女性牙釉质中的肉类成分同位素低于男性。乍看之下，这可能是男性自我保护的结果，但实际上也有可能是女性理想饮食的需要。现代女性如果遵循阿特金斯的膳食结构，吃的是高蛋白质的食物，则可能导致怀孕困难。在怀孕期间，过多的蛋白质还会导致婴儿出生时的体重下降。另外，动物的肝脏，由于维生素A含量较高，可能还会导致出生缺陷或自发流产。实际上，女性在怀孕前期，常会出现讨厌肉食的情形。因此，看起来捕食者的吃肉规则还起到了生物学方面的作用：保持女性的生育能力。（不过，虽然因纽特女性大量吃肉，但她们的生育能力却并未受到影响。因此，这可能还不是一个具有普遍性的问题。）

我的意思是，不管是全素食，还是全肉食，或是素食与肉食进行各种比例的搭配，人类能够以多种饮食方案不断繁衍生息。这也是杂食动物的标准模式，其特点在于实现最大的灵活性。我们是彻头彻尾的杂食性动物。不过，人类膳食与所有其他动物最大的不同还在于对食物的烹饪。我们是烹饪食物的杂食性动物，这是我们取得成功的一个因素。

饥饿,以及我的防止挨饿的方案

如果我们祖先的上下颌只能表明我们具有进食的装备,那么我至少想要知道自己今天应该吃多少——无论吃什么东西。对于所有动物而言,最简单的回答是"至少能够让我活到明天"。更复杂的回答是,"理想的食量是储存一定的脂肪,让我度过食物短缺期,但是也不应储存过多的脂肪,以避免影响我的其他日常活动(生育、收集资源以及逃离危险)"。

看着镜子中的自己,我感觉自己保持了较好的平衡。唯一的不足是,我对于饥荒的储备有点过度。不过,我不能怪罪自己的身体,它的运作以一个古老的假设为基础,即食物的供给是不稳定的。这一假设已存在了几百万年。因此,尽管自过去一个世纪以来,食物的供给已变得越来越稳定,但我们的身体仍严格遵循着这一假设。

对于很多物种而言,饥饿的威胁一直存在。瑞典的一项研究发现,有1/5的狍因为饥饿而死去。在苏必利尔湖皇家岛的一个国家公园,狼由于饥饿及暴力(生物学家认为这种暴力与食物短缺有关),一年的死亡率高达18%—57%。加拿大艾伯塔省的雪鸮因饥饿导致的死亡率稍低一些,但仍占死亡总数的14%。而在怀俄明州,雌性驼鹿有60%的死因是营养不良。饥饿在野生生物学家看来,是"自然带来的死亡"。

人类并未能摆脱饥饿的命运。尽管我们的饥饿率没有怀俄明州的驼鹿那样高,但也绝不是零。如今,有1/8的人食物不足,每年有数百万人因饥饿而死亡。与其他很多动物一样,处于幼年阶段的儿童挨饿的风险更大。在5岁以下的儿童中,约有1%死于与饥饿相关的疾病。也就是说,全球每年有600万儿童因此死亡。

人类饥饿的原因与其他动物相同,尽管我们并不认为这些原因是"自然的"。其中一个原因便是气象因素。某一年,雨水并未如期而至,那些依赖粮食的人突然发现自己面临着与依赖草的兔子及依赖蝌蚪的鹭鸟同样的命运。领地冲突是另外一个原因:在苏丹,阿拉伯贾贾威德人将非洲黑人赶出了他们的传统领地,使得这些黑人立即面临着忍饥挨饿的命运。在黄石国家公园,一只体弱的狼由于受到强势同类的阻拦,吃不到马鹿,也只能饿着肚子。在人口稠密的情况下,恶劣的气候及冲突会让问题更加严重。在埃塞俄比亚,人的生育率自1960年以来一直在提高,女性生育的后代一代比一代多,这里的人口增长速度几乎是整个地球上最快的。同时,埃塞俄比亚的气候也极其恶劣,这里的天气干旱众所周知。随着越来越多的人聚集到这一不稳定的居住地,饥饿的风险急剧上升。

除了死亡之外,食物不足还会给人类带来营养不良的沉重负担。据估计,由于缺乏维生素A,每年约有25万—50万年轻人失明。另外,由于孕妇膳食中缺碘,导致其后代出现了精神障碍,目前患者已达2000万。全球有一半的孕妇存在缺铁性贫血问题,这增加了她们在分娩时死亡的风险。总体而言,相比于富足的西方社会,其他很多地方的人并未获得充足的营养。我们仍面临着饥饿的威胁。另外,我们也将很快会看到,西方的富足并不能够保证充足的营养。

不过,还是让我们先来看一下我对抗饥饿的自然防御措施。我之所以喜欢吃阿尔弗雷多细面条和巧克力,理由很充分。我的身体中的每个细胞基本上一直都在要求获得高热量的食物。我的身体希望自己明天长得比今天大。因此,我的细胞要求我吃更多的糖、脂肪以及其他食物。在我的脑的某个角落,只有少数悲哀的细胞会阻止我吃烤玉米片。这些细胞便是负责推理、分析以及制定长远计划的细胞。它们整天辛苦地工作,防止我暴饮暴食。

为什么脂肪与糖有如此大的诱惑力?我为什么不疯狂地吃可生食的果蔬呢?原因在于我的身体未能跟上时代的变化。在人科动物生存的头几百万年，果蔬随处可见，甚至需要拨开它们才能四处走动。与此相对，高热量的食物要么季节性太强，要么跑得太快。很多富含油类及蛋白质的坚果，每年只有几个星期可以享用，而且还存在如象鼻虫、啮齿动物、熊以及鸟类这样的竞争者。成熟的水果，虽然果糖及葡萄糖含量很高，但也只是偶尔出现，需要进行一番争斗才能获得。野生动物一年四季都有，但它们的肉的热量没有坚果高，而且也不容易捕获。今天的情形仍没有发生多大的变化：从我办公室的窗子向外看去，我可以看到非常多的绿色植物——草坪上随处可见酸模与卷耳，花园中满是黄花菜与郁金香，甚至连橡树叶也可以为需要的人提供一点能量。然而，水果——稠李、沙果、忍冬浆果、盐肤木浆果——会突然成熟，也会突然被鸟和昆虫所食。与其他坚果一样，很多落下的橡树果实都成了象鼻虫的腹中之物，而松鼠和松鸦会将剩下的一扫而光。在我的院子内，肉类资源比坚果丰富——松鼠和鸽子看起来能够提供很多的肉食——但即使是这些迟钝、半家养的动物，对我而言仍然身手敏捷。因此，如果我仅仅依靠这块土地以及一些简单的手工工具过活，那么估计我的膳食中有99%都将是蔬菜。另外，如果用菠菜代替野生绿色植物，我不得不吃上1磅（约0.454千克），来获得一小块鸡肉含有的热量。要维持一天的正常活动，我需要吃5磅（约2.27千克）的卷心菜。况且光有热量还不够，我还需要蛋白质、碳水化合物以及微量元素。

因此，那些能够让我快速获得一天所需热量的食物对于我有一种本能的吸引力就不足为奇了。这种情形并不仅仅发生在人类身上。蜜蜂在那些花蜜最甜的花上逗留的时间最长。郊狼在杀死幼鹿后，首先会享用最肥美的心脏、肝脏以及其他器官，最后才吃瘦肉。北极熊在吃海豹时，也是只吃皮与脂肪，肌肉则留给了食腐动物。史前平原上的印第安人会将大量野牛赶上悬崖，当捕获的野牛数量过多，超出了他们的处理能力时，他们便只割下肥厚的舌头及颈部的突起。动物一般在执行这些任务时都倾向于采用效率高的方法，因为太过拖拉往往会带来危险。因此，当我感受到巧克力棒的诱惑力时，我最强烈的想法是，必须抢在以下情况发生之前把它吃下去：(A)它霉变掉；(B)它被熊吃掉；(C)我被熊吃掉。

人类对于盐的渴望也有着类似的历史。我的身体每天需要115—500毫克的钠。要从蔬菜中获得200毫克的钠，需要吞下整整一桶这样的色拉：整棵生菜，外加卷心菜、青辣椒、龙须菜、坚果、熟甘蓝、蘑菇、青萝卜及汤菜各一杯，还得加上一只鳄梨与一个烤土豆，再用1品脱(约0.55升)的草莓及樱桃做点缀。请你慢慢咀嚼吧。如果你生活在炎热的地区或者喜欢运动，那么为了补充出汗的损失，你每天需要吃下两桶这样的色拉。

而肉却能有效地解决这一问题。说得更准确一点，是动物的血液，因为其中含有1%的氯化钠。鱼类，特别是海洋鱼类，也是盐的很好来源，海草及其他海产品中也含有盐。这些都是我想吃的。对于盐的渴望，就像对于脂肪的渴望，具有相当的普遍性。尽管盐是地球上一种常见的矿产资源，但其分布并不集中。对于那些露出地表的盐矿，动物常常很早便开辟了一条条路径。在肯尼亚西部，很多食草动物，包括大象，都会定期造访埃尔贡山，因为那里有一个又深又暗的岩洞，吸引它们到来的是岩壁上的盐。在黑暗中，冒着被鬣狗及豹吃掉的危险，这些食草动物补充了盐分后便立即逃向安全的大草原。

这种渴望之所以如此强烈，即便冒再大的风险也在所不惜，其中的一个原因是盐可以在脑中产生一种类似于使人对可卡因或酒精上瘾的化学物质。当巧克力棒中的糖分进入我的血液时，我自己体内产生的类鸦片物质使我的脑充满了快感。我吃掉的巧克力已经多得使我的脑对这种物质上瘾了。我不需要海洛因，只需要再来一块巧克力。我的脑就能够达到高峰状态，但如果没有巧克力，它便会开始产生一种渴望、一种坚定的化学性需求。在最近一项针对人类上瘾问题的研究中,至少在老鼠身上的研究表明,同样的类鸦片物质的剧增会导致动物寻求获得更多的脂肪、盐、酒精和毒品。人脑,不管里面装的是酒精还是抗抑郁剂,都与老鼠的脑具有类似的反应。实际上,所有的脊椎动物(有脊柱的动物),特别是哺乳动物,都拥有这种类鸦片系统,而获得的热量能够激发这一系统。科学家认为这可能是由于脊椎动物都有对高能量食物以及少量维生素和矿物质的需要,而在动物的发展史中,奖励系统进化得非常早,以确保其追求这些食物。我们也具有类似的特点,少量的食物便能够激起我们对巧克力甜饼的渴望。

我对于糖及脂肪的渴望是坚定的,也是非常合理的。在人科动物进化的大部分历史时期,饥饿随时可能出现,而且热量也是非常难以获得的。要储存食物,唯一的方法便是吃掉食物然后将其转化为脂肪。那些脑中的化学物质不断要求他们不怕困难寻找高热量食物的人,能够获得较稳定的繁衍机会。有一件名叫“沃尔道夫的维纳斯”的著名的小雕塑,表明至少在三四万年前,人属动物已经认识到竭力寻找午餐使自己长胖的价值。我们可能永远都无法知道,艺术家在石头上雕刻这一人物时,他心里在想些什么。雕像的乳房覆盖了突出的腹部,而她的臀部则由于储存了能量物质而变得很肥大。然而,很多石器时代的女性形象似乎都对她们抚育后代的能力表示崇尚,我们有理由推断,这尊肥胖型的维纳斯及其众多姊妹的雕刻作品,都是生育能力的象征。生育是一种原始的驱动力,而生育能力的关键便是脂肪。

我们仍没有摆脱这一限制。当女性的脂肪量降到不足其体重的20%后,卵巢便不会提供卵子。如果生活非常艰难,连自己都无法养活,又怎么能养育后代呢?大自然不喜欢浪费,所以卵巢的功能会暂时关闭,等到储存足够的能量后再次开启。在比较富裕的国家,只有马拉松运动员、体操运动员和芭蕾舞演员会出现因饥饿而导致的不孕问题。

而在不发达国家,在六七千万名营养不良的女性中,因饥饿导致的不孕问题相当普遍。当然,这也是其他动物的一种生存状况。幼崽的生长需要大量额外的热量,在成功机会不大的情况下,身体便不会开始怀孕过程。

我对于脂肪与糖的不懈追求是进化的一个奇迹,也是所有哺乳动物回避不利条件这种能力的纪念品。正是人类的传统让我吞下阿尔弗雷多细面条及巧克力甜点,并在我的咖啡中加入奶脂。也正是出于动物的本能,小林尊(Takeru Kobayashi)在12分钟内,将能够提供15 000千卡(62 760千焦)热量的热狗吞下肚。尽管小林尊和我在吃热狗比赛中表现惊人,但我们在自然界远远算不上重量级选手。一只大西伯利亚虎一顿能够吃下相当于其体重15%的食物,这相当于我吃22包热狗。迷人的王蛇据称能够吞下相当于自己4倍大小的玉米蛇。高贵的北极熊能够一顿吃下相当于其体重20%的海豹脂肪,对于我而言,这相当于约30磅(约13.6千克)黄油(93 600千卡,约391 622千焦)。对于动物的吞食能力,我深表敬佩,但需要提醒的是:我们正在奋起直追。

过度觅食:进食狂热症

最优觅食是所有动物都竭力希望达到的状态。诚如生物学家所言,进食总是有成本的。进食过程中需要消耗能量,还会使进食动物面临被抢夺、被捕食以及被闪电击中的危险。要实现最优觅食,需要将摄入的营养尽可能地吸收,并使成本最小化。对于豹而言,这意味着要在夜晚捕猎,因为这时候瞪羚看不见它,而且狮子也太困了,不会去打搅它。对于松鼠而言,这意味着应在每平方英尺有10颗橡树果实,而不是只有1颗橡树果实的森林内觅食。对于人类而言,这意味着舒服地坐在沙发上,让自己的配偶去拿一碗冰激凌。毫不夸张地说,人类在最优觅食方面勇拔头筹。

看一看其他动物每天获取食物所用的时间。猩猩每天进食时间为5个小时。海牛需要6—8个小时。大象每天有16个小时用于咀嚼食物。尘螨每时每刻都在吃皮屑。然而，由于智人预加工食物的能力，我每天最少只需花上15分钟，先打开食品包装袋，再匆匆完成一天的进食工作。如果我在超市里购买了许多袋装食品，那么我一周花在吃饭上的时间甚至比猩猩在一天内花费的觅食时间还要少。

但这并不代表原始人类的觅食状态。我非常先进的觅食策略早在放牧及农业发明之时（约10 000年前）便已经开始了。农业生产者在自己的家门口生产蛋白质及碳水化合物，而不是四处采集或狩猎。这样，便产生了易于获取的食物。而且，种植的水果和蔬菜，其大小和含糖量均有了一定的增加。牛、羊等动物在家养的状态下，失去了它们多疑的天性，身体的脂肪含量大大增加。渐渐地，从事农业生产的人的膳食中淀粉所占的比重越来越高。然后，大约在1000年前，除了蜂蜜这种天然的甜味剂，人们开始通过榨取一种巨大的植物（即甘蔗）的汁来制糖。糖是能量最纯净的形式之一。到了19世纪末，辊压机的发明使普通人也吃上了面粉。接下来出现的白面包，使智人节省了大量的咀嚼时间。不久之后，科学家向公众提供了另外一种高能食物——玉米糖浆——其价格甚至比糖还低。到了20世纪60年代，化学家找到了一种让玉米糖浆再甜上两倍的方法，还出现了**“停下辊压机！我们在这吃什么？”**的呼声。

人类的杂食性，以及本能对于脂肪及糖的需要，都是正常的动物属性。这些都无可厚非。然而，我们最近获得的使用工具的能力，过度提高了我们的觅食效率，导致我们的进食量达到致命的程度。我们古老的身体还没有跟上节拍，没有形成能够说出“已经足够了”的机制。这种情形导致的结果是，百年内第一次出现了很多人类群体平均寿命开始下降的现象。人类的觅食导致了一个自杀性的后果。

这是一种奇怪的生物学现象。其他动物不会因为吃得过多而把自己送进坟墓,除非它们因人工驯养、基因改造或其他方式被迫进入一种非自然的状态。有些动物会因为特定的原因而增加体重。准备迁徙的鸟可能会增加几盎司(1盎司≈28克)的脂肪,但经过长途飞行,这些脂肪会被燃烧掉,又恢复到正常的体重。准备冬眠的旱獭会储备充足的脂肪,以安全过冬,但在春季它们又会变得苗条起来。而人类则不同。我们能够轻而易举地使自己的体重翻倍,然后在体内留存着脂肪,即使它会损害我们的健康。

有一些早期的迹象表明,我们的最优觅食方法会产生令人失望的后果。当科学家试图在农业开始前的人类牙齿化石中寻找龋齿时,他们几乎一无所获。然而,草种的驯化导致人类的膳食中含有更多的糊状物质。这种物质会粘到牙齿上,并容易导致腐蚀。同时也出现了营养不良的问题,这个问题也延续至今。通过对农业出现前后智人骨骼的测量,科学家发现,早期农夫的骨骼更短小密实。他们的后代死亡率很高,但出生率也很高。尽管开始时很困难,农作生产还是在全世界站稳了脚跟。在人类群体中,极少出现先从事农业,后又放弃农业,重新回到捕食者生活方式的现象。只有在外来侵略者逼迫以农为生的人离开自己的耕地,返还到森林中时,他们才不得不转换生活方式,正如几个世纪前在整个美洲大陆发生的情形那样。然而,到了今天,绝大部分人都依赖农产品生存。

人们从20世纪开始便追求能使食物唾手可得的方法。本来需要"亲自动手"的觅食工作,现在改由高度集中的农场负责完成,加工后的食物能够以低廉的运费送至几千英里以外。每年,数以百万计的人从乡村迁移到城市,而在城市中,唯一可以找到食物的地方就是市场。面对现代的能量物质,由于其生物成本基本上可以忽略不计,所以人类的身体能够高效且源源不断地获取能量。

肥胖症是饥饿的对立面。它是由于觅食超出了最优点所导致的后果。人类的进化还没有准备好应对其劳动效率的快速提高。人类的进食效率已达到会威胁生命的程度。

对于肥胖症而言,人类防饥饿系统的第二个特点开始发挥作用。首先,我的食欲导致我进食高热量的食物。然后,如果我的身体检测到饥饿的临近(例如,在我开始节食时),我的新陈代谢便开始作出相应的反应,以应对挑战——或者,准确地说,是新陈代谢的速度下降,以应对挑战。我全身上下所有细胞的工作速度均出现下降,以节省燃料的方式工作。我的脂肪因此能够在体内维持更长的时间,一直到我挨过"饥荒"为止。这真是太神奇了!一旦有了食物,我便狼吞虎咽,生怕没了下顿。而如果还是没东西可吃,我只好又勒紧裤腰带,希望能多撑几天。这样,便会导致有意识地减肥极其困难。我不仅需要抑制体内每个细胞发出的进食渴望,还必须与身体不想动的愿望做斗争。曾几何时,这还是适应的一个奇迹,而今天却成了可悲的不适应。

世界各地的人正在逐渐放弃他们与过度臃肿的身体做斗争的努力,他们的体重正在迅速增长。在我所处的文化体系内,有3/10的人患有肥胖症,另有3/10的人体重超标。随着过度觅食方式在世界各地的扩散,其他很多文化体系下的人的体重也增长过速。在某些文化中,甚至出现了一种令人吃惊的以肥为美的倾向。太平洋岛屿文化中的萨摩亚人及瑙鲁人,有60%—80%的成年人患有肥胖症。尽管遗传和某些疾病对于肥胖症的流行有一定影响,但文化似乎也是其中一个影响因素。例如,非洲部分地方的女孩及年轻妇女被迫进食,以获得丰满的体态,从而成为迷人的新娘与多产的母亲。不过,这种传统正在渐渐消失。

即使是幼儿也正在过量地吸收能量。随着父母尽可能地满足他们后代的渴望,小胖子的数量出现了创纪录的增长。另外,伴随着幼儿肥胖症，出现糖尿病、心脏病以及其他疾病的情况也非常严重，有些研究人员甚至预测，在存在幼儿肥胖现象的文化中，人们的平均寿命将会缩短。

也许在这种奇怪的趋势中，最令人意想不到的问题还是肥胖症与饥饿问题的同时出现。大量针对幼儿肥胖症的研究发现，肥胖幼儿常缺乏维生素A及维生素E。这种现象是反映了膳食中的植物性成分比例过低，还是脂肪组织内的化学反应带来的问题，或者是两者综合作用的结果，目前还不得而知。另一项研究认为，软饮料的摄入与幼儿的体重增长过快，缺乏磷、蛋白质、镁、钙及维生素A等问题存在一定关系。还有一项研究称，肥胖儿童体内的铁含量水平较低；研究报告的作者估计，出现这种情况的原因是儿童以高热量食物代替了营养食物。

出现这种矛盾现象的一个原因是古老的果蔬问题：人体还没有通过进化形成渴望果蔬的机制，因为果蔬资源从未紧张到需要我们通过类鸦片物质来激励对其进行摄取。我们渴望获得的是稀有的食物，甜的、咸的、多油的食物，我们会快速吸收这些物质，并且还会储备一些。我们的进化使我们一有机会便过量摄入食物。而今天，这样的机会一直存在。

人类同时存在暴食及营养不良这两种问题的另一个原因是，在这个星球上仍然有人填不饱肚子，并通常随着贫穷而出现。今天，能提供1千卡热量的糖或脂肪，其价格远远低于提供同等热量的蛋白质或新鲜蔬菜的价格。因此，在那些资源紧张的地方，人们在获取食物时，经常选择那些热量最高、同时价格最低的食物。这在一定意义上也是最优觅食的一种表现。然而，因为富含营养的食物，如菠菜及鱼类，其价格太高，与最优觅食的原则不符，所以人们便不选择这些食物。

在世界范围内，患肥胖症的人的数量已超出体重过轻的人的数量。我们从一种“正常”的动物转化为一种肥胖动物，其速度之快无与伦比。

在自然界,在这方面人类找不出相似者。没有哪种动物会吃东西吃到伤害自己的程度。即使对于狩猎-采集者而言,也根本不会出现过度肥胖的问题。实际上,唯一会疯狂进食的动物是人类驯养的动物。通过为它们提供保护与食物,我们已使这些动物无须承担在自然条件下进食所要承担的成本。例如,我的狗会一直高兴地吃猪油,直到吃爆自己的胰腺为止。然而,我院子里的乌鸦、老鼠、松鼠,甚至是冬眠的旱獭,都不会出现这种问题。即使它们会储存一些脂肪,但只是为了过冬的需要。延长自己暴露在鹰和狗的威胁之下的时间,从生物学意义上看是没有道理的。

最后:什么是人类的膳食?

毫不夸张地说,没有几样东西是人类不能吃的:橡树果实、蚂蚁、朝鲜蓟、大麦、大豆、甲虫、蝉、咖啡、牛、枣、黄花菜、海豚、毛豆、鳗鱼、蛋、茴香、蕨菜、真菌、大蒜、山羊、豪达干酪、黑线鳕、野兔、辣根、三文鱼子、爱尔兰苔、桑科树、菠萝蜜、美洲豹、豆薯、卡姆小麦、袋鼠、猕猴桃、云雀、柠檬、小扁豆、芒果、田鼠、芥末、金莲花、油桃、颌针鱼、洋葱、负鼠、猫头鹰、三色堇、木瓜、辣椒粉、圆蛤、温柏、藜、褐家鼠、犀牛、羊乳、鲨鱼、绵羊、黄栌、罗望子、龙舌兰、蓟、乌格利水果、尤因塔金花鼠、UMI品牌食品、香草、奶酪、骆马、核桃、鲸、葡萄酒、牦牛、酵母、丝兰、扎塔香料、瘤牛以及南瓜。如果这还不够,我不知道怎样才算是杂食性动物。

对于那些对食物的要求比较高的人,好消息是我们可以依赖一小部分食物生存,这份食物清单既可能主要包括金花鼠、绵羊和海豚;也可能以丝兰、豆薯和大麦为主。而对于那些渴望探索世界多于追求食物品质的人,人类的杂食性使他们能去地球的任何地方。我们总是能够找到**一些**能吃的东西。

不过,相比于其他杂食性动物,人类有两个不同之处。一个是,尽管我们会拿出熊和臭鼬觅食的本领，到处搜集食物，但我们会将找到的大部分食物加热。上述清单中列出的这些食物，我都喜欢煮熟后再吃。

另一个与其他动物不同的是，我的进食量多于我身体的需要。基因决定了我会在条件具备时过度进食。尽管其他动物也可能有同样的基因，但这些基因会引导它们寻找最有益的食物，而且它们也不会让这些基因发挥主导作用。它们还有很多重要的事情要应对，如防止自己成为其他动物的美餐。而我则与家养的狗或动物园的黑猩猩一样，进食时无须担心捕食者的袭击。我之所以没有在这个时候大嚼巧克力，唯一担心的是影响不好。

对于一个社交型动物来说，受到其他人的指责是一件非常痛苦的事情。而就是这样的指责，其本身可能正在失去价值。如果每个人都很胖，吃得过多就不会有什么不好的影响了。我们不同寻常的生物性再一次带我们偏离其他所有生物踩出的道路，进入一个未知的领域。

第七章

黑猩猩般放纵:生殖

智人的生命周期运转得非常缓慢。智人一般在近20岁时才达到育龄,而在营养充分的情况下,这一年龄正在提前。在女性受孕后,她的生育能力在长达5年的时间内会受到限制:怀孕期为9个月,其余时间则须用于哺育一个不会觅食、不会走路,实际上根本不能做任何有意义的工作的婴儿。所有的大型类人猿一般都需要承担如此繁重的职责。幸运的是,一般情况下,人类一胎只生一个。

人类在生育期会形成一种配对结合,根据不同的文化,这种结合可能会在第一个后代出生后的几年内得以维持,甚至会持续一辈子,这种情形在其他哺乳动物中不太常见。交配的决定涉及一系列的考虑因素,除了众多的文化因素外,还包括行为、年龄、种族,甚至包括了身体的外形和气味。另外,男性及女性实行双重交配的现象并不稀奇,他/她一方面与一名配偶形成配对结合,另一方面也寻求与其他配偶进行交配的机会。多配偶的现象也较常见。人类为什么会被描述成单配偶动物,还没有一个完整的解释。

由于婴儿的头很大,分娩对于母亲及婴儿而言,都是一个极度痛苦的过程。在有些文化中,产妇的死亡率达到1/20。这一死亡率充分显示了女性在生育过程中面临的重大风险,并有助于解释为什么女性在作交配决定时,会表现出男性所少有的谨慎。不同的文化决定了人一生中生育后代的数量，平均而言，生活在城市中的人，每名女性生育2—3个孩子；自给自足条件下的，生育4—5个孩子；乡村地区生育8个孩子（可能也是自然条件下可生育孩子的最大数量）。现代的工具（婴儿配方奶粉、人工授精）的应用，可帮助有需要的人提高生育数量。当然，另有一套帮助人们限制生育数量，甚至完全放弃生育能力的工具。尽管对于地球上的其他生物来说，去除生育能力是一件大逆不道的事情，但对于人类而言，这逐渐成为一种常见的现象。

父亲同样参与对配对结合产生的后代的养育，但是，在配对结合关系之外生育的后代，一般都是由女性抚养，有时是由女性及其配偶共同抚养——这样的男性被称为“cuckold”（戴绿帽者）。“cuckold”来源于“cuckoo”（杜鹃）一词，这种鸟将卵产在其他鸟的巢内，这样，它自己便永远都不需要建造自己的巢。

生育窗口的打开

我第一次出现交配欲望是在11岁。我的邻居“迪克”（Dick）小小年纪便与“简”（Jane）建立了恋爱关系，这使我注意到了他。我发现他不仅仅是街头的流氓，还是一个男人。我希望他成为我的男人。即使在未来的三四年内，我的身体对于男性精子而言都是一个回报率极低的投资，我也根本顾不了这么多了。就像一枚一直在准备发射的火箭，我已开始向燃料仓加压，使引擎就绪，准备着一个壮观的进程。

和我的母亲一样，我到达育龄也是一个缓慢的过程，当周围的女性进入青春期停止生长的时候，我的个子还在往上蹿。这是一段艰难的生长过程，雌激素对我大脑的作用远远快于对身体其他部位的作用。当我的膝盖还在牛仔裤上磨出两个大洞时，我已经开始留意保姆玛格丽特（Marguerite）的曲线了。我希望得到街上的男孩，并希望拥有玛格丽特的曲线。这个过程又要持续三四年，之后我的生殖系统才完全准备就绪。

女性在9—16岁进入青春期。(这一年龄主要取决于遗传因素，健康的体质及良好的营养也会加快青春期的到来。)然而，即使是在青春期到来之后，经历一个试工期对于大部分人而言都是有好处的，因为虽然从表面上看管道循环已经建立，但整个系统还没有完全成熟。我可能是在经历了一年半的月经史后，才开始沿着输卵管向子宫排放卵子。此时，我实际上仍没有作好生育的准备。虽说我可以在排卵时怀孕，但女性要到18—20岁，身体才真正作好孕育胎儿的准备。如果我那时候怀孕，我便需要承担高血压的风险，而且胎儿也面临着早产与体重过轻的危险。当然，到分娩时我便会后悔地发现，自己的骨盆还不够宽，婴儿的头根本无法通过。

男性平均比女性晚两年进入青春期。我的那些美国同学在十三四岁(初中毕业或高中开始时)开始产生有效的精子。他们此时面颊松软、肩膀较窄，与成人还有很大区别。与他们自吹自擂相反的是，我并不认为他们有过多少次性经历。(性交的另一种说法。这个简单的替代词与它实际描述的行为之间的反差令我感到好笑。)实际上，根据1990年的一项调查，在全美国，由20岁以下的男性导致的怀孕只占3%。与我年轻的女性朋友们一样，同龄男性此时也正处于一种笨拙且在一定程度上受到保护的亚成熟状态。

年轻人常利用这段时间来练习这项自我们被孕育开始，生物规律便着手为我们准备的任务。我们开始进行生育的实践。遗憾的是，对于我而言，我的生物规律仍然难以与我的心理状态达成一致。尽管我在15岁时便乐于进行配对交配，我周围的男性对此却并不感兴趣。我当时比较高，同龄男性还在长个子。更重要的是，我是一个有主见、有攻击性的女性。我的配对结合过程开始得相当缓慢。

匆匆地排了300多个卵子后，刚过40岁的我，子宫内的环境已越来越不利于胎儿的生长。养育后代的最后机会正在离我而去。从理论上讲,我现在仍然具有生育能力,但我此时受孕的成功率已很低,而且即使受孕,我的子宫也可能会出现接二连三的流产。即使我能够顺利地产下婴儿,其DNA受退化的影响,只能代表一个生物终端,即这样的婴儿长大后可能会丧失生育能力。

如果我是一个负责任的生物体,在配方奶粉的帮助下,我现在可能已经是15个孩子的母亲了,而且每个孩子都可将我的基因带向未来。15个后代听起来是一笔了不起的遗产,但对于很多哺乳动物来说,这只是一个零头。如果我是一只负责任的大鼠,我可能已是几百只大鼠的母亲了。一只真正的模范大鼠可在3年的时间内,每月繁殖一次,每胎可产22只幼崽,总共可产下792只后代。即使是普通的大鼠,在其两年的寿命内,也能够将20只幼崽抚养长大。然而,大鼠与兔子、旅鼠、小鼠以及松鼠一样,属于我认定的摆在货架上的物种。它们是很多捕食者的主食。为了种群的延续,这些动物消费品不得不生产不计其数的后代,以期经过鹰、狼、猫头鹰、狐狸、食鱼貂、黄鼠狼、白鼬以及臭鼬的大肆捕食后,总有漏网的幸存者。

由于我的体型过大,不可能成为摆在货架上的物种。与其他大型动物一样,人类生育的频率较低、速度较慢。在整个生育期内,女性一般抚育2—8个后代。都市女性由于抚育后代的成本较高,所以生育的孩子较少。至于乡村地区的妇女,由于孩子们早早地就可以帮忙干农活,所以生育的孩子较多。而在自给自足条件下,女性在觅食过程中得把孩子带上,她们平均生育4—6个后代。人类生育数量与黑猩猩、宽吻海豚以及我们这里的黑熊相当。

我没有生过小孩。现在,我的同龄人中已有人当上了祖母。在我未来四五十年的生命周期内,我将不会有任何怀孕的可能。而不怀孕将会带来很多问题。它破坏了理论上的生存意义。在生物学意义上,我存在的价值便在于生育。如果没有生育,我的生物存在便没有意义。不过,也不是**完全**没有意义,因为我还可以通过帮助自己兄弟姐妹的后代,间接地继续我的基因事业。因为我的兄弟姐妹的部分DNA与我相同,他们是我个人资源的第二最佳投资对象。我还可以投资于自己表亲或堂亲的后代,但这些亲戚与我共享的DNA更少一些。不过,在我这一代共15名表亲或堂亲中,只有一半生下了后代,而我自己的兄弟姐妹都没有生育。因此,如果不能对我的表亲或堂亲中的后代进行这种投资,我个人的生物意义便彻底为零。

此外,未能生育还破坏了我的人生计划。如果我成功地生育了后代,我现在便可以筹划我老了以后的生活,在我自己的生育窗口关闭后,再过很长的一段时间,我便可以照顾自己的孙辈。凝望着地平线,我就能够由衷地感慨人类的寿命如此之长。现在,我需要强迫自己讨论一下这个问题:女性在过了育龄后,仍能活上很长一段时间,像这样的物种并不多见。几乎所有其他动物——獾、甲虫以及蚺蛇——在繁殖能力终止时,生命也告终结。繁殖与生存是同步进行的。一个停止,另一个也停止。然而,人类却能在生育期结束后继续生存,女性进入了一个奇怪的、被称为绝经期的不育阶段。很多理论家都尝试猜测其中的原因,但他们提出的理论尚未获得相应的证据支持。

"夕阳红理论"认为祖母是一种新现象,人类在没有冰箱及破伤风针时,只能活到40岁。直至过去的一个世纪,人类的平均生命期望才远远地超出这一年龄。在自给自足的文化中,如亚马孙河流域的雅诺马米人,生命期望仍很低。因此,老龄女性是现代社会的产物。不过,这种理论存在着数字处理方面的问题。过去人的平均寿命之所以如此之低,高居不下的婴儿死亡率是一个重要原因。那些1岁时便夭折了的婴儿,导致从平均数上看,每个人的寿命都很短。采用不同的数字处理方法:对于那些年龄超过生育期(约40岁)的女性,她们还有望能活多长时间？平均数是20年左右。这一数据(加上很多祖母在自给自足文化条件下照样活得很好的事实)并未支持“夕阳红理论”。

还有一种理论提出了另一个观点。这种理论认为，绝经期是人类通过进化获得较长寿命后的产物。由于身体的工作时间太长，或者换句话说，生育设备磨损了。我不喜欢这种理论。很多长寿动物——如大象(70年)、座头鲸(50年)和非洲灰鹦鹉(50年)——一直到死仍保持着繁殖能力。肯定是其他原因导致我们不同于这些动物。

最新的一个迎合大众口味的理论是祖母假说。该假说认为，对于已经将自己的基因传给下一代的女性而言，可以通过帮助自己后代的后代，在自己的有生之年，为基因传承贡献最后的力量。如果你造访坦桑尼亚的哈德扎文化，你就会发现情况确实如此：育龄妇女会带着自己蹒跚学步的孩子在沙漠中四处游走，采集容易获得的植物。与此同时，孩子的祖母使用挖掘工具，从硬邦邦的地里挖出块茎，为孩子提供生长所需的营养。母亲可能需要吃相当于两个人吃的饭量，但祖母却在为两个人觅食。在哈德扎人中，祖母在采集食物上花的时间越长，其后代的体重便越重。人类学家同时也在从其他自给自足文化中搜集类似的证据。

讲了这么多，我想提出自己的理论，因为我对其他的理论并不是太认同。祖母假说有一定道理，但是，即使是在狩猎-采集者中，大量的妇女在没有母亲或婆婆的帮助下，仍然能够正常地抚育后代。我认为可信的观点是，人类的后代需要十几年的时间才能长大成人。我曾遇到过一些权威的、有资历的理论家，他们认为后代只在头10年需要父母的指导与协助。以我自己在11岁时的亲身经历，我对这种观点持保留态度。直到不久以前，所有人类都需要从事狩猎-采集工作，完成这种工作需要具备植物、动物、天气、房屋、工具以及人自身特点的知识。我不敢相信普通人能够在10岁以前就掌握所有这些知识。不可否认，在世界各地处于自然经济文化以及发展阶段的文化中,数以百万计的儿童需要辛苦工作。不过,工作本身并不困难,真正困难的是通过工作,获得维持生计所需的必要物品。我在10岁时便能够烹饪全家人吃的饭,但即使我能够找到烧饭所需的各种原料,我也绝对没有能力建造必要的房屋、制作必要的工具,更不用提保卫自己的领地以及抚育自己的后代了。我认为自己在进入青春期的很长时间内,仍需要成人的保护与指导。我所处的文化也认同这一点,认为所有18岁以下的人都应受到监护。就人类而言,平均结婚年龄在20岁左右,这也表明低于这一年龄的人,即便已具备生育能力,但还没有作好养家糊口的准备。因此,我的理论是:人类,特别是女性,进化的作用使她们能够存活足够长的时间,以帮助她们的孙辈们度过十几岁的青春期。

(也许你会问,爷爷呢? 过去的研究均忽略了老年男性,直到最近才有了一些研究,原因在于过去曾认为男性一直到老均具有生育能力。我们现在知道,男性的生育能力也会退化,年纪大的男性的精子受精会增加后代罹患精神分裂症、孤独症以及其他精神疾病的风险。相关研究也直截了当地表明,老年男性与老年女性一样,也在利用自己最后一点力量,为孙辈的生存作出贡献,让自己的基因之舟行得更远。)

上面讲过,其他物种也可能活到祖母年龄。这样的物种有几个。有一种虹鳟能够在最后一次产卵后长时间存活,而实验表明,这只是进化寿命过长(对于鱼而言)的副作用。领航鲸一生中有1/3(或更长)的时间属于绝经期,并且也确实为自己的孙辈提供帮助。最近,伊利诺伊州布鲁克菲尔德公园的一只名叫“艾尔法”的大猩猩成为新闻动物,原因是它居然绝经了。然而,“艾尔法”只是现代医学的一个很好的广告:圈养动物一般比同类野生动物的寿命长很多,因为那些野生动物从来不刷牙,也不使用洁牙线。

在我们关闭这一生育窗口之前,我得重新讨论一下在第三章提及的人类生育方面的一个奇怪现象。在与我一起生活和工作的女性身上,我经常发现我们的生育周期具有同步性。虽然不是说女性每个月都会在同一时间符合生育条件,但这确实是一个非常普遍的现象。科学家对个中缘由还不十分清楚。两种对立的理论表现了人类个性的两种截然不同的表现。这两种理论分别是合作理论与竞争理论。合作理论认为,如果女性协调生育时间,那么婴儿的年龄便会相同。这样,一群母亲便可以相互照料婴儿并交流育儿知识,而她们的孩子在成长过程中,也能够相互学习社会规则。宽吻海豚的行为表明,比起单独养育后代,这种合作式养育方法可以让它们繁殖更多的后代。然而,考虑到人类每四周便会满足一次生育条件,而且后代的成长速度非常缓慢,我很难相信进化过程会惩罚那些孩子只比同龄人小两三周或大两三周的人。

另外一种理论认为,女性使其生育周期同步的驱动力是人类的竞争性。如果群体中一名女性希望在自己的生育阶段吸引周围的某位优秀男性,其他女性也可能希望利用该男性的优秀基因。老鼠便表现出这种行为模式。在嗅到雄鼠的味道后,一个特定群体内的所有雌鼠都会迅速满足繁殖条件。然而,大象似乎表现得两者兼具。一群母象会让它们的繁殖期同步。在时间合适时,它们一起召唤远方的公象,但领头母象会独占条件最好的公象,剩下的公象则留给其他母象。研究表明,领头的母象会首先分娩,分娩时间为一年中草木最茂盛的时候;而其他地位低下的母象分娩时,正是一年中较干旱的时节,所以幼象的死亡率也较高。这里面没有一点合作的意味。我想对于人类而言,这两种因素都在发挥一定的作用:从理论上讲,我最希望生育唯一一个以最好的条件抚养的后代,但是我如果不能够垄断交配机会,至少我能够得到他人的一些帮助。

我现在能够了解几十年前我出生时间的利弊了。我母亲是在她姐姐生育后不久生下我的,而她的弟弟紧接着又生下了自己的孩子。我穿着别人的旧衣服长大,为我的母亲省下了一大笔钱,而且3位母亲还可以相互照看孩子。然而,当时她们都希望我的外祖母能帮忙照料孩子,而我那慈祥的外祖母却无法同时兼顾这么多哭闹不停的孩子。

啊,我的外祖母,她的外祖母,以及她之前的外祖母们!想到自生命之始,千百代人始终努力地繁衍生息,形成这样的一棵参天大树,而我自己将是这棵大树上最终的一根枝条,我心里真的很难受。千百代人均乐观地希望自己的DNA能够一直传承下去,永无止境,而我却将成为这棵树上的一根末枝,为此我真的非常抱歉。从一个小小的细胞到长大成人的我,其间的过程曾是如此瑰丽。然而,我今天的失败并不只是一种美学意义上的失败。我同时是我们这种文化当前一种奇怪状况的代表:人类激烈竞争,希望获得领地与热量,好像自己要生育很多个后代;而实际上,很多人却一个后代也没有。这种现象让很多人的行为看起来不可理喻,而且这种不可理喻似乎正在愈演愈烈。

配对结合的过程

来看看我第一次认真地试图建立配对结合的尝试吧。真有点不好意思。就叫他大男孩吧。因为他实际上可以是任何人,只要他具有正确的体味、面部轮廓以及匀称的身材。这个大男孩肯定在这些方面的条件都不错,因为他曾是17岁的我梦魂萦绕的对象。

关于我自己的配对结合的令人苦恼的结果留待后面再叙,先让我们来看一下人类为什么一次只有一个主要的配偶。大部分哺乳动物的雌性并不会有任何配对结合的意图,它们已进化成单身母亲一族。那些生活在我院子里的动物,没有哪一种试图由一对夫妻共同养育后代。负鼠是单身母亲,灰松鼠也是。臭鼬走的是单亲路线,浣熊同样如此。鹿鼠与挪威鼠,甚至周围的鹿、北美麋鹿和黑熊,都只是与性伙伴进行1

分钟或1个月的交配活动，之后便分道扬镳。

然而，对于少数几个物种(通常是那些特别需要后代的物种)而言，抚养后代的责任由配对双方承担。这在哺乳动物中相当少见。只有约5%的哺乳动物会建立配偶关系——而且大部分关系仅持续1年，或仅持续抚养一代所需的时间。那么，有哪些动物会结成令人困惑的配对关系，它们又为什么要这样做呢？我们这种(据称)实行一夫一妻制的动物与同床者的概念是不同的。我们把某些种类的羚羊、几种蝙蝠、一些狐狸、几种美洲猴子、南美大水獭、北部河狸、各种海豹，以及少数类似兔子的中美洲与南美洲啮齿动物都包括在内。当然，人类也在这份名单里面。这种生活方式并不是一种普遍的选择。

为什么一个生物能够容忍另一个生物在整个生育周期内，甚至是一生中与自己朝夕相处？最好的解释是什么？这是另外一个问题。可能的答案包括：

后代需要帮助：对于某些物种而言，年幼的后代在很长的时间内，需要大量的关怀，单亲无法独自完成这项任务。

领地概念：对于那些由雄性负责领地守卫的动物而言，雌性通过配对能够获得好处。配对后，它(及它的后代)便可以享用雄性领地内的资源，而无须费力地获取这些资源。

捕食者：如果雌性及后代面临着捕食者的威胁，那么进化规律有时便会要求雄性守护在它们的身旁，保护它们的后代。

杀害幼崽行为：有些雄性会杀死非自己所生的后代(老鼠、狮子、黑猩猩，还有很多其他动物)，得到父亲保护的后代可以通过自己的存活，让父亲的基因得以传递。

护偶行为：因为子宫是有限的资源，比起那些到处寻找机会，却总得与其他雄性竞争的雄性，独占一个子宫的雄性能够获得更多的后代。

> 效率:迁徙的鸟类如果放弃每年寻找配偶这个环节,就可以在北方短暂的夏季中,让自己的孩子早几天出生,使它们更加强壮。伴侣关系可以节省时间。

在上述这些原因中,有一些也适用于人类:年幼的孩子确实一直需要照顾,不是照顾数周,而是得照顾好多年。或许我需要一个配偶来保卫我的食物来源,以便我能生产出足够多的奶水哺育我们的后代。而且,男性还可以减少狮子吃掉我们后代的可能性,或提防那些入侵的男性,他们可能希望通过杀死我的孩子来迫使我与他们交配。(黑猩猩便是如此。)这样的配对结合使我对自己的男人保持忠诚,即使他因为外出打猎有几天不在家。另外,人类的配对结合还对整个群体有好处,因为这样可以减少男性之间的摩擦与暴力——正如明确的领地界线能够有助于减少动物间的暴力冲突一样。当然,如果男性在我们的后代长大后仍保护着我,他便增加了养育更多后代的可能性。综上所述,人类之所以采用一夫一妻制,可能上述这些因素都发挥了一定的作用。当然,情况也可能不是这样。

也有另外一种可能性,即人类根本不是一夫一妻制的动物。在人类学家分析了世界各地数以百计的文化后(既包括规模庞大的文化,像我所处的文化,也包括小而稀有的文化,如哈德扎文化),他们发现,一夫一妻制走的是少数派路线。这当然不是以人数来确定的,因为如果以人数标准衡量,一夫一妻制明显是一种主导路线。在目前为止我们描述的1154种文化中,只有约100种实行一夫一妻制。而其他文化(包括伊斯兰文化及摩门文化),均容许一夫多妻(很多女性)制或一妻多夫(很多男性)制,但真正实行的并不多。关键问题是:在人类面临如何交配这个问题时,大部分文化都认为多配偶是可以接受的。因此,智人可能并不是一种合格的一夫一妻制动物。

一夫一妻制显然对我们的近亲黑猩猩及大猩猩没有约束力。黑猩猩生活在一个由众多雄性与雌性组成的混合群体内。在雌性发情时，它一般会与众多雄性进行交配。有时也会发生一夫一妻的情形，当雄性头领希望独占一只很有吸引力的雌性时，它会在雌性整整10天的受孕期内一直守着它。而那些地位低下的雄性，如果希望实行一夫一妻制，则会另辟蹊径，即采取所谓的“配对制”。它会与一只雌猩猩交上朋友，然后说服它与自己前往领地的腹地。如果雄性能够诱使或强迫处于受孕期的雌性与自己离群独居，那么它便可以成为其子宫的唯一竞争者。大猩猩则实行严格的一夫多妻制。银背雄性会独占一群雌性，不容许其他低等级雄性以及身材高大的黑色的外来客染指。

不过，即使人类不是一夫一妻制动物，至少在我所处的文化中，要求实行一夫一妻制。社会要求我在一段时间内，只能与一名男性交往，就像是一只忠贞的大水獭或雪雁。因此，配对结合关系会持续下去。

是什么使我想与自己的首任男友，也就是那个大男孩结合？那时我的生育期刚刚开始，对于男朋友的主要信息都是通过眼睛收集的。大男孩的个子比大多数同龄人都高。一般而言，较高的男性容易受到女性的青睐。而且相比于个子较矮的人，高个子男性在整个配对过程中能够生育更多的后代。对于男性而言(对于女性不适用)，高个子具有一定的优势。

我心仪的对象也很英俊。我的意思是，在大量睾丸素的作用下，他的下颌骨会变成一个宽阔的V字形，骨头的两端在他的面颊处明显突出。这样的男性，拥有睾丸素制造出的宽大的下颌骨以及颧骨，很容易令女性为之倾倒。他们之所以显得如此迷人，其中有一定的道理。睾丸素实质上会破坏身体的免疫系统。然而，高质量的男性能够承受免疫系统受损的风险，因为他们不太容易患病。这就像是百万富翁不在乎被征收巨额财产税一样：只要你有钱，税收根本算不了什么。在生物学意义上，大男孩的下颌骨以及颧骨是证明其超级健康的“真实信号”。

雄鹿头上的鹿角也是一个真实的信号：鹿角长得越复杂，雄鹿精子的活力便越强。当时只有17岁的我还不了解，大男孩健壮的下巴是他的强壮的身体的一个最好的广告。如果我希望生育健康且强健的后代，那么我算是找对了对象。

当然我自己也与他很般配。除了有一个由于雌激素的作用而发育缓慢的小下巴（这也是漂亮女性的一个标准），我的身材也很不错。对于男性而言，最流行的择偶标准是：向我求爱的人必须花大量时间琢磨我的面容。不过，他也检查了我的体积与高度的比值。如果我的体重过重，我就不会成为他的选择对象。另外，他还要检查我下巴到腰部的距离，这个参数能够确定腿的长度。腿的长度非常重要。腿的生长时间是在孩提时期，如果腿较短，则表明我生长时未获得充分的营养。小时候营养不良，长大后便容易患病。迄今为止，科学家已确定了腿短与成年人的肝损伤、心脏病、糖尿病，甚至是痴呆之间的联系。腰围与臀围的比例还可以向大男孩表明，我是像其他年轻女性那样，在臀部储存脂肪，还是像那些结束了生育期的女性那样，在腰部储存脂肪。

至少，这**可能**是大男孩当时处理这件事的程序。研究人员曾让一群男性观看女性的照片或画像，然后问他们最希望与谁配对。大部分这类实验都是在西方文化（或受西方文化影响的文化）中进行的。因此，这样的结论可能与文化有关，而不一定与生物学有关。实际上，为了获得关于体型的一个更合理的认识，两名体型研究人员曾将一些典型的女性“沙漏”体型图片，拿给一些尚未受到超级模特文化影响的秘鲁原住民看。对于这些细腰女性的一个普遍反应是，她们看起来营养不良，可能是因为她们“几天前刚发过痢疾”。而且，其他散布于全球各地的文化也更偏爱丰满而非杨柳细腰型女性。（迄今为止，还没有发现哪些文化喜欢体重过轻的女性。）因此，作为一个物种，我们可能并没有一个天生的女性体型标准。我未来的配偶仅仅是拿我与他所相处的文化教授给他的标准来作对比。

一个更加普遍的、有益的测试是我们相互之间下意识地进行的对称分析。由于时间太久远，大男孩的具体脸部特征我已经记不清了，但我至少可以看一下我自己的脸，并找到我们最终没有能够组成一个长久配对结合的原因。身体不对称可能是在子宫中曾遇到过问题的一个真实反映。它们揭示了脑的发育情况，很多身体的不对称（从统计学上看）都与智力的下降有关。对于我的发育故障，我之前并不知晓，只是有一次看到自己的一张照片时，我才吃惊地发现这一点。习惯了镜子中的正面像的我，照片中的脸看起来就像是由不同的部分拼凑在一起。我的不对称性非常明显。为了对我自己的歪斜脸型有一个客观的认识，我从地下室里找来一把木工用的水平尺，来到镜子前。通过与面前的标尺相比对，我发现自己下颌骨的左侧比右侧低1/16英寸（约1.59毫米），使我看起来有一个扭曲的下巴。我的左眼比右眼低1/16英寸；我的左耳低得有点恐怖，低了整整3/8英寸（约9.53毫米）。猛然间，我感觉自己的智商低了一截，从头到脚都有问题。我的右脚比左脚宽了1/2英寸（约12.7毫米），而且还有点弯曲。

我对于对称性的深层次研究让我发现了两个有趣的现象：我与很多人一样，左侧的眉毛比右侧的浓，右手手指间的缝隙比左手的窄。我也发现一些与性别相关的不平衡。我左侧的乳腺覆盖的范围比右侧的大，其他女性通常如此；对于男性而言，右侧的睾丸一般较大、较高。

如果我错开的脸型不会影响我的配对前景，那也不是什么大问题。而最要命的是，在出现了配对机会时，人们会下意识地对自己的对象进行观察，即使是最细微的不对称，也会削弱其吸引力。在牙买加进行的一项有趣的实验发现，女性通过观看男性跳舞的录像，能够下意识地挑选出体型最对称的人。即使将录像通过数字处理，变成没有脸部的动画，女性仍能够选出最佳的舞蹈者，与研究人员确定的体型最对称的舞蹈者完全相同。(在同样的实验中,被体型对称的女性所吸引的男性,他们自身的体型也很匀称。)这个实验提出了一种理论,即音乐与舞蹈是人类文化中的共同元素,因为它们是配对对象质量的真实信号。在全世界范围内,舞蹈常是成人仪式的一部分。根据对牙买加人的研究结果,一个合理的论断是,人类的舞蹈与鹤舞具有同样的功能,它将观众的注意力吸引到表演者出色的身体表现上。

当然,所有复杂的动物在子宫内发育时,都会出现一定的不对称,因为其中涉及大量的细胞分裂与再分裂过程。轻微的不对称并不意味着世界末日的到来。仔细观察那些大美人的照片,我发现皮特(Brad Pitt)的左耳及左眼与我一样有些下沉,克鲁姆(Heidi Klum)整个嘴相对于她的鼻子向左移动了1/2英寸。而这些小缺陷可能还有助于吸引别人的注意。每个人都存在左右不对称的问题,只要不歪得太厉害就好。人类当然并不是这个歪歪扭扭的世界中的唯一成员,还有很多动物也是一样,需要为天生的歪斜付出代价。家燕的尾羽如果不对称,在爱情方面也会遭遇脸歪的人经历的不幸。通过最终的分析,大男孩一定是通过了我的对称测试,而且我也通过了他的测试。我们又走近了一步,互相嗅着靠近。

正如我们在第三章讨论的那样,人类能够通过对方身上飘过来的气味发现很多蛛丝马迹。大男孩与我一定是在下意识中评估了对方的免疫属性,以确定我们的结合是综合我们的优点,还是会累加我们的缺点。我们或许能够确定,我们不是走散多时的兄妹,因此我们的后代不会后悔累加了我们的DNA。估计我们也通过了这项测试。接下来是什么呢?

要想更加接近,需要减弱人类天生具备的攻击性。人类,尽管在本质上属于社交型动物,但对于陌生人仍抱有怀疑态度。除非得到**无须**怀疑的理由,大多数动物一开始总是将同类看成是竞争者,只有经过一段时间的相处，才有可能变成朋友或配偶。每年4月，每只到我院子里觅食的蜂鸟都将其他蜂鸟看成是想要置它们于死地的对手。无论是雄鸟还是雌鸟，都想用自己尖尖的喙去啄对方。只有在雄鸟与雌鸟都选择好自己的领地后，雌鸟才感到能够安全地接近雄鸟并要求配对。尽管如此，雄鸟仍有可能会攻击它。同样，独自行动的雌虎也会凶猛地攻击接近的雄虎，即使它正处于发情期。一般需要几天的时间，雌虎才能控制住自己的攻击性，这时雄虎再与它亲热，才不会有被咬掉耳朵的危险。在野鸭中，由于雄鸭未能充分控制住自己的攻击性、导致雌鸭死亡的数量占雌鸭死亡总数的10%——在征服自己爱情俘虏的过程中，它们容易把雌鸭淹死。看起来所有动物都有保持警惕的理由。当人类男女双方抑制住自己的攻击性后，他们向对方发出信号，表明可以安全地接近了。如果我认为自己抑制了攻击性，我会通过大笑、敞开怀抱以及歪着脑袋释放出友善的信号。这些都被认为是表达一个人放松了对于自己容易受伤的脖子以及躯干的保护。(研究人员已发现，美国女性拒绝追求者的方式是：手插口袋、双臂交叉、打呵欠、仔细检查自己的头发以及剔牙。)

随着测试的继续，便进入了象征性姿势阶段。在某些物种中，这时候雄性需要证明自己供养怀上了它的后代的雌性的能力。这些求爱礼物在哺乳动物中并不常见。昆虫及鸟类似乎表现得较好。雌食虫虻必须贡献出耗费极大精力生产的卵子。雄食虫虻除了廉价的精子，是不是也应该贡献一点营养？很多雄食虫虻在接近雌食虫虻时，会象征性地带上一只捕捉到的昆虫。从红衣凤头鸟到北方猎兔鹰，很多鸟类都会以种子或鲜肉作为求亲的礼物，这些礼物或许也可以证明其觅食能力。雪鸮的求婚仪式隆重得像是夜晚的舞会，雄鸟站在高处，张开翅膀，喙中叼着作为礼物的死旅鼠，映着白色的“晚礼服”，看起来就像是一个黑领结。

对于人类而言,生物结合行为与文化结合行为之间的界线已非常模糊。配偶间赠送礼物固然是一种普遍存在的现象,但这主要是一种文化现象,正如结婚仪式一样。当然,也有可能是,勇于奉献是进化过程中形成的一种品质——如果慷慨是男性养家能力的一个真实信号,那么礼物便会成为不可或缺的一部分。大男孩求婚时,带的是他自己的一张照片,如果我没记错,还有几束水仙花。在那些女性资源紧张的文化中,礼物可能升级为大量的牲口、现金或其他"彩礼",这些都是给女方的父母准备的。如果男性资源紧张,那么经济问题便会逆转,由新娘的家人准备礼物。

永不停止的交配

这是一个不可避免的话题。现在讨论交配的问题。虽然有些研究人员认为交配是谈判过程的高潮,但另一些人却怀疑交配只是动物衡量对方质量的另一种方式。毕竟,交配不会自动地产生后代。对于有些物种,相互竞争的雄性会想方设法杀死雌性生殖道内其他雄性的精子;而有些物种的雌性能够随心所欲地排出任何精子。不管交配是最终的测试还是表面形式,它都是一件大事。

对于某些动物来说,交配是一件严肃的事情。有些昆虫一生只进行一次交配。很多哺乳动物只在雌性短暂的受孕期内才交配。鸟类在雌性处于产卵期的一两周内,每天都会进行多次交配,而一年的其他时间则不会进行任何交配。我们发现老虎即使是在发情期,仍对另一方的陪伴不感兴趣,所以除了生殖的需要,根本不会有交配活动。对于很多动物来说,交配是一个劳累活,就像是我洗地毯,累得上气不接下气那样。

而人类在这方面却与众不同。不知何故,人类的性交很容易。虽然女性的受孕高峰每个月只有短短几天的时间,但她仍会随时准备性交。实际上,很多夫妻采用“生理周期”法进行避孕,即**除了**女性的受孕期,其他任何时间都可以性交。这在生物学意义上是不可理喻的。对于人类以及其他少数几种动物而言,性交与生育存在明显的区别。

为什么会出现这种情况?这是不是在测试对方的质量?有些理论家认为性交可能是一种衡量对方健康与个性的好方法。然而,在我的文化中,常会出现男女在发生一次性行为后就不再联系的现象。一方或双方认为对方不适合自己。不过,频繁地性交这种现象,背后可能还涉及其他问题。人类排卵的秘密方法可能也是一个重要的因素。在雌性黑猩猩临近受孕期时,它后部的“生殖器皮肤”会肿大得像一个凸起的粉红色气球。任何人一眼就能够看出它正在准备排卵。而人类却不是如此。当人科动物通过进化,以后腿行走时,雌性的生殖器也被隐藏了起来。即便人科动物过去也曾经以黑猩猩的方式广而告之自己的受孕期,但这种新姿势却阻挡了别人的视线。虽然我可能正在排卵,但却没有哪个聪明人能知道这一点。这种“隐秘的排卵方式”给男性带来了一个问题。他希望成为我孩子的父亲,但是他却不知道应在哪一天向我示爱才能够得到最好的结果。这时,频繁地进行性交便成了一种解决方案。当然,如果女性也能够从性交中获得乐趣,而不是将性交看成是攻击,那么这种解决方案便能够更加顺利地实施。这也许是最有说服力的一种理论。

而且,如果操作得当,在合得来的男女之间,性交有助于强化配对结合的关系。而稳固的配对结合则有利于后代的成长,因为他们能够得到父母双方,而不只是父亲或母亲的照顾与抚养。具体的进化事件链可能是这样的:一次基因突变导致性交产生快感,甚至成为一项娱乐。另一次突变导致在性交过程中,增进情感的催产素分泌量上升,鼓励性交者配对。感情深厚的配偶,他们的后代由于得到父母亲的照顾,所以长得很健壮,并一代代地逐步占领整个世界。对于我而言,这套理论很有道理,但却实在找不到方法证明,我们为什么能够在极短的时间内进入交配状态。

如果交配具有双重目的,即生育与加强结合,那么交配也有助于解释同性恋行为。与其他数百种动物一样,人类中也常出现同性恋个体。有1%—10%的人(其中男性多于女性)更喜欢与同性进行性交。在某些文化(其中最著名的是古希腊罗马文化)中,即便是那些与女性配对的男性也常与同性发生性行为。(对于女性中同性恋及双性恋的历史,人们了解得不多。)在其他文化中,那些宣称自己为同性恋的人,可能会与同性对象结成一生的伴侣。

人类与其他动物同性恋的基因依据已越来越清楚。但问题是,在具有同性恋基因特征的人看起来不会生育后代的前提下,这种基因特征又是通过何种方式持续存在的呢?有些理论认为,同性恋者会成为自己兄弟姐妹的后代的理想养育者,这些后代中有些人会共享这一基因特征。还有一些理论指出,同性恋者也可能成为**自己**后代的理想养育者,因为人类的性交具有可变通性(和强制性)。我更喜欢一种简单的老套理论:人脑在发育过程中,浸泡在激素中。更多的雄激素会产生一个更加男子气的脑,而更多的雌激素则会产生一个更有女人味的大脑。在发育完成的脑冲出子宫后,它们既可能是"热血男儿",也可能是"美丽女子",还有可能处在这两者之间。这些处于不同色域的人会不会充分利用自己的生育能力?不会。然而,那些生育后代的人,又会将颜色混在一起,其后代的脑又可能分布在任何色域内。支持的证据:在意大利进行的一项新研究发现,最性感的女性(生育后代数量也最多)所在的家庭,后代中男性出现同性恋的比率高于平均值。研究人员表示,这是因为生育数量多的女性对不生育的男性起到了补偿作用,保持了基因的作用。

虽然人类的性行为非常神秘,但还是有一些沉迷于交配的动物与我们为伴。黑猩猩有时会在雌性的受孕期外交配。海豚仅仅是为了取乐而四处调情。当然，交配的全明星要数倭黑猩猩。这种黑猩猩的近亲体型较小，它们似乎随时随地都在交配。与充满狂躁与暴力的黑猩猩的社会生活不同，倭黑猩猩通过交配，几乎能化解所有的冲突。当一群倭黑猩猩偶然发现一棵果实累累的果树时，它们不是像其他动物那样你争我夺，而是首先纵情狂欢一番。无论雌雄、无论老少，全都参与到一场生殖冲动的盛大狂欢中。下一步才是吃水果。不过，倭黑猩猩想拉着某个伴侣亲热一番是不需要寻找理由的。它们以这种进食和性娱乐两不误的方式庆祝美好的一天。

正如我们弄不明白自己的性交动机一样，这些动物为何会沉迷于与生育并无关联的性行为，同样令人费解。对于海豚和倭黑猩猩而言，交配绝不是对潜在对象进行测试的一种方式，因为它们的这种交配根本不会产生后代。雄性海豚彼此依偎和摩擦。年幼的倭黑猩猩与成年倭黑猩猩交欢、雌性倭黑猩猩彼此交欢等。同样，这些动物的交配也不是秘密排卵的应对方案。在我看来，对于这两种动物，通过交配建立感情的理论最靠谱，因为交配对于它们而言，是比擦窗子更有趣的一种娱乐活动。

因此，我和大部分人一样，有时在性生活中会将生育后代的目标抛在脑后，这也就不足为奇了。这种行为有助于双方的了解，展示体力、智力以及交流技能；而且它也会刺激脑，正像美酒佳肴一样，充满着，嗯，乐趣。

化学咒语

在我遇见我的终生配偶时，我们成功地通过了一些标准的测试。我们都显得面容和善，具备健康的体形。我们也忽略了一些测试，改由我们自己作判断。需要记住，很多配对研究都是以大学生为研究对象的。这些人未必发育成熟,他们中很多人缺乏相关的经验,不会像年纪稍大的人那样,在选择配偶时,将生物驱动因素作为次级因素考虑。过了20岁之后,我自己的选择长期配偶的标准离美学标准越来越远,而更趋向于与脑相关的因素。多年来,与我结合的男性有些骨骼结构表现出较高睾丸素水平,有些则表现平平,有些脸部的不对称性与鲽不相上下。我的终生配偶长着有力的下巴与肩膀,能够撑起半头乳齿象。他的对称性还说得过去,身体绝对健壮。但是我发誓,这些因素对于我而言都不重要。真正吸引我的是他头盖骨下面的灰色物质。我们的结合是脑与脑的结合。

与这种结合同样令人感到愉快的是,大自然还筹划了一个备份计划。有一种强大的化学力量将我们连接在一起。多巴胺可以刺激我脑中特定的区域。它有时也被称为脑的"奖励性化学物质",因为在享用美食及性交的过程中,它会使人有愉悦的感觉。实际上,所有的上瘾现象都是由于人们对多巴胺产生的幻觉产生了依赖性。因此,我一定也是对这种类似成瘾的脑兴奋产生了依赖性。我体内的类鸦片系统加快工作,将我与配偶连接在一起。爱情让我疯狂!

同时,我的睾丸素水平上升,激起我的性欲并提高我的能量水平。尽管我的配偶当时处于多巴胺低潮期,睾丸素水平较低,帮他解除了攻击性。然而,只要我们发生肢体接触,催产素,这种将父母与后代结合在一起的情感化学物质,恰似一颗温柔的炸弹在我们的脑中炸开。磁共振成像扫描甚至显示,在我的眼睛看着新发现的配偶时,我的脑中负责批评他人行为与意图的部分完全处于怠工的状态。在我的眼中,配偶是完美无缺的。爱不仅疯狂,而且盲目。

至少在我年轻时,另一种干扰思想的化学物质,即血清素,也会左右我的配对选择。血清素是一种在脑中马不停蹄工作的化学物质。它可以消除焦虑、平息怒火,或许还能降低帅哥的诱惑力。然而,当一个人陷入迷恋状态后，这匹奔马好像跛了脚，血清素出现了枯竭，表现得意乱情迷。回想过去，当我与未来可能的配偶处于热恋状态时，我便陷入了迷恋。血清素，或更准确地说，是血清素的短缺，使我更加沉溺于爱河。在我生育窗口刚打开的那几年，这种情况尤为突出。天哪！我还清楚地记得一张报纸上的金发捕虾人(实际上是捕虾的男孩，或从生物学意义上，捕虾的人科动物)的照片。他有着浅色的鬈发、深深的酒窝，牙齿中咬着木质龙虾钉……我带着那张照片，终于找到了远方的他。当他从自己出生的小岛来到岸上参加一次与捕鱼相关的庆祝活动时，我和一名女伴翘首寻找我们的猎物。他看起来比照片上的还要可爱。我们整天跟着他，第二天还是一样地跟着他。根据一些零星的信息，我的脑发热，捏造出大量有关这个男人的具体幻象，我还想象我们是如何跑过停车场，扑进对方的怀抱，又在山顶建起了一座白色的城堡，以养独角兽为生……

尽管现在，因血清素过低引发的难堪已离我远去，但是，一些迷惑人的化学物质仍将我与我的终生配偶粘在一起。我们长期地结合在一起。这绝对是一个了不起的奇迹。很多哺乳动物的雄性与雌性仅仅是出于繁殖的需要才被迫结合在一起，之后便互不相干。在敌意暂时消除的条件下，它们进行接触并交配，然后便分道扬镳。**你如果识趣，就不要再回来！**要与我的配偶结合在一起，我的脑中必须充满大量的化学物质，这显示出大自然必须采取极端的方法，才能让男女成年累月地待在同一屋檐下，直至终了。

在一种期望一对伴侣能够白头偕老的文化中，化学物质要实现对脑的控制，必须无所不用其极。大部分化学物质作用——激素的波动、多巴胺、血清素——只能维持一两年的时间。化学物质的作用过后，你有一天会突然发现，餐桌对面的这个人毛病太多，恼人至极。你怎么可能不注意到，他一边问你问题，一边却离开了房间？你又怎么能够对她咬指甲的习惯视而不见？而这些问题就需要利用催产素来解决，人体每天都可以产生新的催产素。当我坐在椅子上，抱怨问题没有得到回答、盘子还没有洗时，我的配偶将他温暖的手放到我的肩膀上，并亲吻我的脸。随时待命的催产素便点亮我的脑。于是我们的结合关系又维持了一天。

维持结合关系的战争

人类结合及驱赶竞争者之间充满矛盾的需求，即使是最好的化学物质，也无法解决。毕竟，我仍是一个领地动物，机敏地把握自己对空间控制权的退让。而且我仍希望自己能享用最好的资源，暗地里希望让我的配偶花费他的宝贵能量，完成所有的养家糊口、割草、洗车、刷浴缸、洗地毯的工作，而我自己则在一旁吃糖果，这种想法是我无论多努力都无法掩盖的。当然，即使是最快乐的配偶，仍会由于生物原因，希望溜出家门与陌生人交欢。接下来，争夺控制权的战争便会发生，有时是争吵，有时甚至是相互残杀。

在有些文化中，战局对男性有利，女性如果争夺控制权，则会面临极大的风险。例如，根据摩洛哥、约旦、叙利亚和海地的法典，男性如果发现自己的妻子不忠，便有理由杀死她；在巴基斯坦、印度、孟加拉国的部分地区，以及其他很多文化中，这种“荣誉处死”虽然不合法，但仍时有发生。这些文化群体中的女性如果想要对男性的权威发出挑战，则会非常危险。

与此相对，在巴基斯坦的吉卜赛文化中，女性可以很轻易地抚养后代，而无须男性的支持。因此，配对的双方均为得到平等的决定权而争斗，这样的争斗还没见分晓，配对结合关系却早已结束。在我自己的文化中，情况也是如此。我希望从配偶处获得的唯一资源便是陪伴。我完全自主地确定自己需要牺牲多少领地、放弃多少自我利益来满足这个需求。刚才这句话我用了过去时，是为了表明战争已经结束。但实际上战争永远不会结束。就在今天早上，我对他让热水——我们的共用资源——哗哗地流向下水道表示最低程度的不满。就在今天早上，当我说想去做足疗时，他多看了我1秒钟。可以说，战争永远不会结束。

在我们日常的小摩擦背后，可能存在着一个更重要的分歧。我们虽然同意组成一对，但在内心最深处，我们都知道，如果我们与大量不同的配偶生育后代，那么我们都能留下更多的遗产。男女双方都已经超越了这样的生命阶段，但这并不重要。就像是一只肥猫努力去捕捉一只自己根本吃不下的鸟，这样的本能是你无法控制的。更大的问题是，男性与女性的本能会导致极大的不协调。

对于男性而言，如果能够自由行事，则可以将自己的基因遗传给许许多多的后代。据说当今世上每200个人中就有一个是成吉思汗的后代。在他征服亚洲的过程中，他也同样征服了大量有生育能力的女性。(如今，约有8%的亚洲人拥有相同的DNA指纹；该指纹源自约1000年前，如果这个人不是成吉思汗，那么历史学家还真想知道他是谁。)关键问题是，男性的生殖能力主要受到能够利用的子宫数量的限制。“大人物”常在这方面占有优势，因为他们可以霸占很多有生育能力的女性。例如，斯威士兰最后一位国王索布札(Sobhuza)有70位妻子，估计生育了210个孩子。

而另一方面，女性的生育能力却非常有限。传统条件下，一次怀孕加上养育孩子，需要占据女性的生育系统3—5年的时间。而男人性交一次，只需花费他50千卡的热量，其精子数量在3天后便可恢复到正常水平。然而，对于女性而言，一次性交会对她的生育活动带来长期的风险。同时，也会带来分娩时的风险，甚至有可能导致死亡。在某些地区，女性分娩死亡率高达1/20。也正是因为如此，女性对其性交的选择非常认真。不过,与男性一样,与多名男性生育后代对于女性也有好处。在不稳定的生存环境中,要让自己的DNA经受住时间的严峻考验并得以传承,最好的策略是与不同的人生育不同的后代,以应对各种不可测事件。女性一般最多生育8个孩子,每个孩子的分娩都有可能导致她的死亡,所以她对于这个问题非常挑剔。

而这里面也存在着摩擦。在生物学意义上,男性及女性每生育一个孩子都应更换不同的性伙伴。同样,在生物学意义上,男性的朝三暮四不会给配偶造成过大的损失,除非这影响了他抚养及保护她的后代的承诺。然而,女性的朝三暮四却会使她的配偶投入多年的精力去养育其他男性的后代。这便会导致我们所称的"吃醋"问题。女性吃醋的表现同样强烈,这或许是因为男性永久的离别将对她的后代带来现实且具破坏力的危险。因此,夫妻双方都试图监视对方,这也是夫妻间发生冲突的一个常见原因。

女性有一套精密的装备,能够帮助她在很大程度上进行生育的选择,而不管她是否处于配对结合的状态。新的研究发现,在排卵前几天,她处于一个要求最严格的阶段。这几天之所以关键,是因为在排卵后,如果有精子等在那里,她便极有可能怀孕。因为精子能够在她的生殖道内存活几天,所以她有一些时间来处理有关问题。我们在第三章讨论过,在这几天里,女性的感觉会变得更加敏锐。她能够看得更清楚,听到细微的声音,并可能闻到男人免疫系统发出的微弱信号。有些人因此得出结论,认为敏锐的感觉有助于让她避开那些可能会强迫与她性交的男性。还有一些人则认为,此时正是她对男性质量进行测试最重要的阶段,而她也会对该测试进行最严格的审查。当然,感觉能力的提高有助于实现上述这两种功能。

女性对于男性体型的喜好也会在这段时间发生变化,不管她自己是否意识到了这一点。让一名普通的西方年轻女性从一组年轻男性照片中选择自己中意的对象，在一个月的不同时段中，她会给出不同的答案。大多数日子里，她喜欢的是面部线条柔和、睾丸素水平中等且骨骼匀称的男性。根据统计，这些男性的合作性强，而且也是照顾子女的好帮手。然而，在她的受孕期，一切都变了样。现在，她需要的是粗暴型的男性，这种男性身材高大、睾丸素水平高、下巴突出、眼神飘忽不定。对于那些寻找短期配偶的女性，这种倾向更加明显。

这可不只是一个学术猜想。根据对我所处的文化的调查，比起受孕期后几周，有配偶的女性在受孕期前几天出现"红杏出墙"现象的可能性要高出一倍多。其他研究也已发现，女性在受孕期更容易丢下配偶，在单身酒吧度过一个夜晚。这种现象让理论家提出，女性（可能也包括其他物种中的雌性）对男性采用的是一个双重策略：她与一个温和、大度的男性组成配对结合，以更好地照顾她的后代，同时，她会尽力怀上那些控制欲强、富有攻击性的男性的后代。显而易见，这样的概括有些荒唐。不过，我也得承认，在那些躁动不安的日子里，在排卵前，我也确实想过那些粗野、并不适合自己的男性。这些恶棍确实占据过我的心灵，我很庆幸在我体内的激素安分下来后，他们离我远去。

因此，在我们结合的早期，我的配偶从生物学意义上完全有理由采取守护我的行动。在其他男性悄悄潜入时，他的"颈毛"高高耸起，"犬齿"发出可怕的光芒。可能在我身体的化学物质中，他发现了一丝欺骗的影子。他完全有理由这样做。过去，曾有过几次——我保证是在过去，尤其是我年轻时——我偷偷地溜出去寻欢作乐。不过，由于时间过了太久，我也不记得它们是否正好发生在我的受孕期内。

除了人类和黑猩猩，其他很多动物也在进化过程中形成了一套守护配偶的技巧，其中有些非常巧妙。我院子里的雄性灰松鼠，其精子在雌性的阴道内会硬化成一个"性交塞子"，仿佛起着贞操带的作用。雄性肉蟋蟀的精子中有一种抑欲物质，能够使雌性失去性欲。根据一项最新的研究,男性对女性的受孕期也有一种本能的反应。如果让达到受孕期高峰的女性的配偶看一组陌生男性的照片,他们会对那种代表了高睾丸素水平的脸型表现出更高的敌意。如果该实验可靠而且结果稳定,则表明我的配偶能够以某种方式发现我的受孕期,并且他会自动地全身戒备,以赶走入侵的男性。

女性的排卵方式如此隐秘,他又是如何知道她的受孕期的?至少已经有两项研究发现,在女性接近排卵期时,男性会发现女性更加"性感"、"宜人"或"有吸引力"。(这些实验使用半身T恤照而不是全身照,以避免视觉分散。)这表明男性有一种下意识的能力,能够发现女性的生育状态。还有一项实验发现,对于男性(和女性)而言,比起非受孕期,受孕期女性的面部照片更具吸引力。所谓的秘密排卵实际上一点也不隐秘,每个人都能够下意识地发现其他人的激素状态。

有一项研究结果让我大吃一惊。该项研究是关于雌性黑猩猩的,结果表明,有些雌性黑猩猩在选择自己孩子父亲的问题上,与人类的女性一样积极——不过,它们的成功率要高得多。黑猩猩生活在一个大的社会群体中,这个群体一般由一只雄性个体主导,如果它想要的话,就有权(大部分情况下)独占一只雌性个体。不过,在对科特迪瓦共和国一个黑猩猩群体的研究中,研究人员比对了黑猩猩幼崽的DNA,以确定各只幼崽的父亲。让他们感到吃惊的是,超过一半的幼崽的父亲来自完全不同的领地。雌性黑猩猩在各个受孕周期中,可能会交配几百次,而且通常是与其群体内的雄性交配。然而,在它们受孕的最高潮期,这些雌性会独自穿过丛林,有时只需一两天的时间,便完成了与外界雄性最重要的交配。这些雄性是它们之前认识的,还是它们去了类似"单身酒吧"的地方,我们无从知晓。不管怎样,这种现象所要求的精确度令人吃惊。雌性能够长期容忍一个由雄性主导的世界,但就在那最关键的一两天,它们完成了自己的事业。

所有关于女性欺骗的问题也引出了男性欺骗的问题。几十年前，研究人员曾经报告称，已婚的美国男性中，宣称有婚外情的是已婚女性的两倍。高达一半的男性自称有婚外性行为，而女性只有总数的1/4。然而，研究人员怀疑男性有点夸大其词，而女性则有所保留。最近一些研究进一步证实了这种怀疑，女性与男性一样，同样可能背叛自己的配对组合。（我也总是怀疑，如果女性不参与，那么这些男性又是和谁发生婚外情？我不是数学家，但我也知道性交需要两个人。）在世界各地，文化不同，欺骗的比率也有所不同。在那些男性占据绝对主导地位的文化中，女性进行基因选择的机会较少。在美国，在外工作的女性进行欺骗的可能性会高出一倍，可能的原因是她们比留在家里的女性拥有更多的机会。

问题是，为什么会存在这种欺骗行为、这种脚踏两只船行为、这种越轨行为？女性从积极的交配选择中获得利益的理论，正从动物方面的相关研究中获得支持。至少对鸟类的研究发现，采用欺骗手段产生的后代看起来是最健康的。鸟类的出轨行为最突出，所以它们是一种很好的研究对象。以那种可爱的终生配对的雪雁为例如何？在加拿大小雪雁的筑巢季节，当雌鸟产卵时，雄鸟会暂时离开，与其他雄鸟的配偶发生关系。这种行为在鸟类社会并不少见。平均而论，在实行“一夫一妻制”的鸟类的巢中，有1/10的卵是由其他雄鸟授精的。澳大利亚的细尾鹩莺，名义上实行一夫一妻制，其实是非常出色的偷情者，雌鸟会通过限制手段，使得巢内只有1/3的卵是由自己的配偶授精的。即使是1/10，也是一个相当高的比率，但人类的比率也不见得比这个低。显而易见，大自然不喜欢一夫一妻制。

这可能有一个很好的理由。在行骗的鸟类（占所有鸟类的86%）中，偷情生下的后代常比“合法”的后代强壮，免疫系统更加有效。蓝冠山雀是欧洲常见的一种鸣禽。雌鸟常常会和两类雄鸟——远方与它没有关系的雄鸟,以及较近且与它有点关系,但体型更大、更成熟且歌喉出众的雄鸟——发生关系。尽管有证据表明大型的当地雄鸟占据优势,但看起来雌鸟与远方雄鸟交配后产下的非同系的后代具有更多的优势。这些后代更有可能存活到性成熟时,如果是雄性后代,它们会继承更亮更蓝的皇冠,有助于得到更健康的配偶;如果是雌性后代,相比于其系内繁殖的同母异父的姐妹,它们能活得更长。(为什么首先与有亲缘关系的雄鸟结合呢?可能是由于鸟类社会太过稳定,不利于外部结合的发生——在与世隔绝的人类社会中,也存在着这样的现象。)研究还发现,除了鸟类,其他生物也可从杂交中获得好处。在草原犬鼠中,仅与一只雄性交配的雌性产下的后代不及那些活动范围大的雌性产下的后代多。在食物不足的果蝇群体中,那些与多只雄果蝇交配的雌果蝇产下的后代更多,从理论上讲,这是因为一只营养不足的雄果蝇不能提供足够多的精子,以使所有的卵均受精。

对于雌性来说,欺骗还有其他很多好处。黑猩猩及倭黑猩猩这样的社交动物进行广泛的交配,能够保护自己的后代免受杀婴行为的伤害:与它交配过的雄性不太可能杀死它的后代,因为这些雄性会记得这个后代或许是自己的。另外,更狡猾的雌性可能会占用一个特别能干的雄性的精力与精子,让其他雌性得不到机会产下这个雄性的后代——因为这些后代最终会与它自己的后代相竞争。在进化过程中,人类是否也因同样的原因而形成了自己的方式,我们只能猜测。

那么,一个有趣的问题是,为什么一些雄性在进化过程中,能够容忍雌性通过欺骗而获得好处?对于很多动物(如草原犬鼠)而言,原因是雄性无须为照顾后代投入精力。因此,雌性是否想要与其他雄性产下后代是它们自己的事情。对于共同抚育后代的鸟类,答案则不同。很多鸟类的寿命非常短,只有一两个繁殖季节。因此,雄鸟即使发现自己的配偶不忠,它也不太会放弃自己的家庭。如果巢内属于它的卵只有一个,则这个卵可能代表着它唯一的繁殖机会。它被迫作出一个艰难的选择,只有养育并保护整窝卵,才能保护自己那可怜的一点血脉。而且,雄鸟有时很笨,不会发现自己配偶的欺骗行为。一项关于鸟类欺骗率与脑的大小的有趣研究得出的结论是,最喜欢欺骗的雌鸟也是那些最聪明的雌鸟,可能是因为智力超过雄鸟的雌鸟能够产下最健壮的后代。只有在雄鸟大脑大于雌鸟大脑时,欺骗率才有所下降。当然,也可能是雄鸟忙于追逐自己的对象,没时间顾及自己的配偶在做什么。

既然我们有欺骗的倾向,还面临着人类天生杂乱配对的生物压力……我们是否适合结成终身伴侣？关于人体解剖学的一篇论文雄辩地宣称,男性在进化过程中,形成了一种争夺女性子宫的机制。科学家在试验阴茎与阴道模型,以及模拟精子的各种配方时发现,男性射精器官的形状之所以如此奇怪,是因为圆锥形的末端形状非常完美,能够收集并清除阴道内的液体,之后才会释放出新的液体,而清除的液体可能就是女性之前的性交对象所留下的精液。毫无疑问,如果动物在进化过程中,采取严格的一夫一妻制,那么这样的装置毫无用处。(黑翅蜻蜓的这一装置最为发达。它的射精器官末端的喷嘴能够滑进雌性的两个储精囊内,利用倒毛,将之前追求者的希望与梦想搜刮殆尽。)

这些欺骗行为是否会影响人类的家庭？男性将自己的后代放在别人那里代养的成功率有多大？女性使自己后代基因多样化的成功率又有多大？换言之,假如欺骗能够为人类制造出更优秀的后代,我们是否充分利用了自己的潜能？有关这方面的数据非常少。因为大多数亲子鉴定涉及的都是那些怀疑存在着不忠的案例,所以得出的结果自然显示欺骗者的比例较高。在进行亲子鉴定的家庭中,高达30%的后代被证实为非亲生。普遍而言,估计这个值在2%—20%之间,差不多等同于世间最浪漫的终身伴侣天鹅的出轨率。

配对结合的失败

考虑到人类配对结合的质量不可靠,加上婚外性行为的生物冲动导致的相互猜疑,这样的结合不可避免地需要承受极大的压力。在我的文化中,离婚率在20世纪70年代达到了高峰,之后又有所下降。年轻人结合的时间延长,特别是对受过高等教育的女性而言。然而,结合失败的情形仍呈蔓延之势。美国著名人类学家费希尔(Helen Fisher)认为,人类可能与迁徙的鸟类一样,在进化过程中形成了一种以生育季节为单位的结合。在狩猎-采集者中,后代长到约4岁便能在母亲采集食物时独自行动,此时"巢穴"就会人去楼空。费希尔在对58个人的失败婚姻进行分析后发现,夫妻关系维持了4年后,便会出现一个离婚高峰。因此,可能确实存在一个内在的结合期,这个结合期随着生物时间表的变化而变化。

不要为这样的结果感到羞愧。即使是最优秀的物种,也会出现离异现象。在所有的鸟类中,约有一半(包括著名的帝企鹅)的配对结合只维持一个繁殖季节,第二年它们便会尝试新的结合。即使是那些"终身"结合的鸟类,也会出现要求分开的情形,除了不可调和的差异外,还有很多其他理由。很多分离的原因是不能产生后代。大贼鸥是一种捕食性的海鸟,如果入侵的雌鸟用暴力手段将"女主人"赶出了领地,原先的配偶关系就会被打破,而领地内的雄鸟则对家庭政变无动于衷。雌性疣鼻天鹅也有同样的表现,当入侵者赶走自己的配偶时,它会站在一边不闻不问,然后与它的新配偶双双飞走。几乎所有的火烈鸟都以分手告终;蓝脸鲣鸟有一半不能维护婚姻;而疣鼻天鹅则有大约10%个体会离异。在灵长类家族中,生活在亚洲的"终身伴侣"白掌长臂猿对于爱情也并非那么忠贞。科学家亲眼见证过,一只年轻的雄性唱着情歌,成功地使得一只雌性离开了它年老的伴侣;而一只雌性离家出走几个月，与另一只雄性生活在一起。

幸运的是，这些可生物降解的脑的化学物质，不仅开始时能够促进结合，而且还可以再生。人类可以进行多次配对结合，即使是在其生育窗口关闭之后。我自己曾建立过4次维持了几年的结合。而来自巴拉圭的阿奇妇女，一般一生中会进行10次结合。附近的库那原住民也很不稳定，平均结合次数为5次。

关键点：后代

有时，虽然两性之间的敌意一直延伸到女性的生殖道中，但精子最终还是要与卵子相结合。一般来说，两种DNA类型的混合并不顺利。胚胎生成后，由于子宫发现过多的异常点，它会直接拒绝这样的胚胎着床，而母亲还没有意识到胚胎的存在。最后，只有约1/4的男女DNA能够和谐结合，形成一个有效的胚胎。有时能形成两个胚胎。

人类一般情况下一胎生育一个孩子。每8次怀孕中，会有1次在初始时是双胞胎，后来，其中的一个会消失，为母体所吸收。这就是所谓的“幻影双胞胎”。加拿大生物学家福布斯（Scott Forbes）在《家族自然史》（*A Natural History of Families*）一书中表明，人类怀双胞胎的目的与黑鹰产两枚卵，但只能供养一只雏鹰一样：为了保险起见。因为不管是人类还是鹰，胚胎的死亡率都是非常高的，所以做一个备份非常有好处，如果第一个成功，则第二个就可以抛弃。医生在帮助父母培育试管婴儿时也是这样，即同时植入多个胚胎。

至于人类的双胞胎，他们一般共享一个父亲，但由母亲的两个卵子发育而成。这些异卵双胞胎有时候看起来完全不一样。不过，一对双胞胎也可能各有一位父亲，他们看起来可能更不像。与猫、鸟、狼、鹿以及其他数不清的物种一样，女性可能会怀上异父双胞胎。要发生这种情况，她必须在受孕期收集两位男性的精子（这并不是一项困难的工作）；她还必须从卵巢中排出两个卵子（如前所述，相当常见）；然后，每位男性的一个精子必须找到一个卵子（有点困难）；最后，得到的两个胚胎都必须健康（非常困难）。但这种情况仍有发生。如果这种情况发生在你身上，请使用正确的术语“异父同期复孕”（heteropaternal superfecundity）。这听起来很不错，但它所描述的现象在人类身上发生的概率非常小，所以被提及的机会也不多。

同卵双胞胎比异父双胞胎常见，而异卵双胞胎则更为常见。形成同卵双胞胎纯粹是一个意外，世界各地均有发生。因为他们来自单个胚胎的分裂，他们共享同一个父亲是肯定的。不过，他们并不是完全一样。正如我们讨论过的人类对称性的问题一样，细胞在分裂与再分裂的过程中，能够发生很大的变化。每次DNA在自我复制时，会发生或大或小的错误。有9个月之久的时间用于分裂和复制。虽然胚胎在开始时相同，但经过一段时间后，仍有可能出现各种异常——短腿、一大块胎记、甲状腺功能减退——使之成为医学研究的对象。

不管怎样，我们最终有了自己的后代。我在引言中说过，要讨论关于人类杂交的问题。人类能否与其他物种生育后代，就像马与驴可以生出骡子、狮子与老虎可以生出狮虎兽一样？据我们所知，唯一尝试过与人杂交的对象是黑猩猩。斯大林（Joseph Stalin）想出了一个绝招，想要打造一支由半人半黑猩猩的怪物组成的军队。20世纪20年代，苏联人工授精专家伊万诺夫（Ilya Ivanov）奉命将人类的精子（据称不是他自己的精子）注入了3只雌性黑猩猩的体内。人猩（或者“猩人”?）并没有产生。就在伊万诺夫找到5名愿意接受类人猿精子的女性时，他最后一只成熟的雄性类人猿却死掉了。（那只是一只猩猩，并不是所有人都那么挑剔。）但是，这些努力是否足以排除杂交的可能性？我认为这还是一个谜。

女性完成一个胚胎的发育后，阻碍生育成功的下一个障碍是父母本身。人类故意杀死自己后代的情况相当常见，这有点让人吃惊。我读过一个很奇怪的描述，说的是玻利维亚和巴拉圭的阿约列原住民使用的一种方式。在一个名为“杀婴”的可怕章节中，我发现了这些内容。将要分娩的女性被挂在树枝上或绑在树丫上，然后让自己的婴儿掉到地上。如果想要这个婴儿，这位母亲的女性朋友会在不与婴儿发生接触的情况下检查他/她有没有缺陷。如果没有问题，她们就会捡起婴儿。如果有问题，或家人认为他们无力供养更多的婴儿，她们便会用棍子将婴儿推到一个洞里埋掉。

我确信，人类自古以来就有杀死多余后代的做法。直到现在，这种做法仍是世界上最可靠的计划生育方法。因此，它也是人类生育活动的一部分。在人类历史的大部分阶段，女性不可能养活自己孕育的所有后代。在自给自足的文化中，女性在觅食或迁徙到新的营地时，不可能既带着正蹒跚学步的幼儿，又喂养襁褓中的婴儿。她也无法同时为两个人提供奶水。在这种情况下，只能放弃较小的婴儿（因为她已投入的精力较少），如果不这样做，她自己和所有的后代都会面临挨饿的风险。食物券是近来才发明的东西，领养也是。人类进化所处的是一个勉强糊口的世界。多一个人吃饭，就可能会使整个家庭面临危机。其他动物的情形也是如此。

这又让我想起了黑鹰。为了保险起见，雌鸟会产下两枚卵，但是它会先孵第一枚卵，几天后才开始产下第二枚卵。因此，第一枚卵会比备份提前几天孵化。在第二只小鹰破壳而出时，较早出生且个头较大的小鹰只要看到弱小的同胞，就会向它发起攻击。要不了几天，它就会将自己的同胞啄得血肉模糊，并最终死去，而它的父母并不会干预这样的行为。

鹰的这种行为并不奇怪。大熊猫同样心狠。雌性大熊猫有一半的概率怀上双胞胎。然而,它只会选择其中的一只,对另一只却不闻不问。家鼠与人类的关系极为密切,它从不浪费任何东西,有时就连自己的后代也不放过。如果鼠崽的数量过多,无法养活,它便会将它们吃掉。高贵的天竺鲷的雄鱼是少有的单身父亲:它通过口孵方法,在自己的喉咙中保护卵子,但它常常在孵化的过程中将卵子吞下。对于大多数动物来说,繁殖看起来是一个黑白分明的经济问题:如果成本过高,则需要缩减规模,甚至完全放弃。

对于自给自足的人,他们杀死后代的原因常成为他们行为的护身符。总之,这些原则有助于防止婴儿过早死亡及遭受痛苦的折磨。具体说来,自给自足的人杀死自己新生后代的常见理由是:

◆ 资源短缺:如果母亲正在给一名婴儿哺乳,那么同时给两名婴儿哺乳会给两名婴儿均带来危险。

◆ 身体缺陷:没有先进的医疗设备,在发育或基因方面存在缺陷的后代将面临痛苦和没有后代的生活,而且活不长。

◆ 双胞胎:即使是对于拥有各项现代便利条件的母亲,养育双胞胎仍是一项挑战。母亲需要一边全天照料子女,一边工作谋生,而且持续的时间长达3—5年,很多人认为这是不可能做到的。

◆ 无赖父亲:如果在怀孕后父母分开,婴儿也经常会被杀死。同样,即使具有现代便利条件,单身母亲仍面临极大的挑战。

◆ 母亲死亡:如果婴儿的母亲在分娩时死亡,那么她的后代也可能会被杀死。在勉强糊口的文化中,很少有领养的情形。

上面只列出了一部分原因。大洋洲的雅诺马米人及蒂科皮亚人,男性将女性掳掠来之后，常要求她将自己之前的孩子杀死。科珀地区的因纽特人过去常常由于天气恶劣、难以携带物品，而将此时出生的孩子遗弃在外。其他大部分原因与文化有关——祭祀、不好的预兆、女孩或相貌丑陋等。年轻单身母亲的高杀婴率是一个例外。阿约列人以埋葬婴儿闻名，但其他文化可能也有这种现象，包括我自己所处的文化。婴儿被丢进下水道，或被扔到卫生间的垃圾桶中，这样的报道时常见诸报端，而当事的母亲一般都很年轻。这也是一种跨越物种的现象。每10只日本猕猴中有4只在第一次当母亲时会抛弃自己的后代。

你可能会想到，所有动物，不管以何种方式抛弃自己的后代，其中都有一定的生物原因。海豹与熊如果因为过于瘦弱无法为后代提供奶水，便会径直走开。前面也提到过，大熊猫会抛弃两个双胞胎中的一个，加州海獭也是如此。母亲牺牲自己的生命去挽救自己的后代，这样的后代即便存活下来，也会因为没有母亲而很快饿死。因此，这样的做法完全不合逻辑。

有人可能会认为，人类的杀婴行为只是史前人类的问题，或是那些生活在自给自足文化条件下的无知的人们的残忍行为，但是，这种行为却是贯穿19世纪“文明”世界的一种非常普遍的行为。从那时开始，英国才开始控制过度生育的问题，负担过重的夫妇需要将婴儿死去的情况向当局说明，而他们给出的解释通常都是在睡觉时不小心压死了婴儿。还有的父母会将自己活着的婴儿丢弃在伦敦的街头。

最近两个世纪，随着欧洲基督教文化在全球的传播，殖民者希望实行自己宗教的新版杀婴禁令。不过，事态的发展并未能如他们所愿，因为生物规律的作用远远超出了文化规律的作用。生物规律决定，一个人只能提供有限的资源来养活另外一些人，必须有所舍弃。例如，当基督教传教士将自己的习俗用在自给自足的巴布亚新几内亚文化时，他们成功地降低了传统的杀婴率，但是，婴儿的死亡率却直线上升——婴儿因疾病及饥饿死亡——这是自然界在保持生物账目的平衡。

在世界上的很多地方，各种各样的工具能够让女性更加精密地控制自己的受孕。如果在精子与卵子结合后，女性发现自己无力养活婴儿，那么医疗工具也可让她在分娩之前早早地终止妊娠。在有些文化中，这些工具的使用受到限制，但是计划生育已有很久远的历史，而且始终具有强大的动力。研究人员估计，人类每年放弃的后代数量约为4600万，而且不管是否合法，堕胎行为在各种文化中均很普遍。而在问及动机时，大部分女性仍表示自己堕胎的原因是无力抚养。

第二类杀婴方法值得一提，尽管这种方法可能有点可恶。这种方法由雄性动物使用，针对的是非它们所生的后代。例如，一只雄性黑猩猩击败了群体中原先占统治地位的雄性黑猩猩。它接下来的举动看起来非常野蛮：它会对前当权者留下的后代展开大屠杀。它会骚扰一位母亲，挑起一场流血冲突，或等待机会，拿住幼崽并咬死。其他很多灵长类动物会采取同样的行为模式，而狮子、斑马、灰熊及老鼠等其他很多动物也经常这么干。

以这种方式失去后代的雌性动物会很快停止分泌乳汁。这样，它便能够回到受孕期。很多情况下，令你不愿相信的是，它会与杀死自己幼崽的雄性交配。为什么不这样？这个雄性已证明了自己推翻"国王"所需要的能力。它的后代应该更加强壮。现在，雌性可以指望它的保护，而不是受到迫害。

我不由得想问：女性是否也会做同样的事？回答是肯定的。几项重要的研究已表明，与继父生活在一起的儿童受伤或死亡的风险会增加。这些研究存在一定的争议，部分原因是受试者的情感因素过重，而且被分析的文化仅限少数。然而，即便是对该研究最苛刻的批评者，也会得出这样的结论：有些数据无法得到解释。读了上百页的分析报告后，我的结论是，没错，而且从统计数据来看，北美男性更容易伤害或杀死其他男性的后代。不过,显而易见的是,这并非一种普遍现象。对于当前配偶的后代,虽然不是他们亲生的,但比起自己与前妻的亲生骨肉,很多继父在前者身上投入了**更多的**精力。但是,生殖经济学的影响仍然不可忽视。雌性杀婴者非常少见。只有少数动物——仓鼠、沙鼠以及旅鼠——存在雌性杀死其竞争对手后代的现象。

我在啼哭声中来到这个世界,当时的体重近10磅(约4.5千克)。人类的分娩会同时给婴儿及母亲带来痛苦。我看过很多动物的分娩过程,看起来就像是吐西瓜籽一样容易。然而,由于人类胎儿的头太大,而成年女性适于奔跑的骨盆相对而言又太狭窄,所以双方都面临风险。在我被挤压着通过瓶颈部位时,我的头骨弯曲变形。我的母亲当时已完全发育成熟,并且非常健康,我们有幸全部活了下来。又一轮生殖任务圆满完成。

感谢我的祖先的迁徙行为,我出生在一个工具极为丰富的文化中。在美国文化里,每1000名与我同年出生的婴儿中,只有25名会在1周岁前因疾病、事故或暴力而死亡。在我写这段话时,这一数字已下降到千分之七。这一比率高于某些文化的数字,但远远低于大部分文化的数字。在安哥拉,每1000名婴儿中,有近200名死亡。在莫桑比克,每1000名婴儿中,有131名死亡。这一高死亡率与黑猩猩类似,每5只黑猩猩幼崽中,有1只会在第一年死亡。山地大猩猩幼崽的死亡率更高,达到1/4。我成功地通过了产道,并度过了婴儿期。我越长越大,从一个芽蕾长成嫩芽,然后变成家族大树顶部的一根小枝条。在我的生长过程中,得到了充分的养料与水分,房屋的保护让我远离刺骨的寒冷。

在我自己的生育窗口打开时,我作为一个灵长类的表现非常正常。但可惜的是,我的结合总是不稳定,并一次次地失败。其中一个原因是,我自己父母的结合以失败告终,而这可能对后代的配对行为产生影响:他们——至少是在美国——倾向于过早地配对(结婚),或干脆不结婚。而在他们最终正式步入婚姻殿堂后,他们的离婚率又是正常情况下的两倍。

此外,我是一个生活在类似吉卜赛文化中的女性,我不需要任何男性来帮我控制领地与积累资源。其他各种目标使我东奔西走,让我在很多时候忘记了自己的生育需要。我时不时地提醒自己,那扇窗口正在关闭,而且我发誓自己曾认真考虑过是否要生育的问题。不过,全球贫困或气候变化或马达加斯加岛屿的问题,又分散了我的注意力。

人类已变成一种可以选择是否完成自己生物使命的动物,而这一任务是其他所有动物必须完成的第一要务。然而,对于现代人而言,它已变成一个可以选择的任务。在我的文化中,达到育龄的人选择不生育的比率正在上升。这种文化趋势是否会在全球范围内蔓延,这会不会成为一种导致动物灭绝的创新方法?这种灭绝不是因为缺乏居所或食物,而是因为缺乏兴趣。

第八章

河狸般忙碌:行为

尽管智人本质上是一种日间活动的动物,但是,这种习惯与其他很多特点一样,由于工具的使用以及文化的影响,已发生了很大的变化。尽管如此,在很大程度上,该灵长类的活动仍限制在白天进行。我们之前讨论过,由于智人在夜晚的视力不好,所以不适合在夜晚活动。在活跃时段,人类采集食物、建造房屋,并照顾小孩——或以劳动交换金钱以购买生活必需品。不同的文化中,时间的支出方式差别也很大。在一个最简单的社会中,男性一天工作4小时,女性工作5小时,其他时间用于休息、社交以及娱乐。而在复杂的文化中,无论男女都得工作到深夜,没有多少时间从事其他活动。人类对于工具的高度依赖,一方面节省了时间,另一方面也消耗时间,因为随着工具的增加,对它们进行维护所带来的负担也随之增加。

人类也是具有高度社交性的动物,与乌鸦、狼、大象(当然还有黑猩猩)一样。当然,人类的社交活动非常复杂而广泛。人类使用大量的语言来协助这样的交往活动进行,甚至对于他们所选择进行交流的其他物种,也教给它们简单的短语。尽管具有攻击性——男性在极端情形下会进行生死搏斗——更多时候,人类会参与更多的合作及有利于社会的互动。例如,这种动物常出现无私的利他行为。只有其他高度社会性的灵长类会出现这种行为,而且由于这样的行为并不明显,直到近来才被发现。

尽管如此,人类与其他很多动物一样,有着本能的仇外心理。他们害怕奇怪的同类,特别是当肤色不同时。更讨厌的是,他们非常注重身份与地位,因而通过打扮得与众不同、保卫一大片领地以及写作等活动,彼此展开激烈的竞争。

上午7点30分:昼出动物

阳光照在屋子内的墙上,让我从睡梦中醒来,比起与我共享领地的红衣凤头鸟,我晚起了两个小时。它比我更早开始这一天的活动,用声音巩固了自己的领地边界。因为我用电灯延长了昨天的活动时间,所以我入睡的时间比它晚。然而,从根本上说,我们都是昼出动物:日出而作,日落而息。在那些缺乏电力的地区,大部分动物都这样生活。在没有电的情况下,随着暮色降临,我的活动范围被限制在烛光或营火所照亮的范围内,要不,所有的活动均得停止。早上,我随着第一声鸟鸣起床。像任何努力工作的红衣凤头鸟或僧帽猴一样,我利用白天的时间寻找食物、搭建房屋,并进行周围环境所要求的社会活动。到了夜晚,疲劳降低了我的劳作能力,没有光照,我闭上了眼睛,让睡眠修复我的整个系统。

在驯服光子之前,由于夜晚的视线不佳,人属动物不得不遵从太阳的时间表行事。而这种生活方式一直维持了几百万年。实际上,对于自给自足条件下的人类,每日的光照时间仍足够使用,虽然他们有时会通过生起一堆火来延长一天的工作时间。在白天,自给自足的人们能够完成收集食物、喂养孩子、修理工具等工作,并有足够的时间维护自己的社会关系。实际上,他们可用于社交的时间比我还长。

我的工作——获得食物与房屋比较经济的方法——消耗了我一半以上的清醒时间,使得我每天直到深夜才睡觉。修理工具(维护房屋、打理炊具、清洗衣服、摆弄割草机）又需要占用一部分时间。因为我的经济工作主要是脑力劳动而不是体力劳动，所以，我不得不再抽出一点时间，去健身房做一些模拟的体力工作。像这样典型的一天即将结束时，我还会花上不到一个小时的时间，通过对话、发电子邮件以及电话进行社交活动，这点时间约占每天清醒时间的7%。而如果我与朋友一同进餐，或我在遛狗（或健身）时与他人聊上几句，那么社交的时间便会大量增加。从数字上看，我的社交时间比不上狒狒（有9%—12%的时间用于社交）或白头鹫（12%），但是，比起喜欢独居的动物，如蛇或熊，我的社交时间还是很长的。

如果我以自给自足的方式生活，那么我的休息时间将会更多，特别是如果我生活在一个男性自给自足的生活环境中。最近关于秘鲁两个自给自足群体（皮罗人和马其根加人）的分析，描绘出了人类在野生环境下的典型生活画面。成年人平均每天的工作时间不到4个小时。这种工作、休息、社交的时间分配比例比较理想。对数据进行深入分析，我发现了劳动分工的典型情景：就综合皮罗人和马其根加人而言，成年男性一天平均工作2.3个小时，女性的工作时间则要多出两倍多。就皮罗人而言，女性的工作时间是男性的3倍。（我了解过很多这方面的研究，不过我还没有发现在哪一种文化中，男性的工作时间会多于女性。）然而，即使是女性的**平均**5个小时的工作时间，也不及我的一半。在一周结束时，一名皮罗女性已经工作了45.5个小时（她没有周末休假，但作为一座老房子的业主，我也没有休假），而我的工作时间是60—70个小时。我的皮罗姐妹**每天**有6.4个小时的休闲时间。而在我的工作日中，我的休闲时间只有3个小时——其中包括了遛狗与健身的时间。在周末，我的休闲时间较多，常有足足6—8个小时的时间专门用于娱乐。所以，我平均每周可以拿出27个小时用于消遣，而我的皮罗姐妹们则有45个小时的自由时间。虽然与周围文化有点格格不入，但我仍喜欢在自己的老房子周围转转,而不是去参加其他娱乐活动。虽然总的休息时间不多,但我想好处在于,除了每日的工具维护外,我还是相当享受我的工作的。

我不知道其他生物是否享受它们必须完成的任务。最近我在网上看到一段关于潜鸟的视频,我就想到了这个问题。我看到潜鸟爸爸正值着日班,在缅因州的一处湖泊旁孵着两枚卵。孵卵。孵卵。扭头。再孵卵。一孵就是12个小时。如果这是我的工作,不到半个小时我就会把卵踢到水里去,然后跳到水里淹死。然而,潜鸟的脑在进化过程中,一定形成了某种忍受寂寞的能力,而这样的单调会让人发疯。从我们的角度看,孵卵可能是潜鸟最喜欢做的工作,在孵卵时可以进行各种头脑锻炼。

人脑又大又忙碌,每天早上进入工作高峰期,并且参与一整天的活动。实际上,即使是我们躺在床上睡觉时,脑仍忙得无法休息。深夜,当红衣凤头鸟和僧帽猴已进入梦乡时,我的脑仍是一派繁忙景象,考虑着明天、昨天,以及繁杂的抽象概念。

上午7点45分:寻求其他物种的陪伴

“你的颈圈呢,‘库成’?”我询问着这只与我和我的配偶分享领地的犬科动物。有一天,它可能会理解这句话的意思,但是它不会去关心什么动词或名词。这个体重约为我的一半的小家伙,将自己的身体弯成C字形,不时地摇动着尾巴,眼睛斜着向旁边看了一下,又将视线落在我的身上。这就是我们的交流方式:我唠叨个不停,它踌躇不定。不过,这很有效。毕竟,它想说的大部分话就是“我是一只快乐的狗!”它还有什么不快乐的呢?它的祖先狼得睡在坚硬的地上,而它却睡在有弹簧的舒适的床垫上。狼每天早上都要外出捕猎以获取早餐,而“库成”只要走到自己的盘子旁,盘子里就会盛满美食。如果狼超出了自己的领地，就会被恶狠狠的邻居撕成碎片，但“库成”可以自由地在公园内到处溜达，不会有其他捕食者前来骚扰，最多与自己的同类相互威胁一番。狼一般在活了6年后便会由于受伤或疾病而死亡，而“库成”即使受伤仍会有食物吃，寿命可达到狼的两倍。当然，“库成”的脑不如狼的大，而且犬齿也较短，因为它所属的物种与智人共享了很长的历史，对思考与作战的需求都降低了。不过，这种跨物种结合在我看来仍不失为明智之举。

而我通过与其他动物做朋友，得到的好处又是什么呢？我最先想到的是快乐。看着这样快乐的动物，也会让我自己高兴。手臂抱着它，让我感到一种温暖与柔软的舒适感。我与“库成”之间的情感联系还是一种非常有效的舒缓剂。我可以抱着它，来发泄我的催产素作用，而不必费心去倾听一大堆要求与抱怨。最后，因为我能够使另一只动物开心，我从中得到一种难得而强烈的快乐。而让另一个人这样高兴则困难得多。

另一个更难衡量的因素是狗对于我的健康有好处。在我所处的文化环境中，实验已证明，对于控制与紧张相关的高血压，宠物比一般的药物还有效。动物还可以降低主人的综合压力值，控制老年痴呆症患者病情的发作，并可缓解住院病人的痛苦。

但是，上述这些都是最近才发现的好处。家犬一开始并不能够从人类这里按时获得食物，高血压及老年痴呆症也只是近来才引起人们的忧虑。学者们一般认为，家犬及智人相互合作的原因是相互利用，家犬希望得到食物，而智人则希望得到保护，并有一个狩猎的帮手。但这只是理论。每当我看到照片上一个雨林中的孩子将一只鹦鹉或猴子抱在自己的胸前，我就会对这一理论提出怀疑。我估计，第一只驯养的犬科动物是好奇的年幼智人从巢穴中找到的幼崽。我曾看到过很多顽皮的小孩子在回家的路上，抱着这些温暖且蠕动的小动物，它们的毛皮摸起来真的非常有趣。我十几岁时也曾干过这样的事,从路边的草丛中,我抱起了一只失去母亲的小浣熊,我给它取名“弗朗西斯科”。“弗朗西斯科”很快地就跟着我满农场地跑,与狗打闹,“甜言蜜语”地向我要食物吃,吸引我的注意力。然而,只有少数动物适合驯养。当“弗朗西斯科”晚上不睡觉,偷袭鸡舍后,母亲将我们都赶出了家门,并将其中一个留在了遥远的、更适合居住的地方。浣熊无法学会家里的规矩,更不用说该如何尊重母鸡。然而,在人类的保护下,能够享受健康、温情生活的动物却不在少数。在我所处的文化中,雪貂、兔子、热带鸟类,加上老鼠、豚鼠、仓鼠等啮齿动物,都成了人类收养的宠物。而在其他文化(包括自给自足的文化以及其他现代文化)中,我看到过关于驯养金花鼠、水獭、狐狸、猴子、野猪、蟋蟀、海龟以及蜘蛛的报道,它们成为人类的伙伴,而不是满足实现包括食用在内的其他实用功能。我们对于其他物种的激情,看起来只受到我们容忍被咬伤及母鸡被偷吃的能力的限制。

可能这是人类的一个特别之处。我们对于野生动物隐秘的活动了解得非常少,把它们都归于严格的分离主义者或许有些鲁莽。然而,在非自然的环境下,不同物种间产生感情的例子屡见不鲜。在人类的家园中,狗会与猫躺在一起,而猫又会与宠物鼠交上朋友。在东京的一个动物园内,一条鼠蛇让一只仓鼠在自己盘着的身体上睡午觉,而在圣地亚哥动物园,一只幼狮与一只小狗成了摔跤伙伴。失去父母的年幼动物格外容易与其他种类的动物建立联系:一只可爱的小河马与一只大海龟成了好朋友;一只小猫与郊区的一只乌鸦关系很不错;在野生环境下,一只小羚羊与一只被流放的母狮打成了一片。

然而,除了这些非正常的本能反应,也有很多关于健康的成年动物在野生环境下与其他种类的动物交上朋友的报道。有一只北极熊非常有名,它经常前往曼尼托巴丘吉尔镇的郊区,与一只拴在那里的雪橇狗嬉戏。我还听说,在玻利维亚的野生动物保护区,一只野生狮毛猴喜欢上了一只驯养的蜘蛛猴。狮毛猴不顾人类接近的危险，与自己的爱侣抱在一起。曾有报道说，野生雌性黑猩猩会带着一只刚被杀死的哺乳动物，好像那是它的一个布娃娃。有人看到，一只尚未完全发育成熟的雌性黑猩猩携带着一只死去的蹄兔长达15个小时之久，照料着它，并与它睡在一起。而海鳗与石斑鱼一起捕食，似乎有着更实际的动机，它们的偷猎行为具有互补性。同样，让疣猴与白喉猴待在一起的恐怕也不是感情因素，而且很可能，疣猴已经掌握(或在进化过程中已经形成)一种利用生性机警、会大声喊叫的白喉猴作为出色的“看门狗”的方法。

然而，我想不出还有哪种动物对异类的着迷程度能与人类相媲美。就像是动物园里或家中吃得过饱的动物，人类已经到达一种不再视其他动物为竞争对手的境界。我们将过去用来阻挡野生动物的大门敞开，希望像挪亚方舟那样，欢迎所有的动物加入。我们招呼着小鸡，抚摸着壁虎，抱着刺猬，逗弄着小猪，我们甚至向过去的敌人眼镜蛇、狮子和鳄鱼勇敢地伸出了和好之手。

小时候，我家的邻居经常将他们不想要的、受伤的小动物抛弃在外。我的小玩伴不仅包括马和羊，还包括飞鼠、金花鼠和长耳鸮。在我稍稍长大后，由于经常搬家，我没有办法把狗带上，这成了我一生中最遗憾的一件事。如果房屋周围没有动物出没，很多人都会有一种失落感。

上午7点48分：与同类合作

“库成”和我坐进了车，向公园驶去。到达大街的尽头时，我缓缓地踩下刹车，防止我的长腿“男孩”从座位上摔下来。我等待着另一辆车通过，然后转道前往皮尔斯伯里。这种驾车行为是人类合作本性的一个产物。如果让狼獾来开车，那么它肯定不会在红灯面前停车。那些独自生活的动物，不需要获得其他动物的信任，因此它们也不会在道德问题上浪费时间。狼獾会飞快地穿过交叉路口,粗暴地对待任何同类的抗议。

然而,人类却会彼此合作。我们必须合作。在我们的整个历史中,我们一直依赖团队精神来狩猎和采集、值勤防卫、寻找配对机会以及建立联盟,以抵抗其他人类群体的进攻。我们绝对不能像狼獾那样行事,独自一人游荡,只在生育季节才临时性组成一对。因此,我们本能上具有一起工作的能力。这并不令人感到奇怪。我们的近亲黑猩猩同样具有合作性。少数其他物种,从2磅(约0.9千克)重的沼狸到半吨重的宽吻海豚,也具有这种能力。有些生活方式需要合作行为,人类的生活方式便是其中之一。

人类的分享行为根深蒂固,在交往过程中,随时随地都会有这样的行为,我们根本不会多加留意。每一个形成文化的人类群体都会制定一系列的行为规范,而后群体中的人或多或少受到这些行为规范的约束。(有人在场时严格遵守,无人在场时遵守没那么严格。)其中某些基本规则是一致的:一般而言,同一群体内的人不得相互残杀。而且,群体内的成员不得与他人的配偶私通,也不得占用他人的工具。不过,有些规则带有巴洛克风格(不得在地铁内嚼口香糖,不得在周日的中午前销售威士忌)。不管怎样,这些规则都是为了使一个合作群体内的冲突降至最低。有些群体将这些规则付诸文字,并规定了对欺骗行为的惩罚方法。而有的群体(主要是那些自给自足的文化)将规则记在自己的大脑中,并可能视具体情形给予惩戒。

除了一般的"维和"行为,人类经常从事一些需要群策群力的特定行为。这可以是修建房屋,也可以是以钱易物。人类对于这些共同付出努力的伙伴感情非常特别。做交易时,我不会让一个人占我两次便宜,就像是那个丢下我尚未完工的浴室就溜走的承包商。当我在海边遛狗时,我会与其他狗的主人结伴而行,而不会与不喜欢狗的人同行。

前面讨论过，人脑之所以如此巨大，有一个重要理论认为，我们需要大量的神经细胞，来记录我们从同盟者那里得到的好处，以及他们亏欠我们的地方。另外，有人也对黑猩猩的脑提出了同样的理论，其他社交型动物，如乌鸦、海豚以及狼等，脑也较大。与人类一样，黑猩猩也必须通过合作来维持自己的领地、寻找食物并保卫自己，防止受到群体内恶棍的侵犯。它们同样也得遵守规则，如“不要与头领最宠爱的雌性胡来”，以及“不要从别的黑猩猩那里抢食物”。当然，如果能够逃脱惩罚，它们也经常出现欺骗行为。另外，它们会根据当前的任务小心地选择同盟者。一个雄性如果想要推翻当权者的统治，会选择同样强悍的同盟者，而不会选择胆小怕事者加入自己的阵营。在动物园实验中，可以看出黑猩猩会记住谁最擅长于解决哪些疑难问题，并据此来选择伙伴。它们还记住，哪些同伴帮它们梳理过毛发，或分享过食物。进行如此复杂社交活动的动物，需要强大的脑功能。

如果说所有这些合作听起来都有一点冷冰冰的算计味道，显得有些斤斤计较，事实可能确实如此。即使是利他主义这种美好品质的黄金标准，现在也有人正在对它进行探究，看其中是否涉及一些更长远的自我利益。利他主义行为，就是那些需要我付出努力、承担风险、提供资源，但我却得不到好处的行为。问题是，确实很难发现一种不会最终提高我的地位的利他主义行为。例如，当我在街上拦住过往车辆，以帮助一个从自行车上摔下的孩子，我便是利用自己的资源，使一个不相关的孩子得到好处。从生物学角度来讲，这是一种愚蠢的行为。我自己面临着被雪佛兰越野车从基因库中删除的风险，而所救孩子的DNA与我毫不相干。这样的行为一点回报也没有。

但是，可能还是有回报的。如果利他主义根本不是一种无私的行为，而是一种非常狡猾的长期投资策略呢？关于这一主题的研究现在有很多，不过，研究结果可能会使那些自以为圣人的人感到难堪。以下是一个关于利他主义的经典研究:一名研究人员给我和其他3个人每人10美元。我们既可以把钱全部留下,也可以拿出一部分捐给一个公共基金。在那个公共基金中,每捐1美元可以得到双倍回报,而且得到双倍回报的基金将由4个人平均分配。这样,极端的利他主义者每次都会将10美元全部捐出,即使其他人一分钱也不捐,他也能得到5美元的回报。一个极端"自私"的人会一毛不拔,但仍能得到他的那份回报。这个游戏在不同的文化中有不同的结果,大部分人都向公共基金中投入了很大一部分资金,即使整个游戏都是在电脑上完成的,游戏者也从未谋面:简而言之,一般人会有差不多一半的把握相信陌生人会合作。

不过,这并不能说明人性本善。**在受到监视的情况下**,我们会表现出善意的一面,用机器人就可以证明这一点。实验已经证明,人类的文化会影响个人愿意付出多少,至少拿美国人的表现来说,个人的知名度越高,其付出的也越多。另外,也有研究表明,一个人在与其他人打交道时,要比与电脑打交道更加合作。然而,当哈佛的研究人员在美国受试者身旁的电脑屏幕上显示一个名叫凯斯梅特(Kismet)的机器人画面时,机器人突出的蓝眼睛让慷慨度提高了29%。因为人脑自动感受到了人眼,所以研究得出结论,在我们处于监视状态下时,我们会自动地、下意识地提升自己的行为表现。这进而表明,虽然我们可能会冒险投入一些钱,测试我们邻居的合作程度,以实现共同富裕,但我们只在有机会提升名望的情况下,才会表现得真正慷慨。

现在,人们怀疑名誉是利他主义的动力:因为我是一个社交动物,所以别人的信任与尊重对于我而言非常重要。我的名誉使我能够在需要时建立一支同盟军,同时也会使**其他人**在我需要时提供帮助。在人类群体中,有报有还。我们大部分人会为别人提供足够多的帮助,为我们自己面临的风险作好充分准备。

现在,你也许会想,"不是这么回事。我寄钱去帮助一名落入井里的小女孩,而她根本不知道我是谁。”首先,让我们放下落井女孩问题不谈。这种现象是,人们愿意捐1000美元去帮助一名婴儿,但是却不会捐1000美元去帮助孟加拉国的100名婴儿。差别在于,落井女孩涉及名誉问题。而对于那100名孟加拉人,他们的面容及名声无人知晓。落井女孩的问题证明,我们的目标不只是救人,我们还有其他目的。即使我拦住过往车辆去挽救一个孩子的性命,而且从不向他人提起这件事,我仍觉得自己的目的是利他主义之外的其他东西。我自己内心的激情鼓励了我。

人类从利他主义行为中获得极其美好的感觉的事实说明,在进化过程中,我们已形成了一套奖励自己做善事的机制。这一机制又是从何而来?可能是那些远古人科动物,它们脑中友好的化学物质敦促它们合作,产生了更加健康的后代,而那些喜欢大吵大闹、偷鸡摸狗者,产生的后代不太健康。进化有时以群组为单位发挥作用,群组成员的共同特点可能有助于使其胜出邻近的群体,并养育更多的后代。这就是所谓的“群选择”,这一机制可以解释,为什么本质上喜欢帮助别人的人能够最终统治世界。这也可以解释,为什么现代我的脑会在我牺牲自己的利益去为他人谋利时,仍然感到快乐。

在我将一根能量棒递给一名无家可归者时,我的脑内究竟发生了什么?磁共振实验可以发现,我的多巴胺接收器开始加速工作,正如它们在感受到美食、性以及其他延年益寿之物时表现的那样。显而易见,友善也是容易上瘾的。脑中两个独立的部分同时阻挡我获得一时满足的冲动,而让我采取有利于长期结果的行为。在人与电脑进行利他主义游戏时,人脑明显不会产生这种行为。利他主义是严格的人对人的东西。当我们知道自己的自私行为只会影响芯片时,我们便会继续自己的自私。

那么猴子对猴子呢?生物学家有时会遇到一些野生动物以类似人

类的方式相互照顾的情况。我看过一份报告,说有两只猕猴,一只没有"手",另一只有智障。猴群对两只猴子都给予了一定的照顾与谅解。特别是它们允许有智障的猴子不遵守猴群的规矩,而其他正常猴子如果也这样干,便会受到当头棒喝。类人猿看起来同样也在进化过程中形成了乐于互助的好习惯。灵长目动物学家德瓦尔(Frans de Waal)曾讲述过一个有关体弱倭黑猩猩的故事,一只倭黑猩猩被从一个动物园转移到另一个动物园。由于找不到前往黑猩猩区的路,它在大厅内伤心地左右徘徊,最终它的新群体中的一名成员返回来拉着它的"手",带着它前行。

鲸目动物之间也很友善——海豚和鲸都以挺身而出帮助遇到困难的同伴而著称。不管有多么不可信,众所周知,几千年来海豚一直享有帮助遇险者脱困的美名。最近,一名澳大利亚渔民不小心被沉船钩在水下,而且被一群鲨鱼团团围住,幸好此时有几只海豚过来赶走了鲨鱼。不过,这样的故事是真实发生的还是纯属虚构尚不得而知。同样不可知的是,海豚在这种情形下,脑中是否也激荡着多巴胺。

现在,我正驾车带着爱犬去公园,它态度极其合作,表现得就像是森林中最温和的倭黑猩猩。这时,路上来了一个不速之客。

这里是一个四向交叉口,有4个停车标志。在我的右边是一个上了年纪的男人,驾驶一辆红色卡车。在我的左边是一个年轻人,驾驶一辆黑色的掀背车。年轻人按信号灯指示通过十字路口。接下来该轮到老人走。可就在老人向前行驶时,年轻人后面一个长着一头灰发、驾驶银色轿车的女人猛地冲了过来。她既没有停,也没有让,更没有抱歉地笑一笑。她抢在老人之前占据了左拐道,得到了自己想要的位置。她不仅占用了他的机会,同时也占用了我的机会,更重要的是,她打破了人类合作的基础。

因为自己的脑子里正想着这个问题,所以在我跟着她来到公园的路上，我一直对她的行为困惑不解。我让自己的狗下了车后，弯下身子，透过她敞开的车窗提出了萦绕在我脑海里的问题："你这么自私，难道就是为了早到几秒钟吗？"她故意装迷糊，在车里打了个呵欠，没有回答我的问题。

我找到自己的狗，发现自己的脉搏跳得很快。我刚才冒了一个很大的社交风险，但同时也惩罚了不合作者。自达尔文以来，理论家对这样一个问题一直争论不休：在存在骗子的情况下，善意为什么能够持续地存在？从理论上讲，一个骗子便可以完全颠覆整个系统：驾驶银色轿车的那个女人实施了欺骗行为后，意味着红色卡车驾驶者如果老老实实在那里干等着，则永远没机会向前开，所以他也开始不守规矩了。而如果他们两个都采取了欺骗行为，那我想自己最好也这么干！到了最后，一切都乱套了，不再会有和平与协调！

惩罚是合作得以维持的关键，因为惩罚可以让骗子失去宝贵的社会支持。不过，惩罚本身看起来也是一种纯粹的利他主义行为：在我教训了骗子后，我的心跳加快，还看到了一个气急败坏的行为不端者。其中甚至没有多巴胺冲动。那么，我为什么要作出这种牺牲来维护公共利益呢？在生物学意义上，这种行为并不明智。不过，仔细考虑一下，就可以发现，惩罚行为不端者是我的长期战略的一部分，我以今天承受的压力，换取明天的社会支持。当我自愿对行为不端者进行惩罚时，我表明了自己对于信任与礼貌的高标准。因此，我吸引了更高等级的同盟军，我的社会威望也会得到提升。虽然理论上可以这样解释，但是，我还是发现其中混杂着一些领地观的问题。当我看到一个遛狗者没有将狗的粪便铲走，让我克服焦虑与害羞的部分动力，便是坚决捍卫自己的领地，使其免受行为不端者影响的决心。我要提醒读者，这是在**我的**周围，我很少在自己的领地外如此迅速地斥责行为不端者。

关于惩罚，一个非常有意思的发现是，血液中的睾丸素水平越高，越热衷于惩罚。另外,有些男性在看到欺骗者受到电击惩罚时,实际上会在脑中得到著名的多巴胺奖励——看着欺骗者得到应有的惩罚,可以让他们情绪高涨。然而,女性不仅感受不到这种多巴胺奖励,反而会陪着受惩罚者一起难过。负责同情的神经细胞,使她们自己的脑也感到痛苦。

不管怎样,一个关于合作行为的不幸事实好像表明,我们每个人的内心深处都隐藏着一个恶魔,那是一个披着伪善外衣的恶魔。如果只考虑短期利益,那我一定会不顾一切地闯红灯,向美国国税局谎报个人所得,对掉进井里的小女孩置之不理。但如果考虑到长期利益,我在很多方面得依赖其他人,所以欺骗(至少是在他们的面前欺骗)是没有好结果的。

在一个人因欺骗受到惩罚时,他的反应具有个体性,取决于他的个性以及他成长时所处的文化环境。有些人对于惩罚不屑一顾。然而,对于另一些人而言,社会制裁是极端痛苦的。在早期的冰岛社会中,最严厉的惩罚不是死刑,而是驱逐出境,这被认为是比死亡还痛苦的事情。违法者被逐出社会,在若干年内只要被其他人看到,就会被杀死。而只要他能熬过这几年,便会得到宽恕。在冰岛,我曾亲眼见过一处传说中的违法者的藏身之地,切实体会了这种惩罚的恐怖。据说有一个杀人犯整整一个冬天就躲在地下的一个洞里,而这个洞只有我的桌子一般大小。某个角落里流出的泉水可以解决饮水问题,再用一块兽皮盖在洞顶,用于遮挡风雪。如果我没记错,这个杀人犯吃的是一匹冻死的马。一大片坚硬而开阔的土地,使他与世隔绝。如果让我待在这里,即使不被冻死饿死,这样的孤独也早就让我活不下去了。虽然这可能只是一个传说,但这样的惩罚方式足以让过着群居生活的人深感恐惧。

这一招对我很有效。作为一个有强烈社会感的个体,我积极合作,即便在没有人监督的时候也遵纪守法,受到惩罚时则会羞愧万分。

上午8点30分：不喜欢陌生人

带着爱犬回到自己的居所后，我吃了点东西，然后打开报纸。最先吸引我的目光的是一个高大男人的照片。他两眼的距离比我的短，头发更黑——可能是由于头发被头巾遮住了。他的鼻梁较低，颧骨高而突出，眉毛很浓。报纸上说这个男人实际上是一名恐怖分子，但使我心跳加快的不是因为这一点。人类在本质上害怕外来者。在生物学意义上，我们是仇外主义者。我们害怕不熟悉的人，特别是怒气冲冲的人。

在马达加斯加，有一天我从后视镜中看到了让我终生难忘的一幕。当时我已经在这里待了3周，身边没有镜子，而且非常熟悉当地人的模样：红棕色的皮肤、黑色的头发以及赤褐色的眼睛。我也习惯了这里红棕色皮肤的孩子看着我走过他们领地时，大声尖叫并盯着我看的情景。直到我在镜子中看到自己的模样时，我才意识到问题所在。在那一刻，我都认不出自己了。我看到的是令人吃惊的、病态的粉红色皮肤，以及一头枯萎的头发，更可怕的是灰色的眼睛。难怪孩子们会感到如此害怕，连我自己都被吓了一跳。

如果人在群体内是社交动物，而且相互合作，那我们对待陌生人则显得相当无礼。在生物学意义上，我们形成了一种偏见，认为“外族人”肯定会给我们带来麻烦。这并不奇怪。人类的各个群体都要养活自己，他们必须拥有属于自己的领地。同时，为了繁衍后代，我们必须捍卫我们的交配权。因此，我们的史前生活可能像今天的黑猩猩一样：如果入侵者的数量超过我们，就逃跑；如果数量不及我们，就打败他们。

仇外心理在动物世界也相当常见。如果将一只狼放到另一个狼群中，它立即会被残忍地咬死。裸鼹鼠打洞时如果不小心多打了1毫米，误闯入邻居的地盘，后果也不堪设想，邻居会不分青红皂白地上来就咬。

有时候，雌性会从仇外现象中得到豁免。在很多物种中，年轻的雌性在达到繁殖年龄后,会离开领地,分散到其他地方。在进化过程中之所以会形成这样的行为,主要是为了防止近亲交配。雄性会在自己的领地内,等着来自其他领地的雌性。因此,在很多动物社会中,漂亮的年轻面孔会被允许加入群体中——前提是须经历一段时间的侵扰与压迫。然而,对于人类而言,我不希望继续这样的传统。我读过大量的报道,说这些自给自足的猎人跟踪陌生女性,并持矛追赶她。与裸鼹鼠一样,人类也是先动武,然后再提问题。

最近的一项研究以确凿的数据表明,人脑对于外来者的恐惧是何等根深蒂固。实验者分别向深色皮肤及浅色皮肤的人提供深色面孔及浅色面孔的照片。在提供某些照片时,还对受试者进行电击。通过这种方法,实验者让脑对某些脸部照片产生恐惧。然后,他们尽力消除脑对这些照片的恐惧,重复地给受试者看同样的照片,但不施加电击。最后,脑确实对这些照片不再感到害怕——但只是对同种族的脸失去恐惧感。虽然两个种族的脸都"打击过"他们,但是他们只能消除对同种族人的恐惧。深色皮肤的人对浅色的脸部照片仍然心有余悸,反之亦然。只有那些有过异族婚姻的人才不会产生这种反应。

另一项尝试衡量我们对外来者所产生的恐惧的研究采用了元分析法,这个方法综合了515项研究成果,涉及人类对不同性别、残疾、肤色或文化的反应。与深色-浅色研究一样,该研究也发现经常接触有助于消除恐惧感。我认为,这也是为什么仇外心理是一个有效的适应过程的原因:它可以防止我在充分了解陌生人之前便不分敌友地去拥抱他们。因为人类有时候是一种非常危险的动物(接下来会详细讨论这个问题),而那些敞开大门、欢迎每一位来访者的远古的人科动物,可能没有机会活着警告他们的后代:当心带着糖果的陌生人。

上午9点:闪亮物品的吸引力

我走上楼,开始工作。我的办公室刚刚装修过,打开门,便给人一种愉悦的感觉。室内以黄色色调为主。窗子的边框黄红相间。

在地球的另一半(相差12个小时),雄园丁鸟离开夜晚的栖息地,来到自己的"凉亭"内,开始建筑爱巢的工作。现在是交配季节,它的工作有望为它带来一窝小宝宝。它昨天放在自己由树枝搭建的"凉亭"前的花已经枯萎了。它今天需要更多的花,也许是橙色的,而不是粉色的。某个竞争者似乎偷走了它一半的黑得发亮的木棒。如果它不能偷一些来替代,它就得把剩下的东西重新安排,好与白色的卵石相配。或者,它需要将木棒全部移开,把看到的那些红色浆果……

与人类一样,园丁鸟是大自然的伟大的艺术家。园丁鸟全部技能的基础都是本能。例如,每种园丁鸟都使用树枝搭建形态各异的"凉亭":有的像五朔节花柱,有的像隧道,有的像非洲小棚屋。而且每种园丁鸟装饰的部位也不一样:有的在"门前庭院",有的在"屋顶",有的在"屋檐下"。不管怎样,在雄鸟完工后,最终的装饰都将反映它独一无二的个体品位。粉色花朵搭配银色贝壳,绿色木棒搭配蓝色瓶盖,更彰显出鲜明的个性。"凉亭"外墙的涂刷也反映了不同园丁鸟的喜好,有的喜欢用嚼碎的绿树叶,有的喜欢用蓝色的浆果,还有的喜欢用黑炭。

园丁鸟的艺术可能是进化过程中形成的一种交配信号:雄鸟将"凉亭"造得越漂亮,就越有吸引力,交配机会就越多。而人类的艺术是否也源出于此?在我们的艺术技能中,哪些出自纯粹的本能,哪些源自个人的创造呢?

这些问题尚无明确的答案。很多理论家相信,创造艺术(以及音乐和幽默感)的冲动之所以在人类的进化过程中得以出现,主要是因为创新能力能够向潜在的配偶展现出个人智慧。就像红衣凤头鸟橙色的喙显示其非常健康那样,我对鸟兽的素描能力也表明了我的智慧。然而,我倾向于认为,视觉技巧并不是很重要。我更愿意相信,艺术是交流技能的一个分支,或者是由一个以视觉为主的脑(以及一种渴望表达自我的意识)所产生的副产品。

当然,我们永远也不会知道艺术从何而来。不过,发现有人与你志趣相投,总是一件令人开心的事。多年来,我一直阅读关于艺术以及岩画的含义高深的复杂理论,这也能够解释突然有一天,我读到一种抹去大量史前岩画神秘色彩的理论,一下子喜出望外的原因。格思里(R. Dale Guthrie)是阿拉斯加州的一位生物学家,他纵览了欧洲及美国的岩画作品,以确定所有这些手印及野牛画作的作者究竟是谁。当然,还想知道那些在泥巴上写下的潦草难懂的字出自何人之手。那些奇怪的小脚印是如此之小,根本不可能是萨满教僧们留下的……

格思里得出的结论是,这些作品出自十几岁的男孩之手。他们是更新世最了不起的艺术家,而他们中的大多数其实并不伟大。那些没有被精装本收录的作品,看起来和我小时候画的农场中的马和鹿没什么两样。它们的头太大,膝盖弯的方向也不对。而且与我弟弟小时候的画作一样,画中很多动物的身上都插满了矛,鼻子中还流着血。在那个年代,欧洲岩画艺术家流行的主题还包括生殖器、丰满的女性以及男欢女爱的场景。

认为这些本能的涂鸦作品出自伟大的萨满教僧之手,似乎是对这些僧人的不敬——也是对奥卡姆剃刀原则的不敬,根据这条科学原则,理论应该避免不必要的复杂性。如果对岩画最简单的解释是,这些作品出于男孩们对岩洞以及内心深处对血腥场景的喜好,那么这应该就是最佳的理论。认为已是成年人的萨满教僧为了名垂青史,爬到这些又黑又脏的洞内,画上自己的手与血迹斑斑的鹿,这样的理论既啰唆又烦琐。奥卡姆(Occam)说:不要这样的理论。

当然,人类可能会因为精神需求,创作了一些岩画。有些可能是因为交配的需要,但那不是我本能上对涂鸦的需要。我在想,人类对于图像的喜欢可能就是一种"拱肩"。从技术上讲,"拱肩"就是拱形结构建筑的副产品,后来人们利用这些空旷的角落进行装饰。生物学家古尔德(Stephen J. Gould)提出,进化过程也会在动物身上产生拱肩——那些无用但也无害的特点,后来却变成了有用的特点。(更有可能的进化过程是,一个意外出现的当时有用的特点,后来被永久地固定下来。)因此,也许是人类复杂的脑在不经意间,悄悄地在沙地、石头以及皮肤上表现自我。然后,因为这种行为反映了脑的复杂性,便开始为寻求配偶提供服务。此外,也许是同样的过程让我们颇具幽默感、喜爱音乐、热爱舞蹈、喜欢讲故事。人类有大量的"自我"意识,而这些自我意识看起来屈从于表达自我的需要。

上午9点10分:语言健身操

我的工作涉及语言的运用。我使用大量的语言,所有这些语言几乎都是由其他人写下的,而我自己创造的语言只占极少的一部分。为了组织我的思维,在写作之前,我的脑激烈地搅拌着文字。我将一些文字写出来,前后调换位置,评估它们之间的关系。所有这些文字工作的目的只有一个,就是将信息有效地传达给其他人。虽然人类不是唯一利用语言的动物,但他们却是最能说会道、最喋喋不休、最能交流、最不着边际、最流利、最唠叨、最快速、最啰唆、最善言辞、最烦琐、最吵闹、最多嘴的动物,让其他动物相形见绌。

近来,其他一些动物已经从人类无知的阴影中走出,证明它们和人类一样使用词语,尽管语法还没有完全成熟。尽管对于大多数动物发出的声音,人类在破译方面还面临着极大的困难,但他们正在取得进展。例如,宽吻海豚似乎有一些专门为名字保留的声音。两只海豚在叽里咕噜的"交谈"中，有时甚至会提及第三只海豚的名字。白鼻长尾猴在发现豹时，会发出"皮亚"(pyow)声，而在发现鹰时，则发出"嗨客"(hack)声，这一现象在语言学家中产生了强烈的反响。一群猴子会根据叫出的不同词汇，跳到树冠的高处或低处。虽然很多动物都能够使用这类词汇，但猴子却可以将两个词拼成一个"句子"，意思是"快跑！"它们运用语言的能力已接近人类、鲸以及聪明的类人猿。然而，迄今为止，只有人类能够将大量的词语组合成无限种表达方式，并用于讨论我们的意识、推断艺术起源问题。

语言激活了人类另一项能力，即学习能力。当然，其他很多动物也具有这种能力。然而，没有一种动物能够像人类这样，拥有利用抽象概念学习的巨大潜能。如果我告诉你，冰箱能够让牛奶存放得更久，你无须看我如何将牛奶放进冰箱，便可利用这一信息。然而，没有哪只偷听的黑猩猩能够从这个建议中获得什么好处。

与大多数动物一样，黑猩猩通过观察而不是思考来学习。黑猩猩妈妈在钓白蚁时，不会要求它的后代们围坐在一旁记笔记。它们只是通过模仿学习。(至少雌性黑猩猩会在一旁学习，而年幼的雄性黑猩猩要晚上几年才能学会这种本领，因为此时它们还在树上玩耍嬉闹、蹦来跳去。)当然，我们对其他物种的了解还很不完整，因此，日后一定会有更多惊奇的发现——特别是那些生活方式需要复杂行为的动物。大型猫科动物会扔给幼崽一些或大或小的将死动物，教它们如何处理猎物。游隼父母会将捕获到的鸟丢给自己正在学习飞行的孩子，让它们练习如何借助自己的翅膀捕猎。科学家新近发现了沼狸的教育方法。这些柔软的沙漠哺乳动物的饮食包括蜘蛛、蝎子之类非常鲜活的大餐。最近，科学家观察到，成年沼狸甚至会先去掉蝎子的蜇针，再将蝎子交给幼崽杀死。然而，尽管如此，即使是最聪明的沼狸也无法教自己的后代学习代数这样的抽象事物。

人类使用词语的能力，加上无穷的学习能力，产生了地球上最复杂的动物行为。在前人努力的基础上，我们创造了博大精深的文化。在文化的帮助下，我们制造新工具，发明新术语描述这些工具，然后产生大量新的行为，而这些行为与自然界的任何事物都没有关系。我现在做的工作是敲击塑料键盘，将自己的想法转化为模拟纸张的电子形式，我在想，别人会如何理解这些词语。如果在一个没有文化的世界，这样的行为对我而言不会有什么好处。然而，我的文化群体已同意，这是最有效的传达信息的方式。我们重新安排了自己的行为，利用的是一套字母、一个拼写系统、一组语法传统以及各种辅助工具。这就是文化的魔力（或好或坏）。

不过，并不是说没有语言便不可能有文化。黑猩猩是我们最先观察到具有创造及传承文化行为的动物。例如，不同的黑猩猩群体在梳理毛发时，表现出截然不同的方式，这说明它们的行为不是出自本能。在某个地区，黑猩猩在梳理毛发时会面对面，将一条手臂举过头，用另一只手梳理。而另一个黑猩猩群体觉得，最好的梳理方式是在手边放一片树叶，在发现寄生虫时，可以将它放到树叶上仔细查看，然后再捏死。聪明的鲸目动物也表现出一定的文化行为。雌海豚在澳大利亚海湾处捕鱼时，会使用一块海绵护住口鼻部，防止自己在潜到海底捕鱼时让这些部位受伤。而它们的女儿也养成了这种习惯，所以，到了2005年，已有二十四五只海豚学会了“海绵捕鱼”法。（我在想年幼的雄海豚是不是逃学了。）在泰国的一个佛教圣地，人们喂养了一群野猴，与其他猴群不同，这个猴群里的猴子在清理身体时，把人的头发作牙线用。因此，文化并不是人类的专利。不过，就我们所知，只有人类建立了诸如宗教、市场、世界职业棒球大赛之类宏伟的文化结构。如果没有语言强化文化的传播与发展，它的发展一定会相当缓慢。

上午9点30分:不合逻辑且无理的坚持

打开电脑,我怀疑有一天自己在遭受挫折时会不会查一查自己的天宫图。这种方法几乎没有指导意义。不过,有时候,它确实能够说对一句……

不过,虽然我的智力超群,善于利用前人留下的文化,但是,我也是一个顽固的傻瓜。人脑很容易受到错误信念的入侵,而且一旦发生,它还冥顽不灵。

其他动物也会出现看起来不合理的行为方式。然而,要了解自己行为的不合理之处,首先需要思考分析能力,而这种能力在自然界几乎是不存在的。动物通过学习形成的行为有时候看起来很愚蠢——我的狗有一次在一个房间里被淋湿了,后来它便再也不敢进那个房间了。不过,在很多情况下,如果考虑到周围环境的变化因素,动物的"愚蠢"行为是完全可以理解的。例如,一个朋友有一次抱怨鹿为什么一定要穿过公路。我的回答是:鹿并不是这样看问题的,它们只是有一种必然的需要,如前往自己的繁殖地或饮水地点,这是鹿正常的本能。然而,如果把鹿这种正常的行为放到现代人类交通系统这种环境中,其风险性便急剧上升。

而人类,虽然有一个大脑袋,或**因为**有这样一个大脑袋,仍会做出不理性的行为。我们坚持与事实不符的信念,我们不考虑实际便贸然行动,我们作出错误的决定……这样异想天开的行为似乎成了这个最聪明物种的专利。

关于这个问题,我看过一项最令人痛苦的研究,涉及政治信念的不可磨灭的本质。我们在第七章看到,即使我们听到关于自己新配偶的什么不好的消息,我们仍会置之不理,因为此时脑中负责关键分析工作的区域一片黑暗。对于我们拥戴的政治人物,脑的行为方式非常类似。

在一项实验中，研究人员利用磁共振成像仪分别监测支持民主党和共和党的受试者的脑。然后，他们提供一些关于两党总统候选人的负面消息，看一看这些脑会作出怎样的反应。结果发现，对于自己反对的候选人，人们会很快地相信最坏的消息；但是，对于自己支持的候选人，人们却不愿意接受相关的坏消息。脑中负责识别错误的部分确实开始了工作，似乎脑知道它应该修正自己的信仰。不过，脑中拒绝承认错误，以免情感受创的区域也开始工作。在很多情况下，脑开始拼凑对坏消息的其他解释，结果导致脑中涉及放松及奖励的区域开始工作。人类不喜欢改变信念。在一个类似的实验中，受试者在磁共振成像仪的监测下，参加之前描述过的"金钱与信任"游戏。每轮游戏前，受试者均获得了关于对手的信息。根据描述，在这些对手中，有的自私，有的慷慨，有的既不自私也不慷慨。然后，所有受试者开始游戏，但他们并不知道自己的对手是计算机。无论计算机采取自私行为还是有利于社会的行为，游戏者坚持认为自己的对手或大方或小气。而他们的游戏行为也以信念为基础，即使能够证明他们的策略很失败，他们也拒绝对行为加以改变。

当然，个性对人的大多数行为均发挥着一定的作用，不过对于政治行为的影响是最大的。而人的个性又主要受到DNA的影响。最近的一项调查通过对同卵双胞胎的研究，试图确定在堕胎、死刑、现代艺术、占星术、财产税等一系列热点政治问题上，人类信念的基因组成。同卵双胞胎的DNA完全相同，而异卵双胞胎只有50%的DNA相同。因此，如果同卵双胞胎共享的信念比异卵双胞胎的多，那么便可以推断，是基因发挥了作用。基因有没有发挥作用呢？研究人员使用两组分别来自美国和澳大利亚的双胞胎，得出了这样一个结论：人类意识形态的差异，大约有一半是由于基因所致，另一半则是受到家庭和社会环境的影响。对于一个自以为有主见且很聪明的物种而言，这无疑让他们大吃一惊。与数字同样让人大跌眼镜的是作者的分析:人类并没有明显的自由派和保守派之分。相反,我们中有些人是“两面派”,倾向于同情和体谅他人;即使是惩罚那些自私的家伙,他们也会事先综合考虑一下;一旦情况有变,他们的立场就会动摇;他们还会对权力和不平等提出疑疑。其他人则是“坚定派”,喜欢由观点明确的领袖领导的强大而团结的集体,喜欢严格有力的惩罚体系,不相信人性及外人,并能够容忍不平等。我们每个人总是倾向于其中的一种,无论理由如何,这些倾向会影响我们的行为。

冒险者的似乎非理性的行为也可能起源于我们的DNA。不管怎样,人们发现老鼠体内有一种被称为*neuroD2*的基因,这种基因能够使老鼠的胆子变大,变得无所畏惧。虽然还不能确定人类是否共享老鼠的这种基因,但可能性是存在的。无论如何,有些人一定是生来便勇于冒险。一种猜想是,对于动物而言,这些看起来不合理的行为在困难的条件下,可能会为它们带来回报。因为在特定条件下,通过正常的行为无法获得足够的食物、住所或领地,让繁殖活动顺利进行下去。在这种情况下,胆小的人——或老鼠,或蜘蛛——将挨饿,而敢闯的人会获得自己想要的东西。所有人都愿意承担一定的风险,通过利用磁共振成像仪观察人脑,科学家能够预测我们每个人对于风险会作出何种反应:是迎接挑战还是“打安全球”。在基因和经验的综合作用下,脑的两个区域会彼此较量一番:如果决定承担风险,乐观区域便会比焦虑区域亮,受试者便会将谨慎抛在脑后,一往无前地开始行动。

精神行为因与理性绝缘而出名,也在一定程度上受到基因的影响。同样使用双胞胎测试来找出基因的影响,一名年轻的博士生(她自己就是一个同卵双胞胎)发现,同卵双胞胎长大成人后,会表现出一种程度类似的精神投入。从数字上看,成年人激情的变化,44%与基因有关。(“精神”可以表现为佛教的禅、泛灵化、参加礼拜或卵石崇拜,是我们赋予普通物体或虚构实体以魔力的冲动。)

那么问题是,在铁一样的事实面前,仍要坚持无理的信念,这种基因为什么在人类中坚持存在? 表面上看,这种倾向没有什么好处,但是,它可能说明了人脑独特的"已定局的东西"的特点。最近的一项关于基因及"神奇思维"的研究,让我们对脑如何处理信念与事实相冲突这个问题有了更深入的理解。这些研究人员的研究重点是基督教有关亚当和夏娃诞生的观点,因为这是一个非常经典的神奇思想。研究人员发现,那些喜欢用右手的人更愿意相信这种创造论,即便有大量证据都支持进化论。为什么左右手习惯会对这个问题的认识造成影响呢? 这些研究人员提出了这样一种理论:脑的左半球(控制右手)的工作是维持信念,而右半球(控制左手)负责监视左半球所维持的信念是否与客观事实相冲突。如果一个人几乎所有的事情都用右手完成,那么左右脑进行交流的需要便非常少,所以,右脑极少有机会来检查左脑的错误。因此,根据这一理论,对于任何思想——不管是神话还是别的什么——喜欢用右手的人都是最坚定的支持者。

在学者们探讨人类为什么喜欢坚持己见的过程中,他们发现,人类一旦认同了一种信念,便会像狗啃骨头一样舍不得丢弃。我们中的某些人,在发现一些更加符合精神口味的信念时,比其他人更容易抛弃旧信念。一个显而易见的问题是,为什么会有这些变化? 有一位理论家提出,在一个充满了捕食者与狩猎机会的自然环境中,远古人科动物如果不停下来对每起事件均作认真分析,那么他就能够更迅速地采取行动。如果他认同了一条普遍信念,如蛇是危险的,那么下次遇到蛇时,他便不需要浪费时间去分析这条蛇,直接逃跑即可。而那些停下来重新考虑的人,就有可能遭受灭顶之灾。因此,人类在进化过程中,获得了形成普遍世界观的能力。然而,另一位理论家却提出,我们倾向于产生错误的想法(所有的蛇都是坏的),然而事实证明,定期更新信念(有些蛇仅捕杀老鼠)的人能够获得优势。不过,有时我们也可能会矫枉过正。如果某人从一个天宫图中得出了一个正确的结论,就据此宣称对这种理论坚信不疑,则显得过于草率。因此,更多的人可能处于这两个极端之间,有些人会见风使舵,有些人则不管面对怎样的精神挑战,都顽强地坚持到底。

想到如此众多不可动摇的迷信思想沉积在我的意识表层之下,并决定着我的行为模式,就像河床上的巨石塑造出水流那样,这令我有点沮丧。

中午12点30分:工具迷

在午休时间,我起身去找一些吃的东西。我每天使用的工具不计其数,但我还是能够列举一下与进食有关的工具。我们有冰箱,它本身包含一套冷凝器、一台电机、一个机壳,以及数不胜数的塑料件、铰链、垫圈,此外还有一条电缆,将它连接到一个遍布整个大陆的电力网络。冰箱内有玻璃工具、金属工具以及塑料工具,用于盛放食品,而这些食品在运到我家的过程中,还要用到数以千计的其他工具,如种子袋、除草剂、拖拉机、食品洗涤机、传送带、炊具、包装和打包器、飞机、火车、汽车、收银机和银行体系。从橱柜内摆放着的数十件陶瓷工具中,我选了一个盘子,用来盛放三明治。我还需要一个古老而神圣的帮手,即一把刀,用来切番茄。此外,我还拿来了一块木头当垫板。(要不是我的眼球上装着塑料镜片,让刀和番茄进入我视线的焦点,所有这些工作都会加倍困难和危险。)现在,我需要的是一把椅子、一张桌子、一些餐巾纸,还得拿几张报纸来填充我的脑……

人类是狂热的工具使用者。仅美国专利与商标局一家单位,每天核准的新工具就达500种之多。我们今天所使用的工具,是由百十个甚至上千个次级工具组合而成的。美国航空航天局的每架航天飞机都有约200万个独立零部件。想象一下如果有一天你没有了工具，那么你的脑海中会很快浮现出你在野生环境中赤裸着身子、徒手捕猎的场景。我想，你甚至还不能在雷电引着的明火上烧烤自己的食物，除非你的手指不怕火烧，因为在你折一根树枝当烧烤棒时，你实际上已经在使用工具了。而你能够找到什么来填饱肚子呢？蟾蜍？年老体衰的老鼠？即使有了工具，狩猎也非易事。

其他动物是否也使用工具？今天，提出这个问题会显得有点无知，但就在不久以前，我们还认为自己是唯一会使用餐具的智慧物种。现在我们知道，黑猩猩会拿树叶当手纸。卷尾猴像人类做水疗一样，使用药草与浆果来处理自己的毛皮。很多鸟会以扔石头的方式磕破鸟蛋，用苔藓"海绵"取水，从鱼钩上把鱼偷走，使用树皮作为杠杆，使用大量的树枝、草、松针和树皮把食物从狭小的地方弄出来。颇有名气的由人工饲养的乌鸦"贝蒂"就更绝了，它甚至会做一个金属钩把食物钩出来。

因此，现今一个更有趣的问题是，为什么仍有**很多**动物不使用工具？答案是，它们可能并不需要。猩猩是一个很好的例子。在野生环境下，猩猩很少使用工具，因此过去人类一直认为它们不会使用工具。直到1993年，人们才偶然发现一只使用工具的猩猩。然而，在动物园里，这种红色类人猿在有足够动力时，完全可以让科学家为它们着迷，它们能像黑猩猩一样灵巧地使用工具。它们甚至具有远见，会在今天选择一个正确的工具，为**明天**要面对的任务作准备。这一点就连我自己都不容易做到。

比如，我知道自己明天还要吃饭，所以我会将自己的工具重新组织一下：将盘子放入水池，将番茄放到冰箱里，还得将电费交了，以便让冷冻设备正常运作。由于工具太多，所以现在人们把很多精力都放在对这些工具的维护上。

下午3点:侵略性

我通常使用的侵略模式是冲我的配偶咆哮,因为他把果酱放在外面还不拧好盖子,或与要好邻居谈论相处不太融洽邻居的不是。女性往往不急于采取暴力方式,而男性就另当别论了。

在我穿过图书馆的停车场时,我听到一阵急刹车的声音,还有汽车的喇叭声,这时我才发现自己险些被撞倒。一个邋遢的男子从一辆蓝色轿车中探出身子,对着我大声吼叫。我被吓了一跳,指着我正在通过的人行横道,继续向我自己的车子走去。刺耳的刹车声再次响起,这次,车子已顶到了我的膝盖上。他变着法子地威胁我,狂按着喇叭。我庆幸自己身材较高大,而且身处一个繁忙的停车场。此刻,我也被激怒了,我怒视着这个男子,打电话求援。

人类喜欢以团体的方式实施侵略。这也是好战的黑猩猩的一个传统。一只雄性黑猩猩花费了大量的时间培养盟友,因此当群体内的雄性头领攻击它时,它可以呼唤自己的伙伴站到它这一边,而它的这些伙伴也将不会令它失望。在我打电话报警几分钟后,一辆巡逻警车来到了停车场。警官交叉着手臂,让自己的身形显得更加高大,等待我的敌人离开大楼。我走过去与警官站在一起。“瞧,”我的姿势说,“当你攻击我时,你攻击的是我的整个群体。”这个方法确实有效。我的敌人一下子泄了气,耷拉着脑袋,眼睛也不敢向上看。我大肆吹捧了我的盟友一番,然后继续做自己的事情。

男性之所以喜欢使用暴力,可能与睾丸素有关。前面讲过,如果无名指比食指长,表明男性在子宫内接触过睾丸素。优秀的运动员和患孤独症的男性,无名指往往较长。目前,已有研究表明,无名指长(可能是由睾丸素引起的)与暴力行为存在一定的关联。尽管这种关联并不是绝对的,但根据统计,无名指较长的男性更容易出现攻击倾向。因此，睾丸素可能会引发人身攻击。然而，这并非定论。虽然暴力犯罪分子、反社会的男性以及易冲动的男性的血液中睾丸素水平往往较高，但两者之间只是有联系，而不是一种因果关系。也许冲动会导致睾丸素水平的上升，但睾丸素水平上升未必会引发冲动。不管怎样，男性比女性更容易采取暴力行为。其他大多数动物也存在这种情况。

不过，与大多数动物不同，男性之间的争斗有时会一直持续到将对手杀死为止。对于很多动物而言，由于战斗非常危险，所以如果有一方承认失败并转身离开，双方便会停止战斗。不过，有少数动物会将战斗持续到有一方被杀死为止，其中就包括了黑猩猩。当一群雄性黑猩猩前往边界发动战争时，它们并不是为了示威。如果它们的数量比邻居多，它们便会大开杀戒，古道尔(Jane Goodall)曾在坦桑尼亚监测过一群黑猩猩，它们有组织地追捕并杀死周边地区黑猩猩群中所有的雄性。(它们欢迎雌性加入它们的群体，而2/3的雌性的确这样做了。)人类是另一个特例。当然，现代工具使得杀死一个人相对比较容易。然而，即使没有现代工具，人类往往会像黑猩猩一样，即使攻击目标已停止反击，仍要继续追杀。

不同文化对于现实生活中暴力侵犯行为的容忍度不同，我们从谋杀率便可以看出这种差异。美国、墨西哥和委内瑞拉的谋杀率是西班牙和挪威的8—20倍。这并不反映任何生物群体之间的差异，而仅仅反映了文化差异。对于**灵长类**而言，我发现黑猩猩的文化也存在这种差异。有些群体非常好战，有些却很少杀戮。有些主要杀死周围的邻居，有的则连幼崽也不放过。(我并不是说雄性黑猩猩会杀死自己的幼崽，而是指占主导地位的雄性黑猩猩会杀死其他雄性黑猩猩的幼崽。)

有一篇关于**灵长类动物**的论文提出的观点更有意思：狩猎-采集者的谋杀率与黑猩猩相同。根据很多研究得出的综合结论，黑猩猩和狩猎-采集者的谋杀率及其在战争中的死亡率，是美国大城市谋杀率的两倍。如将农作社会与狩猎-采集者综合考虑,人类的谋杀率更高——是黑猩猩的3—6倍。自给自足的农业社会,如委内瑞拉的雅诺马米人和新几内亚的达尼人,他们使用石器时代的工具,种植(或养殖)几种尚未充分驯化的植物(或动物)。与狩猎-采集者不同,农作者被限定在某一块土地上。在面临暴力威胁时,他们不能逃跑,因为那样便失去了生计来源。因此,人类学家提出,农作者的战争更惨烈,伤亡数也更多。在某些群体中,每4名男性中便有一人死于暴力。

这些关于谋杀率的数字契合了一个古老的理论,即对于男性而言,一个没有刑法的社会是极其危险的。以我们在第四章讨论过的性格坚韧的火地人为例。他们拥有典型的狩猎-采集文化,但没有法庭或监狱。根据《地球最遥远的部分》(*The Uttermost Part of the Earth*)一书的作者布里奇斯(E. Lucas Bridges)所述,他们之间的杀戮非常疯狂。男人经常会对"外族者"(即邻近部落)发起攻击,有时是因为一个女人被掳走,有时是因为一个男人被杀死。然而,与黑猩猩一样,他们在内部也经常发生冲突。布里奇斯称,自卫杀人或杀妻并不触犯任何禁忌。女性因为各种原因被杀死的数量也很惊人。一个没有刑法的社会对于女性而言,也不是什么好事。

请那些担心世界正变得越来越暴力的人不要灰心!让我们看看人类之前的生活场景:男性像黑猩猩一样相互残杀,而且根据文化的不同,他们还绑架和杀害女性。事情正在向好的方向发展。尽管现在人类有时仍然会这么干,但已经没那么频繁了。

在大多数情况下,随着文化的发展,一些禁止暴力的规则会被建立起来。如今,很多地方的谋杀率都很低。即使是在美国的大城市,谋杀率也只有约万分之四。这个数字仅为自给自足的农作文化(如达尼文化和雅诺马米文化)中谋杀率的一半。

在我们停止讨论人类侵犯行为这个问题之前,我要指出,杀人只是侵犯行为的一种最极端也最便于统计的形式。我们还有很多其他侵犯方式。我喜欢口头攻击。如果我无须担心自己会受到暴力侵犯,我便会发起正面的口头攻击。如果我吃不准你的底细,我便会向别人诉说你的不是。我想破坏你的社会支持,将你驱逐出境,而你还蒙在鼓里。说闲话一度被认为是女性的专利,但现在研究人员对此已产生了怀疑。男性也可能会大肆抹黑他人,并且像女性一样,他们随时准备采取这样的行动。

一旦感到自己受到侵扰,男性和女性往往以不同的方式作出反应。按照惯例,早期的研究重点是男性。男性在面临危险时,一般会表现出两种反应:战斗或逃跑。肾上腺素在他的血管里循环流动,加快他的心率,并将大量血液送往腿部肌肉。流到皮肤和消化道的血液量减少,同时瞳孔扩张。皮质醇为血液提供大量的糖,准备为行动提供能量。内啡肽降低了他对疼痛的敏感性。他全身充满活力,高度警惕,随时准备攻击或逃之夭夭。研究人员得出结论,这就是人类的方式。

我们现在知道,女性采取了另一种方式。女性在害怕时,会像男性那样产生肾上腺素和皮质醇,但她也为自己准备了大量的爱情化学物质,即催产素。女性在分娩和性交时也会产生这种激素,它可以使女性对恐惧的反应较为温和。因此,虽然女性在危险面前也作好了战斗或逃跑的准备,但她还准备了"温柔的一招"。此外,由于这些结合行为会产生更多的催产素,感受到压力的女性能够借此麻醉自己,使自己摆脱恐惧。在紧急情况下,她抱起受伤的婴儿,在照料婴儿的过程中,使自己的化学物质重新回归到"冷静、镇定、振作"的状态。在我看来,男性和女性的反应具有互补性。如果有一群狮子把一家人包围了,男性会铆足了劲,准备战斗或逃跑,而女性会把孩子集中到一起并召唤盟友。

对于人类而言,侵犯行为既可怕又有吸引力。人脑能够最快感知的面部表情便是愤怒和恐惧。因为侵犯行为有可能会破坏我们的生物未来,所以它们极其重要,而且令人兴奋。我们常常围成一圈,观看一场危险的对抗,既紧张又想了解胜负结果。

尽管侵犯行为令人惊奇,但在人们所有的行为中,它们并不是最突出的。更有趣的是,作为一种群居但同时又具有领地观念的动物,我们所表现出来的侵犯行为是如此之少。不错,我有时候会大骂自己不喜欢的政治人物。最近,我痛斥了一个拒绝付款的保险公司业务代表。有时候,我还会大声呵斥那些电话推销员,指责他们的骚扰行为。然而,比起我的合作行为,我的暴力行为只有合作行为的百分之一。我不会因为邻居的车子挡了我的路而冲他咆哮。到了冬天,我还会不顾困难地穿过街道,去帮助另一位邻居铲雪。

一些研究人员近来调查了人类的近亲,即灵长类动物中粗鲁行为与友善行为的比率。他们发现,这一比率与人类相近。虽然黑猩猩以好斗著称,但也有两项调查发现,它们会花费近1/4的时间从事社交活动——梳理毛发、玩耍以及坐在一起。雄性黑猩猩大约每20个小时才会出现一次侵犯行为,而雌性黑猩猩则每隔几天才会出现一次。(侵犯行为包括厮打、踢、闯入其他个体的空间,迫使落败者离开营地。)相比而言,黑猩猩、新大陆猴、狐猴和黄狒狒是最好斗的灵长类动物。其他灵长类动物更容易合作,不大惹是生非。

但是,这只是灵长类动物的情况。侵犯和友善在地球上的每一类动物身上都有不同的表现。那些生活方式比我们更孤立的动物(大多数动物都是如此),很少能够感受到爱。一只在我家附近玩耍的浣熊,在黑暗中不会与遇到的另一只浣熊兴高采烈地聊起天。一条清洁鱼冲出珊瑚后,不会与路过自己领地的其他清洁鱼整日玩耍。北极狐不会在夜晚与邻居一起"唱歌"。与很多动物相比,我们是甜蜜和殷勤得出奇的物种。

傍晚6点:玩乐人生

当我为工作绞尽了脑汁,当我满眼都是计算机屏幕图像时,便意味着我该放松一下子了。人类行为中,玩要是一个普遍元素,这使我们成为一种非常独特的动物。尽管每个人都有玩乐的愿望,但玩乐的机会在不同的文化中,情形也不同。在我所处的社会中,年轻人在长时间工作后,可能会与朋友们聚在一起。年纪大的,可能已无须工作,每天有很多时间可供消遣。而很多忙着抚育下一代的夫妇发现,他们虽有玩的愿望,但却失去了玩的机会。

玩要行为开始于人类历史的早期。作为一名婴儿,我先会笑,然后才会说。不久之后,我每天大部分时间都用于玩。幼儿发育得十分缓慢,他们基本上不能帮助他们的父母做任何事。这使得他们可以自得其乐。这实在是太简单了,在泥水坑里可以玩上一个小时;追逐昆虫又用掉一个小时;模拟小人的木棒太好玩了,可花整整一天或一年去玩;七叶树果等坚果是象征着财富的宝贝,可以用来收藏和交易,摇起来哗哗响,甚至还可以变成武器。

玩要行为在年幼的动物之间很常见。小鹿嬉戏跳跃,羽翼未丰的乌鸦倒挂在树枝上,小狮子一会儿去咬自己的兄弟,一会儿又去拽母亲的尾巴。这些无所事事的行为究竟有什么好处?因为得消耗能量,由此可以推断,这样做必定能完成一些有价值的事情。

最强有力的一种理论是,玩要是对生死存亡这类大事的演练。嬉戏的小鹿是在训练如何协调自己的腿部动作,以逃脱郊狼的追捕。乌鸦也是在锻炼身体的灵活性——也许是如何抓起另一只乌鸦的腿,然后翻滚着冲向地面。(鹰在求偶时会做这个动作,至于乌鸦,我并未找到任何解释。)而狮子玩要的内容则完全是追赶像小鹿这样的猎物,或击退像鬣狗这样的竞争者。

然而,玩耍的作用可能不限于此。它可能教我(以及其他动物),如何"读懂"他人(以及其他动物):如果不是一起玩过滚铁圈或打扑克,怎么会知道对方不遵守游戏规则？在我们童年与恶霸和骗子的游戏中,我们学会了识别麻烦制造者。对于动物而言,玩耍在这方面显然也起了作用。科罗拉多州研究玩耍的学者、生物学家贝科夫(Marc Bekoff)指出,郊狼幼崽不会与那些咬起来不知轻重的同伴玩耍。他接着指出,对于像郊狼和人这样的社交型动物,玩耍确定了社会道德基础,因为它奖励彼此公平对待的动物。

玩耍还帮助年轻人为长大成人作好准备。这也解释了两性的玩耍形式之间的巨大差异。女性年幼时,倾向于只需要两三个人玩的安静游戏。她们依赖这些玩伴来满足其他社交需求,特别是对于友谊与舒适的需求。这也是成熟女性的常有行为:一小群妇女互相帮助,照顾孩子,交换茶叶,彼此安慰。但是,年轻男性则趋向于生物学家所谓的"打打闹闹"的玩乐方式。一大群人一起行动,而且他们的游戏往往设定了任务目标,制定了规则。因此,自给自足文化中的成年男性大部分时间在群体中度过,共同从事狩猎和战争这些耗费体力的活动。当然,男女之间玩耍方式的分界线并不清晰。我和妹妹小时候都没有对洋娃娃爱不释手,我们有时还乐于帮助母亲清理库房。但我确实喜欢玩换装游戏。我和我最好的朋友凯蒂(Katie)可以花上一整天的时间,不断地变换假想的情景。我哥哥奇普(Chip)的男性风格更鲜明。他会烤曲奇饼,但他的面糊内总会粘着几只苍蝇。当母亲从拖拉机的发动机里拖出油乎乎的机械零件时,总是奇普坐到轮胎上去帮忙。

黑猩猩的玩耍也表现出同样明显的两性差异,当然其他类人猿可能也有类似表现。年幼的雌性黑猩猩温顺地在小团体内玩耍或黏着自己的妈妈,学习有用的技能。年幼的雄性则四处奔跑,大声喊叫,与其他同伴拉拉扯扯。不过,各种玩耍方式之间的差别并不大。年幼的雌性大猩猩更喜欢与雄性玩伴打打闹闹。对于那些幼崽数量较少的动物,如独自生活的鹿或一小群象,幼崽就只好凑合了。小鹿自娱自乐,或与母亲待在一起。幼象要求年轻大象跪着和它一起玩。与人类一样,黑猩猩中有时也会出现假小子以及性格温柔的雄性。乌鸦、鹿、狮子和大象可能也有这种情况。

一个年轻的脑总是在其内部建立新的连接,每一种新的行为都有助于"蚀刻"信息的新途径。因此,年幼的动物需要探索五花八门的事物,而玩耍有助于它们完成这项工作。接下来,在大部分动物成熟后,它们的脑定格了那些尝试过而且真实的路径,因为这些路径已在童年生活过程中,被证明是最有用的路径。脑,以及与脑相连接的动物,变得可以预见,失去了灵活性,变得无聊透顶。因此,我们很少看到成年的鹿欢蹦乱跳,成年的母狮也不会玩弄邻居的尾巴。乌鸦……当然,乌鸦更像人类、黑猩猩、海豚和其他一些社交能力较强的聪明动物:我们,少数的欢乐派,一生都与玩耍为伴。

随着我长大成人,各项任务占据了我的玩耍时间,但玩耍仍坚持存在。现在我不再玩泥巴池的游戏,而是开始跳舞、参加有组织的体育运动、绘画、欣赏音乐、谈论是非和讲笑话。玩耍将伴随我们的一生。在自给自足的文化中,日常工作的进行可能伴随着搞笑的气氛。在世界各地,恶作剧总是很流行。在我们这样高度依赖工具的社会中,玩耍的方式千变万化。在我自己的朋友圈子中,人们热衷的玩乐项目包括绘画、摆弄乐器、养花、泛舟、骑摩托车到海边抓鱼、到超市采购衣服和首饰、看书、打篮球、做家具、缝被子、下馆子、到海滩遛狗、看电影、打棒球、爬山、写小说、编织毛衣、玩扑克、游泳、泡澡等,可谓五花八门。我的父亲是一位生物学家,他曾说过,狗能够无休止地睡觉。我敢说,人类能够无休止地玩乐。我的祖母活到了100岁,临终前还在玩纸牌游戏。另外,每年的万圣节,她也会精心装扮一番。

我本来应该遗传一些她的特点。然而,我脑中的化学物质使我具备了更加严肃的个性,我必须强迫自己玩耍——如果这句话听起来不矛盾的话。我大量的时间都用于工作,其他就是用于遛狗以及健身。幸运的是,我很喜欢做饭,这是我最喜欢的消遣之一。如果一天工作下来,没有这个爆发创造力的机会,我的确是该被淘汰了。

晚上7点:改变自己的意识

晚上,我无法泰然自若地为自己倒一杯酒。所有人的脑都是很容易上瘾的,因为当我们重复某些行为(如性、美食、各种毒品)时,我们的脑会产生大量令人愉快的化学物质。而且,一些人的脑比其他人的脑更容易上瘾。就拿我父亲来说,他长年酗酒。他之所以会出现这种情况,一方面可能是基因的作用,另一方面可能是他定期给自己的脑提供一定量的由酒精引起的幸福感,进而训练自己的脑。如果这一点也遗传的话,我可要为自己担心了。

此外,改变自己的意识非常有趣!我一直喜欢这样做。我第一次接触的是在北美阿拉伯咖啡树的种子中发现的兴奋剂。它能够立即激起我的活力,让我步履轻盈、机智敏捷,渐渐地我发现自己每天都离不开它。还有我第一次接触美国的烟草。尼古丁紧紧地粘在我的血管上,让脑由于缺氧而进入瘫软状态,我扑倒在草地上,心想:"这是一个很好的改变,我不需要辛苦工作了!"过了不久,我和一个朋友尝试抽"茶烟",只想看看会发生什么。(我们当时疯狂大笑,但这可能和茶叶无关。)之后我们抽大麻,它使人内向的效果与我害羞的个性真是糟糕的搭配。古巴裸盖菇(一种灰色的蘑菇)是我最喜欢的东西,它能产生神话般的幻觉和一系列极爽的翻天覆地的想法,直到第二天早上这种作用才会消退。

为什么人类——我们确实普遍地——渴望脱离自己的正常感觉?

这些行为从某些方面来看是为了好玩。在我看来，这是一种极大的乐趣，躺在松树下，用伟大的思想自娱自乐，阳光透过松针，落在脸上，勾勒出一个个几何图案。可悲的是，享受致幻药物很费时间，成年后由于没时间，就难得享受了。但有时候，我会点上一根烟，远远地看着自己的意识缩小成一个眩晕的"水坑"，确实很有趣。另外，我还时常喝上几杯，享受那种不断蔓延的快感，在一两个小时内，将所有忧虑放到一边。

不过，这最后一个"不去担心"，实际上可能并不好玩。它可能代表人类渴望毒品的第二个原因：让我们离开极度忙碌的脑。

人脑是一个由神经细胞、传导线路和化学物质组成的精密结构，各组成部分之间相互激励、放大和抑制。至少在工业化国家，很多脑在人类生命未结束前便出现严重故障。人类长期地处于不高兴（或兴奋过头）、愤怒、胆怯、暴饮暴食、滥交以及侵犯他人等种种不良状态。脑并不耐用。我自己就是一个典型的例子。在我的头颅内，传送神经细胞之间电信号的血清素便低于正常脑的水平。因此，除非我使用血清素催生剂，否则我便会比一般人更容易焦虑，也更容易发怒。我父母的脑也是如此。这个又大又脆弱的器官可能在许多方面出毛病。这也可能解释，为什么地球上几乎每种文化都发明了一种方式，从而改变了我们的精神通道。

几乎每种人类文化都有自己的退出战略。虽然我从来没有尝试过，但我一直以为卡瓦（太平洋岛国瓦努阿图的一种民族饮料）极为有效。按照传统，人们会通过咀嚼卡瓦胡椒根部以提取出活性成分卡瓦内酯，然后将其倒入公用的碗里。唾液和汁液与水混合，再过滤，最后由所有人共享。用这种方法制作的卡瓦闻起来非常刺鼻，口感也很差。然而，相比于其宝贵的让人尽抛烦恼的功效，这种代价真的是微不足道。我也没有尝试过古柯叶。那是原住民秘鲁人的选择。他们以特定的方式向里面加入焚烧的海贝壳粉，使其能够产生一种刺激性作用。

而且我也没有对佩奥特掌作呕过,这是一种原始且容易导致呕吐的迷幻剂,是纳瓦霍人和其他美洲人的专利。佩奥特掌对脑中的化学物质的影响,据说像古巴裸盖菇一样温和。不过,我尝试过的最奇怪的东西是山羊伏特加。

人类几乎可以(将来还会)找来任何原料——土豆、大麦、甘蔗泥、腐烂的水果、大米、玉米、蜂蜜、马奶、骆驼奶和羊奶——酿酒。酿酒其实就是一个让食物发酵的简单过程。将潮湿的土豆或马奶露天放置,野生酵母会落到上面。它们会感谢你提供的天然糖分,并分泌酒精作为回报,直到它们自己排出的酒精将它们全部杀死,此时的酒精体积分数约为几个百分点。因此,发明像啤酒和白酒这样的饮料并非难事。蒸馏则需要更多的创造力。要生产山羊伏特加,你必须慢慢地加热山羊"啤酒",让酒精蒸发,但同时不让所有的水分以及羊奶固形物都蒸发掉。收集蒸气,将其冷却,便大功告成。蒙古人掌握了酒文化的精髓。从破损的铝碗内喝一小口山羊伏特加,然后传给围坐在蒙古包内的下一个人,这种场景充分展现了蒙古大汉的纯朴与热情。

由于我怀疑男性和女性是非常不同的动物,所以他们对各种药物会产生什么样的反应,对于这个问题我非常好奇。药理学在认识男女差异方面的进展非常缓慢。大多数研究都以男性为研究对象,女性则被当作小个子男性来对待。然而,时代正在变化。例如,最近的研究结果表明,阿司匹林以不同的方式挽救男性和女性的生命。对于大多数男性而言,阿司匹林可避免心脏病。而对于大多数女性而言,阿司匹林的作用是预防脑卒中。另外,对于男性而言,吗啡等鸦片类止痛药很难与脑中的受体结合,因此他们需要的剂量更大。而对于女性而言,手术麻醉剂似乎也面临着类似的障碍,使女性更容易在手术过程中恢复知觉,平均而论,女性患者恢复知觉的时间大约只有男性的一半。

"娱乐性"药物是否也存在这种情况？其中科学家了解得最多的是

尼古丁和酒精,因为它们是合法、常用且容易上瘾的东西。像大多数药物一样,尼古丁能够使人脑产生一些合乎心意的变化。它能使人的视觉和听觉变得更加敏锐,还可以调节精神功能。在女性的脑中,它减缓新陈代谢,而女性脑的新陈代谢速度一般比男性的快。对于男性而言,尼古丁则能增加新陈代谢速度。当男性充满敌意时,尼古丁能够抚慰他们那些野蛮的脑细胞——但对女性无效。遗憾的是,与许多令人愉悦的化学物质一样,尼古丁也有副作用。人类摄取尼古丁上瘾后,不仅有可能损害本人的心肺健康,而且可能会使吸入二手烟的家人得肺病。此外,吸烟还有很多其他危害。

酒精是一个奇迹,它会降低脑内部的通信速度,对于那些厌倦了脑盛气凌人的态度的人而言,这无疑是一种极大的放松。作为一个偏爱这种感觉的女性,我不安地注意到,女性患上与酒精有关的脑损伤、心脏病以及肝硬化问题的概率普遍高于男性。其他性别差异也很大。相比于男性,女性上瘾的可能性较小。虽然三四杯下肚后,男性的脑代谢速度可降低25%,使他反应迟缓,但是女性的脑对酒精的抵抗力强,代谢速度仅降低15%。不过,虽然同样在酒精作用下,女性显得比男性清醒一些,但她们的醉酒感觉却比男性的强烈。与其他众多差异一样,这种差异可能与男性和女性的激素水平有关。

咖啡因是从茶叶及咖啡种子中提取出来的,它也对男性和女性产生不同的影响。对于男性而言,咖啡因表现出一定的抗帕金森病的作用,但对于使用激素替代疗法的女性而言,它实际上有可能诱发帕金森病。在英国进行的一项非常有趣的实验表明,在喝下一杯咖啡后,男性表现得更加焦虑不安,而且心跳加快;女性则表现得非常平静,充满了自信。

其他药物受到的关注较少,至少在科学界是如此。然而,透过科学围墙的缝隙,几缕光线还是照在了古老的迷幻药上。在这些光线的照耀下,许多娱乐药品摇身一变,成了医疗药品,对于这样的消息,我并不感到吃惊。例如,裸盖菇和合成迷幻剂LSD便可以作为很好的治头痛药物。此外,在约翰·霍普金斯大学的研究人员最近用蘑菇进行的实验中,大部分吃了蘑菇的人均报告,这次实验是他们一生中最有意义的五大事件之一。甚至几个月以后,大多数受试者仍报告说,药物永久地改善了他们的行为和外貌。安第斯农民长期使用可卡因来抵抗因高原反应而导致的剧烈疼痛。在其他药物均无效的情况下,鸦片类药物(如海洛因和吗啡)可缓解疼痛感。

人类拨弄神经系统的需要是否也常见于其他动物?这个问题很难回答。尽管关于喝得大醉的猪、疯疯癫癫的大象的传闻比比皆是,但其中大部分只是故事。如果不能证明动物是有意识地选择麻醉食物,而不是有营养的食物,那么便只能对一个迷醉的小家伙做一些迷醉的猜测。最近我偶然看到了一篇论文,这篇文章估算了大象要达到法律界定的醉酒水平,需要吃多少发酵的马鲁拉水果,它最终得出的结论是,长期以来一直认为这种动物是酒鬼的观点是站不住脚的。根据研究人员的计算,它们要获得醉醺醺的感受,进餐量必须是正常量的4倍。不过,这位科学家也承认,这种厚皮动物确实喜欢喝酒,有人曾发现它们偷喝米酒。

也许动物使用迷幻药的最好证据来自家猫。猫目标明确地寻找樟脑草,并采取特别行动来获得这种药物。而且,樟脑草也可以明显地改变猫的精神状态。与上了瘾的猫类似,但更危险的是吃疯草的牛。在其他植物短缺时,饥饿的牛会吃疯草,而且越吃越多。一只牛吃了,其他牛也会跟着吃。结果,一大群牛最后都变得骨瘦如柴,而且精神不振、情绪低落——还在继续吃疯草。不过,刚才讲的这些动物都是家养的,在驯化过程中,难免智力有点下降。我想野生动物中的瘾君子可能更有说服力。意外昏迷可能常见于吃水果的动物,尤其是那些栖息在果园或酒厂附近的动物。不可否认,有大量关于鸟类因食用发酵的冬青浆果而发呆的案例,但又有谁能够确认,它们吃这些东西是为了刺激,而不仅仅是为了获得热量?(酒精含有的热量非常高。)虽然科学家能够在实验室中很容易地将大鼠及灵长类动物弄醉,但这样做既不公平,也不自然。因此,尽管相关报道很多,但我还没有看到令人信服的证据,证明野生动物放弃营养与繁殖,转向喜欢酩酊大醉。迄今为止,在野外工作的科学家还没有发现任何一只发酒疯的类人猿——当然,我们自己除外。

这并不是说动物不会因为其他目的而使用药物。我们将在第十章看到,分布于全球各地的灵长类动物会用植物来梳理它们的毛发,治疗各种疾病。这也并不意味着,在有工具的情况下,动物不再出现放纵沉迷的情形。毕竟,脑的结构为上瘾提供了可能,这也是很多动物的一个正常特点。然而,只有人类利用科学技术,激励了那些奖励细胞,而这样做只是为了娱乐。我们把自己变成了一个魔鬼。新的数据显示,在美国人中,37%的青少年与因频繁使用某种化学物质(包括酒精、海洛因、冰毒等)而行为错乱的成年人生活在一起。这些青少年一般在健康与教育方面,与同龄人差距极大,未来将面临艰难的竞争。

晚上8点:沽名钓誉

随着夜幕降临,我抗拒着人类钻进被窝睡觉的冲动。案头放着一大摞期刊,我打开灯,然后蜷曲在沙发的一角,开始展开疯狂竞争。我不只是在写一本书,我正在努力地让自己的作品超越所有其他作品。而这需要很多时间,这就是竞争。

像斑马或马一样,我时刻关注自己在群体中的地位。像山雀一样,我努力提高自己的地位。而与山雀**不同**的是,它的高贵地位能够让它获得更多养育健康后代的机会,而我已决定放弃生育。那么,我努力追求地位是为了什么?

我想,这只是人类的本性。就像暴饮暴食和非生育交配一样,积累实力是一种自然要求,只是在当前这种疯狂利用工具的环境下看来,这样的意图毫无意义。我之所以要努力,是因为我数以百万计的祖先们从努力中得到了利益,而我已经继承了他们积极进取的DNA。无论是为了能上畅销书排行榜,还是为了争夺最佳厨师奖或最美佳丽称号,都请不要挡道:我就是要做到最好。

实际上,几乎所有的动物都热衷于对地位的追求。在我身边的这群本地山雀中,雌鸟会毫不犹豫地追求自己的目标。在繁殖季节,每对鸟"夫妇"都会根据雄鸟的地位进行排名。如果排名第一的雄鸟的配偶不幸死去,那么排名第二的配对中的雌鸟便会抛弃自己的配偶,与排名第一的雄鸟结为夫妻。

但对许多动物而言,可能包括人类在内,处在社会顶层会带来痛苦。在狒狒中,领头的雄性容易出现溃疡和心脏病。在非洲野狗中,"头领"体内血液中的应激激素水平也是最高的。(相比于雄狗,雌狗更容易因为较高的地位而承受压力。)最强大的雄性黑猩猩同样可能面临着最严重的寄生虫和呼吸系统疾病的威胁,这表明压力正在侵蚀其免疫系统。

对于人类而言,实际上是地位越低,承受的压力越大。那些处在社会底层的人发病率高,其原因不在于医疗条件差或吸烟,而明显在于那种无足轻重的感觉所带来的痛苦。人类,无论是独居还是群居,如果认为自己落后了,都会感到很痛苦。通过《幸福》(*Happiness*)这本科学小册子,我了解到,我们大多数人宁愿别人赚25 000美元,自己赚50 000美元,也不愿意别人赚250 000美元,自己只赚100 000美元。换句话说,我们关心自己的地位甚于关心舒适度。有一个罕见的关于人类应激激素的研究发现,让你地位下降的不仅仅是金钱。在多米尼加男性中，压力最大的并不是那些最穷的人，而是那些获得社会支持最少的人：欺世者、不合作者以及成长过程中缺少父爱的男性。地位低下的表象很多，而每种表象都会导致身心受损。我希望避免这样的情形。在我的沙发上，我再次伏案苦读。

晚上11点：睡眠期间

我床边有一个计时工具，滴答滴答地数着时间。当它报响11点时，我翻过身，闭上眼睛。每天夜里醒来，我都会看一下它。如果还没睡够，我会再次闭上眼睛。如果已经睡够了，我便会起身迎接新的一天。

今天，大多数人以这种方式进行睡眠，即在所有其他活动之间插入一段睡眠时间。在我所处的文化中，大部分人睡眠时间不足，因此很多人常常感觉身心疲惫、反应迟钝。

我觉得关于睡眠，对自给自足的文化所展开的研究值得注意。我看到的每篇研究报告都说到，这些人倒头睡觉时，并不在意自己是否有8个小时让脑一片空白。他们会发现我的闹钟是个荒谬的小东西。相比之下，即使是在白天，只要睡意来袭，她便会躺下睡觉。夜晚，当营火边的故事使她困倦时，她就躺下睡觉。半夜，木材燃烧时发出的噼啪声将她吵醒，她起身添了根木头，坐在那里看着火焰，一看就是一个小时。她的兄弟可能也会醒来，于是两个人便开始一起讨论未来的天气或母亲的病情。当她再次睡去时，她的表弟也可能起身，走出去撒泡尿，然后与营火旁的兄弟坐在一起。夜晚就这样过去。人们陆续地睡觉，醒来，中间或聊上几句，或哼几首曲子，或默默地保持警惕。

这种模式，加上人们发现人类的生理节律与地球的一天24小时并不完全匹配，让我怀疑人类在进化过程中，是否形成了一种在夜晚醒来几个小时的习惯，以查看周围的情况。在我浏览全美睡眠基金会的调查数字时，发现了另外一条有趣的线索：在我的同胞中，每10个人中便有3个人常在半夜醒来。而在一些语言中,我发现了更多的线索:"深睡"在中世纪英语中表示夜晚睡眠的前几个小时;而第二个睡眠阶段则称为"晨睡"。按照美国历史学家埃克奇(A. Roger Ekirch)的说法,在许多欧洲语言(以及至少一种尼日利亚语言)中,也有这两个术语。与自给自足文化中的人一样,中世纪欧洲的农民也利用短暂的清醒时间进行社交活动或独自思考。我今天夜里是不是应该在闹钟叫醒我之前醒来,我打算进一步思考这个问题。

人类的行为非常多。正如自给自足的文化所演示的,我们可以用短短几个小时就完成主要工作。然而,人类不是潜鸟,不可能独自一人静坐12个小时。那是我们对犯罪分子的一种惩罚方式。鉴于我们的喜好,我们通常总是很忙碌——忙于建设、做维护、玩乐,或进行社交活动。

我们的行为与黑猩猩、乌鸦、狼和蚂蚁等其他社会性动物没什么两样。我们从早到晚一直在合作。就在今天,我调解了自己的狗与邻居的猫的纠纷、购买了食物、遵守交通规则、容忍了另一位邻居吵闹的音乐声、在街上与陌生人打招呼,还发了电子邮件与朋友联络感情。我将自己的侵略性保持在最低水平上,以达到社会生物学和我所处文化的礼仪要求。当我受到他人的侵犯时,我发出了求救信号,并很快得到了帮助。

而我的日常行为需要3磅重的脑提供足够的动力支持。我主要的交流方式(阅读和写作),以及应酬时移动的舞步,都是人类所独有的行为。当潜鸟在湖边闲逛、群狮躺在阳光下时,我的脑正在推动着我,让我做这做那,不断地变换行为。我是一只积极的类人猿。

第九章

喜鹊般饶舌:交流

人类利用声带的振动、语调的抑扬变化、身体的姿态,以及一些有节奏的声音进行交流,这是典型的哺乳动物的交流方式。正如你会想到的,作为一种社交愿望强烈、拥有错综复杂的脑的动物,人类会一天到晚不停地讲话。只有在几个小时的睡眠期间,他们才保持沉默,有些人即使在睡梦中还会发出声音。

这种动物的声音包括了大量的辅音、元音,以及吸气音、咯咯声、嗡嗡声和其他冲击音,只有鹦鹉和其他几种鸟类能够与之媲美。人类还采用了音调的变化(或抱怨,或咆哮,或尖叫)以表达情感,其他许多动物也有类似的情感表达方式。

人类的面部词汇与黑猩猩类似,包括侵略性的张牙舞爪、恐惧性的鬼脸,以及邀请参加社交活动时的张大嘴巴。同时,与黑猩猩一样,人类使用"音乐""敲击声"之类有节奏的声音进行交流。这种交流形式常在(但并不总是)一个社会团体中进行,有时可能还服务于重要的社会需要,然而,这种交流形式到底有何好处,具体还不清楚。(对于黑猩猩而言,敲击是互相定位的一种方式,也被用于宣告领地边界。)

最后,智人可以在一个先天性的所谓"语言"的系统中,将发出的声音串接在一起。这种交流形式的力量与灵活性无比重要。尽管目前已在草原犬鼠、座头鲸和欧洲椋鸟中确定了语言系统的存在,但只有人类的语言具有无限扩展的能力,以满足这种动物的需要。与流行的观点相反,男性制造噪声的能力并不亚于女性。虽然女性的交流次数可能没有男性的多,但有数据表明,她们对语言的掌握能力更强。男性及女性都爱撒谎。

人类的声音系统

当我还是粘在母亲子宫壁上的一小团细胞时,我便开始了自己的交流生涯。我很年轻,雄心勃勃,渴望开始。此外,我感到饥饿。当时,我唯一可以利用的媒介就是化学作用。因此,利用一些蛋白质,我"乱涂乱画"地"致函"我的母亲:请给我更多营养。

从几方面来讲,这是一个具有象征意味的开始。首先,像所有动物的交流方式一样,我发出的信号是将世界与我自己的欲望联系在一起的一个枯燥的尝试。对于每天从我面前以及手指间流过的数以千计的单词,这种交流理论颇令人沮丧,但我无法找到这种论点的任何缺陷。

其次,我的函件逐步展现了交流在动物界中是如何进化的,一个在我成长过程中会重演的过程。就像在我身上发生的那样,在地球上,最初的交流行为可能便是化学电报,由单细胞生物发送。接下来,动物通过进化,获得了感知振动的能力:它们有了听觉。又过了一段时间,正如我自己的成长一样,进化出了声音信号,同时也形成了肢体语言。最后,至少在人类以及少数几种动物身上,发音进一步发展为言语表达——语句、预言和谜语。对我来说,这也是我的交流能力所能达到的极限。

然而,当时我还附着在子宫内,而且只有一套化学"装备"。我电告母亲:"sFltI。"这种特殊的蛋白质离开我的身体,进入母亲的身体。它提高了她的血压,迫使胎盘向我提供更多的营养。**成功了!** 但她自己的身体,不想因为一个不知天高地厚的后代导致心脏病发作,回答了不同的蛋白质:“VEGF!”这样她的血压又降低了。真要命!我们继续就她应该为我牺牲什么的问题纠缠不清。虽然我没有得到我想要的一切,但我仍通过谈判,从她身上得到了9.88磅(约4.48千克)的重量,也许预示着一个交流生涯以及一个犟脾气的开始。当争论进入白热化,母亲的血压失去了控制,由此导致了一系列的并发症,如脑水肿、肝脏破裂和器官出血,可能同时杀死母亲和她腹中任性的胎儿。

掌握这种“化学交流”形式的先驱是单细胞生物(细菌等)。它使一种生物体通过释放几个分子的形式,完成相互排斥或吸引的工作。它今天仍然是一种颇受欢迎的交流渠道。例如,无眼无耳的变形虫可通过释放一种肽,防止被同类吞食。(而且,像世界各地的窃听者一样,一种有趣的纤毛虫,即游仆虫,也通过释放肽以保命:这种保护物质可以防止它被变形虫吞食。)随着时间的推移,进化过程建起了鼻子和舌头这样的多细胞化学受体。人类保留了这些受体,但它们不是我们最顺畅的交流渠道。比起其他很多生物,我们的化学传感器并不灵敏,最多只能说是凑合着用。不过,当我还是一个没什么形状的细胞球时,我最好的渠道只有化学物质。

在子宫内待到6个月时,我的振动检测器能够在水世界中分辨出声音。在此之前,我只能感受到很大的噪声,让我急躁地扭来扭去,但是现在,我能够区分不同的声音。研究表明,如果当时有人不停地给我读一本书,我甚至能够学习这些词的节奏。之后,如果有人给我读另一本书,我的心跳会加快,表明我受到了一个新节奏的刺激。我自己的声带由于没有气体分子可用,仍保持沉默。不过,我正在练习成为声音信号的接收者。

然后,在一个天色仍很暗的12月的早晨,终于轮到我自己发声了。习惯了循环的羊水的肺,经过产道的压缩过程,终于吸入了一口新鲜空气。吐出空气后,我能够发声了。

这第一次发声不值得称道。在我交流生涯的这个阶段,我的水平只相当于羽翼未丰的麻雀或小狼崽。我的词汇还不具有符号性,只具有代表性。当我饿了,我没有说:“我觉得饿。”相反,我只是鼓起肺,拉长声带,大声啼哭。当我困了,我没有宣布“我要睡觉了”,而是吸入空气,拉紧声带,大声啼哭。同样,当我气胀或尿布湿了,我还是大声啼哭。对于我而言,没有动词搭配或时态检查的问题。有些叫声听起来像是表示疼痛(它们往往突然开始,并持续很长时间),但在大多数情况下,我的投诉听起来都差不多,它们的意思是:“我需要。”

很多哺乳动物和鸟类都能够发出这种求救信号。年幼的动物在面临危机时,这是它们的第一道防线。这种声音是发给家长的一个信号,接收到信号的父母了解其意义是“照顾我!”当父母注意到这种声音后,便会检查出了什么问题——寒冷、饥饿、疲劳,或是即将降临的厄运——进而解决问题。当我有需要时,我会先以中等音量发出呼唤。然而,如果父母没有出现在我的视线范围内,我便会提高音量。这是有风险的,因为一个求救信号,在吸引父母的同时还可能引起捕食者的注意。然而,由于大多数动物幼崽没有更好的选择,它们要么大声宣布自己的位置,要么悄无声息地死亡。在我阅读这方面的文章时,我很惊讶地得知,一些动物甚至在出生前便可以发出求救信号。我发现,黑颈鹈鹕的胚胎如果在卵内感到寒冷,便会发出一种能够听到的吱吱声。在卵内,小宝宝会一直发出这种声音,直到它的父母为它带来温暖。另外,快孵出时,它还会要求转动卵,好让自己头朝上、脚朝下。实际上,据我所知,很多卵(包括家鸡的卵)都会发出吱吱声。

第一次声音交流是如何突然发生的,谁都无法解释。最有力的一种理论是,这一切开始于当父母不在身边时一些可怜的幼小动物,努力试图温暖自己寒冷的身体。幼家鼠、幼田鼠和许多其他小型啮齿动物在离父母太远时,会发出超声波。一些研究人员认为,这种微小的噪声开始是作为一种叫做喉部封闭现象的副产品而出现的。想象一下哺乳动物时代初期的一只远离巢穴、被冻得哆哆嗦嗦的幼崽。这个冷得发抖的小家伙通过封住自己的喉头,挤压肺部,这样做理论上可以迫使更多的氧气进入血液,帮助储存在体内的脂肪燃烧。燃烧的脂肪使它身子暖和起来。这就是所谓的喉部封闭现象。现在,如果喉部密封得不完全,便会有一些空气漏出来。如果漏气声刚好吸引了父母的注意,将幼崽带回巢内,那么这种因漏气而发出声音的喉头便成为一种受到保护的突变。或许,正是一只远古时代流浪小野猪的漏气喉头,引发了所有哺乳动物的声音交流。

在我们进化成为能够发声的一类哺乳动物后,我们已制作出了大量的钟与哨子。然而,所有的声音效果都源自一种原始的方式,即迫使空气通过"阀门":狮子的吼叫声、大象的低哼声、老鼠的吱吱声、黑猩猩的尖叫声以及猫的喵喵声。当然,还包括我自己发出的惊呼声。

有8—10个月的时间,我向父母发出最简单的声音。每当我感到自己的世界不完美时,我便会哭闹起来,而他们则会赶紧(或没有立即)过来解决我的烦恼。作为信号接收者,他们有时可以分辨出我哪里不舒服。有时候,在我明显安然无恙时,他们可能会抵制我的要求。然而,正如一名研究人员所说的那样,人类婴儿的求救信号已演变为一种"有害"的反应。婴儿的啼哭声会对人耳造成严重的伤害,这也是进化使然。这些令人讨厌的噪声要求得到快速响应。然而,正如任性的幼鼠在出声时有可能会被吃掉,婴儿如果呼唤父母过于频繁,也要承担风险。尽管如此,信号的有害程度还没有大到让接收者失去控制能力并做出伤害婴儿的举动,这种事件发生的可能性极小。据我母亲说,我还是比较乖的,很容易得到安抚。当我不再抱怨时,我便咿咿呀呀地开始练习天底下所有婴儿共有的发音装备。10周大时,我便会发出笑声,母亲说,在无聊时,我会发出断断续续的各种声音。

快满1周岁时,我开始将具体的声音指向具体的概念。我不再只会"喊叫",而是能够发出"妈妈"的声音。然后,我还以"下""不"等声音来代替喊叫声。厌倦了破解我的密码语言,我的父母到这时总算松了一口气。作为一个久经实践的接收者,我已经可以理解其他人发出的很多含糊的声音。14个月大时,我可以帮助姐姐和妈妈烤饼干,拿来她们指定的东西,或打开和关上碗柜。我已是一个原始的语言学家。

一些学者认为,我的这种命名事物的新能力重演了我的灵长类祖先们在通向完全语言的道路上所经历的一个阶段。这个阶段被称为原始语言阶段,是一个缺失的环节。这应该是简单的哺乳动物本能发出的声音与现代人类令人费解的语法之间的一块敲门砖。比报警或愤怒时发出的声音更复杂的是,这种制造杂音的行为取得了长足进步,将概念与发音匹配起来。最先出现的一些词必定代表的是一些重要概念,如"去打猎"及"那儿有水"。这样的声音符号一定有助于协调人科动物的行动,现在他们无须通过动作就能够明白。尽管共同捕猎不用借助语言也可能完成——非洲猎犬、狼、黑猩猩都能够很好地协调行动——但如果能够事先共同拟好计划,便能够大大提高家族成员的捕猎成功率。

正如祖先们在进化过程中逐渐掌握了词语一样,我也开始学习单词。"上"表达了我想要大人抱抱的愿望。"去"引领我的父母将我带到我看着的地方。"我"传递了我想要其他孩子的玩具的信息。我还不能将这些词组合成更复杂的概念。在我的小脑袋中,这些词是相互孤立的。每次发声都是单独的。尽管如此,我已摇摇晃晃地进入了符号的世界。

所有动物的脑都含有进行交流的控制"电路"。真正使我这样的小小原始语言学家与众不同的是学习能力。我一出生,便具有区分当今人类发出的各种声音的能力:约600个辅音和200个元音。我已经准备好接收坤族人的吸气音、东亚人的音调及荷兰语中的"成长"一词。(发音为groeien。念念看。)我家屋后那些年幼的河狸和短尾猫在发出了本能的咆哮声和嗥叫声后,就放弃了“学业”,而我还只是在热身。

不过,为了提高效率,我思维中的耳朵很快开始专攻我自己的文化中的声音。我将听到的所有O音都作为O,我失去了分辨∅音与Å音的能力。仅仅11个月大时,我便缩小了自己的语言选择。不过,我生活在一个包含大量词汇的文化中。我很快便融入了这些声音中,并逐渐学习如何发出这些声音。我努力控制自己的舌头与嘴巴周围的一些肌肉,吃力地吐出表达我的愿望的名字:“bopple”(苹果),“mimic”(音乐),“bite-o”(打字机)。

我嘴巴的运作机制是决定语言罕见于动物的一个原因。我对于嘴部肌肉有着非常精细的控制能力,能够准确掌握几分之一秒的时机,让我的嘴巴分开,将发出的空气调节为音节、摩擦音以及卷舌音。当人类学家对尼安德特人是否会讲话这个问题争论不休时,他们都提到了用嘴巴协调呼吸的必要性。需要一条神经索来运作所需的器官,而我自己的脊椎骨有一个洞,足以容纳这根“绳子”。尼安德特人的脊椎骨是否也有一个足够大的洞,以容纳这根通向舌头的肥大神经?有些人赞成,有些人反对。

除了尼安德特人,能够模仿人类讲话的动物形成了另一种有趣的对比。我院子里的乌鸦能够模仿我的声音(虽然它们尚未表示反对),欧洲椋鸟也有这种本领。鹦鹉,当然算得上是模仿大师,它们叽叽喳喳,就像是在聚会。这些鸟的能力有趋同进化的趋势。我和鹦鹉并没有一个会嗥叫以讨一块饼干吃的共同祖先,我们只是碰巧各自通过进化,都形成了这些能力。而且,在人类有限的知识内,只有人类进化到明白自己言语意思的地步。当鹦鹉“波莉”叫喊着表示它想要一块饼干时,它(可能)是在过去发出过一系列的声音,然后获得了饼干。然而,当我长到8—10个月时,已学会在想象一杯白色液体的同时,发出“牛奶"这个词,我已走上了一条只有少数动物能够到达的道路,我已能够发出带有象征意义的声音。

非人类声音系统

最近,生物学家在翻译动物语言方面取得了一些突破。过去我们认为,每个物种只能使用少数几个"单词"。大多数哺乳动物至少都可以说"哇"、"当心点"、"到这儿来",以及"问题解决了"。这些声音信号是动物的本能,而不是学习的结果。如果你在隔离条件下单独喂养一批老鼠幼崽,使它们接触不到成年老鼠的指导,它们照样能够发出"哇"和"问题解决了"的声音。它们甚至能够根据形势的紧迫性,通过速度与音量的变化来表达信息的细微差别。从前,生物学家对于动物语言的了解仅限于此。之后,人们开始破解少数动物的代码,并发现其中一些动物几乎像诗人一样。人们发现,黑长尾猴有3种不同的警告信号,分别可以翻译为"猛禽在头上方"、"豹在下面",以及"蛇"。而年幼的黑长尾猴来到这个世界上时,并没有预先编好这3种信号的程序。它们必须通过学习,了解哪种声音代表哪种食肉动物。正如我必须学习哪种声音代表"一杯牛奶"一样。

有些生物学家抱怨说,每次发现一种新的动物具有语言天分,语言学家便会发明一条区分动物语言和人类语言的新界线。迄今为止,这些界线包括5个特点,这些特点被认为能够把我的发音与那些动物胡乱发出的声音区分开来:

- 我的单词是任意的符号。我可以学会说"肉豆蔻"来表达"让我们做朋友"的意思,而且只要我的群体同意这样的变化,别人就能够理解我的话。符号是随意的,而(大多数)动物的语言没有这种随意性。

◆ 我以句法顺序安排词序。如果没有句法规则,意义就会分散:“我吃了老鼠”是一个有意义的句子,“老鼠我吃”便没有意义。在那种词序不重要的语言中,则要通过单个词的变化来明确各个词之间的关系。

◆ 我能在需要时发明新词:蹦极、网络攻击、博客。

◆ 我的语言包括小单位,这些小单位可以组合成更大的结构。

◆ 我可以表达抽象的概念,不受物体是否在面前或事件是否发生等条件的影响。

虽然这看起来是一套相当明确的标准,但很多动物正在将其模糊化。最近,我看到了一篇有关草原犬鼠的文章。草原犬鼠分布在北美洲西部,是一种可爱的外形类似松鼠的穴居动物。它们使我怀疑,对于我们听到的一些哺乳动物发出的声音,人类是否已掌握了任何线索。一名研究人员已经开始分析草原犬鼠的叫声中精细的高音与振动。这些高音非常像单词,使得整串叫声听起来像是在表达一个完整的句子,而不是本能发出的声音。

像黑长尾猴和其他一些动物(某些猴子、松鼠,也包括鸡)一样,针对特定的天敌(郊狼、狗、鹰、人类等),草原犬鼠会发出特定的声音。然而,这些具有高度社会性的啮齿动物对不属于自己传统天敌的动物(羚羊、牛、鹿、臭鼬、驼鹿、小猫等),也能发出专门的叫声。有人甚至认为草原犬鼠能够弄清动物接近的方向和它们迫近的速度。当生物学家斯洛博奇科夫(Con Slobodchikoff)最近对草原犬鼠交流的声音记录进行深入研究后发现,对附近研究人员的衬衫颜色等细节,它们能够在自己的声音中作出反应。它们甚至以不同的哨声对不同体型的人作出反应。(为了检验后一种情况,斯洛博奇科夫让人们套上一件肥大的实验室大褂以掩饰体型,这些小家伙就不大对他们评头论足了。)这真是令人印象深刻,这表明草原犬鼠使用任意的声音单元来表示颜色和大小。

不过,草原犬鼠可能热衷于掌握完全符合标准的语言。为了确定这种啮齿动物能否创造新词,斯洛博奇科夫给一些参加实验的草原犬鼠看一只大角鸮,即一个它们从未见过的捕食者。每只草原犬鼠都各自发出了一个相同声明—— 一种斯洛博奇科夫从未听过的叫声。在给它们看一只外来的雪貂时,它们发出了类似的声音。如此说来,草原犬鼠是不是像我一样,能够创造新词呢?请注意,由于每只参加实验的草原犬鼠均对"猫头鹰"发出同样的声音,表明它们的反应更有可能是表示"未知物体",而不太可能是表示"羽毛、大眼睛、向上"。而草原犬鼠对于雪貂所发出的声音相对更复杂一些,所以这个术语可能比"未知物体"更复杂。在野生环境下,用一根线拉动一块黑色椭圆形的胶合板,会使草原犬鼠发出另一种声音。因此,或许草原犬鼠的确能够创造新词。

接下来看"人类语言"测试的另一个方面,草原犬鼠似乎也在利用少量的声音片段来组成更大的语句。例如,对于"鹰"的频谱记录显示,其中很多高低音频与对应"郊狼"的发音相同,只是顺序与重复的频率不同。对于描述未来的句法,我们不能确定草原犬鼠是否使用了将来完成时态。我们太不了解它们的语言。而这正是该研究激起我兴趣的原因:我们的耳朵充盈着无数这样的信息,等待计算机的辅助分析来帮助我们破解其中的秘密。这些叫声中还隐藏着哪些我们尚未了解的信息,现在还是未知之数。我自己的猜测是,当研究人员学会分析这些难懂的语言后,一定能够证明,还有许多其他社会性物种与人类同样"健谈"。事实上,就在斯洛博奇科夫发表了关于草原犬鼠的论文的一个月后,另一组研究人员也发表了自己的论文,这篇论文称,一种脑只有豌豆大小的黑头山雀,它们的警戒性叫声中包含关于捕食者个体大小的信息。过了几个月,又有一组研究人员宣称,鳾在偷听了山雀的声音后破解了山雀的警戒性叫声，然后根据自己听到的消息采取躲避行动。此外，还有关于西伯利亚松鸦的研究，研究发现它们的警戒性叫声中包含着猛禽是在休息，或是在上空盘旋，或是在进行攻击的信息。

在斯洛博奇科夫破解草原犬鼠的代码之前，许多动物甚至已经破坏了人类对于语言的划分的认识。圈养黑猩猩已经表明，像我一样，它们可以往自己的“词汇表”添加新词，尽管它们还无法说出这些“词”。即使是在野外，黑猩猩显然使用一些学来的“词语”来丰富自己的“自然语库”。最好的例子是在宣称领地时的“高声喊叫”。每群黑猩猩中的雄性能够发出一种特定的高声喊叫，与相邻领地的高声喊叫明显不同。这绝不是本能——雄性必须练习，让这个声音得到各方的认可。这表明黑猩猩能控制天生的呼叫，让自己的声音与边界处听到的其他高声喊叫保持不同。与黑猩猩类似，一些鸟能够在其本能叫声的基础上，补充一些从父母那里学来的复杂歌声。对于这些鸟中的大多数个体而言，它们必须在其年轻的脑的发育过程中的“敏感期”听到这些歌声，就像我如果要模仿水上芭蕾般复杂的土耳其语，就必须从小时候起便听土耳其语。不过，还有一些鸟，如鹦鹉及美国嘲鸫，一生都具有不断积累新词（具体而言，包括鸟类的叫声、汽车报警声以及手机铃声）的能力。而非洲的黑长尾猴则能够进行著名的双词（“空中捕食者”和“地面捕食者”）合并，以创造新词，其意思显然是，“大家快跑！”另外，鲸也能够彼此交流一段歌曲，随着一些新旋律的流行与一些旧旋律的过时，不时地学习或放弃某些短语。

曾经有这么一套最严格的区分标准，旨在彰显人类语言的地位高于动物语言。而最近，欧洲椋鸟给这个标准“啄”了一个大洞。这就是所谓的应用“递归文法”的能力。随着动物离人类的标准越来越近，语言学家增加了一个奇怪的标准：人类可以在一个意思中嵌入另一个意思。如，“我与草原犬鼠谈话”可以嵌入到“你说我与草原犬鼠谈话”，甚至可以嵌入到“草原犬鼠说,你说我与草原犬鼠谈话”。而动物没有这样的能力。果真如此吗？现在,一批圈养椋鸟经过训练,已能够运用这种晦涩的讲话方式。这项训练总共花了多达5万个课时,而要描述这项语言学创举,则要花费我5万个单词,但它们能做到。这下你应该明白了,很多动物已经跨越了人类与动物声音交流的分界线。人类对于动物语言了解越深,人类语言的独特之处便越少。

总之,人类一度觉得自己的发音能力是独一无二的。现在,很多事实似乎都在证明,我耗费多年掌握的语言学规则,一只草原犬鼠幼崽可能只需几个月就能掌握。

人类的姿势交流(肢体语言)

在我1岁时,我以自己独特的方式发出原始的语言。同时,我也随意展现出自己的面部表情并做出手势。我所属的物种配备了一张柔软的、可以自由控制的脸。实际上,从我出生的第一天起,我便开始研究周围人丰富的面部表情,并不自觉地开始模仿他们。妈妈笑,我也笑。她吐出舌头,我也吐出舌头。她皱起眉头,我也皱起眉头。这些都是需要掌握的至关重要的姿势。每个人都起码有7种表情——高兴、悲伤、惊讶、厌恶、害怕、蔑视和愤怒。除了笑声与眼泪,这些表情也是人类最基本的交流工具。

无论如何,到10个月或12个月时,我不只是下意识地模仿表情,我还能够破解它们的意思。突然间,妈妈可以用一种表情——睁大眼睛、张大嘴巴以及扬起眉毛——来制止我的手舞足蹈。在这个年龄段,我学会了将自己世界中遇到的难题交给我的父母。如果我发现成人的脸上有害怕的表情,我便停止前进。如果我发现的是快乐的表情,我便继续向前。我已经掌握了肢体语言的知识。

在这个发育阶段,我与哥哥之间便可能存在着差异。在我评估另一个人的神情时，大脑两侧的视皮质均参与工作。而我哥哥在看同一张脸时，主要使用他的右侧视皮质。大脑以外的情形又如何呢？有一项研究结果显示，90%的成年女性可以识别一个演员脸上的悲伤表情，而只有40%的成年男性可以做到这点。科学家还知道，女性分析面部表情的速度比男性快。一些科学家认为，女性在与人交流时，会调整自己的呼吸频率与姿势，以更好地感受对方的情感状态。这种推定的现象被称为“情绪感染”。这种现象与“打哈欠感染”类似。大量的研究也确实发现，看到笑脸时，女性的面颊肌肉会下意识地皱起，而对于愤怒的面部表情，女性会微微地皱起眉头——这些表现比男性的反应强烈得多。另外，一项让人遭受轻微电击的野蛮研究也表明，女性对于身体交流更加敏感。研究结果显示，女性只要看到自己的同胞受到电击，她们脑中的痛苦区域便会发出呐喊的信号。女性确实能够感受到你的痛苦，并且还会表现出自己的痛苦：根据一项对于男女两性的测试，比起男性，女性的脸能够更清楚地表露情感。(而男性能够比女性更快地在一群人中发现愤怒的表情。同时，比起那些较温和的表情，男女对于愤怒面部表情的识别速度都要快一些。)

在我们涉及全身语言之前，我还想再放纵一下自己的好奇心，讨论面对面交流方式中的一种奇怪现象。在研究这个问题的过程中，我不止一次地在文献中看到，我一侧的脸比另一侧的脸更具表现力。我拿出自己的照片。我的微笑明显有些错位。坐在这里，我让自己的脸保持一个傻笑的姿势——从定义上看，是一个歪斜的表情——而我左侧的嘴巴每次都能够完成动作。即便是那种故意的假笑，也能够得出同样的结果。更奇妙的是，这种现象之所以会引起科学家的注意，是因为有人注意到，正面画像传统上都以更多地表现左侧的面部表情为主。通过实验人们很快发现，当你要求一个人做出某种表情时，他们会将左侧的面颊朝向你，而那些没有被要求这样做的人，则倾向于将右侧的面颊朝向你。这是怎么回事呢?

目前尚无人知晓答案,但有关科学事实表明,男女均更容易识别左脸的表情。其中一种测试方法是,利用一张表情丰富的照片,制作两张面部照片,其中一张由两组右脸拼成,另一张由两组左脸拼成。结果一般都是,人们能够更容易识别左-左的面部表情,而不是右-右的面部表情。奇怪吧?当然,由于人类太过复杂,其中也有例外。看起来负面的情绪(悲伤和愤怒)能够更好地在左脸上表现出来,而快乐在左右两侧表现得较为均匀。如果情感很弱或很强烈,有时候悲伤也会在右侧表现出来。有一项研究(提醒一下,只有一项)发现,日本人在右脸表现自己的负面情绪,这让人不得不怀疑该问题到底是与生物有关,还是与文化有关。哎呀!人类啊!不管怎样,我们有一套丰富的身体交流方式。然而,由于人类创造复杂文化的倾向,所以很难简单地编写一部词典,确定哪些身体表达来自生物遗传,哪些学自同伴。

非人类的肢体语言

年幼时,我的肢体语言的才能来源于动物,它们长期以来以相当直接的方式,要么低声下气地表示屈服,要么龇牙咧嘴地表示威胁。即使是蜥蜴和蛇,除了喉部发出嘶嘶声外,它们大多都很安静,仍是生动的姿势表现者。我小时候常常看见一种束带蛇,这种蛇虽然没有声带,但当我测试它们的耐性时,它们仍能够以尖锐的牙齿发出清楚的信号。我见过一种有我拇指粗的变色龙,当我用拇指接近它们时,这些小家伙用两只眼睛紧盯着我,还磨着细小的牙齿。我接触过的另一种变色龙,为了表达对于我接近它们的愤怒,它们的皮肤一会儿变成黄绿色,一会儿变成紫色。即使是一只花园里的吊着的蜘蛛,在受到威胁时,也会发出信息——十足的虚假信息。当它从蛛网上跳起来时,看上去比实际上大了许多。当然,社会性越强、脑容量越大的物种,其肢体语言的词汇便越丰富。

例如,黑猩猩并没有什么演说天分。它们似乎只会发出为数不多的几种呼叫声,其中一些(如高声喊叫)被用在很多不同的场合。然而,黑猩猩却能够利用肢体语言,喋喋不休地“说”个不停。黑猩猩的肢体语言非常丰富,因为与人类一样,它们也在本能的基础上,后天学习或发明了更多的姿势。

黑猩猩的很多基本动作与我的相似。黑猩猩所扮的“鬼脸”,类似于我的微笑:嘴张开一点,露出下面一排牙齿。黑猩猩表达愤怒的脸与我的脸很像:嘴唇紧闭。黑猩猩失望或焦虑的面部表情相当于我“厌恶”的神色:撅起嘴巴,就像说“Eww”。而这还只是在脸上。当一只领头的黑猩猩看到自己不想见的下属接近它时,会举起手,做出一个与人类非常相似的表示“停止”的手势,甚至还会挥挥手背,示意它走开。而如果它希望一只黑猩猩接近它,则会像我一样伸手用手指做出“来这里”的动作。如果它想要一只水果,会做出乞讨的姿态。我们表达低姿态的方式看起来也是非常相似。当我在请求一个居于主导地位的人(例如,一个发停车票的家伙)时,会顺从地低下头,张开手臂。黑猩猩在类似的情形下,也会尽量表现自己对对方不具有威胁性,或鞠躬,或将身子倾向一边。雌性可能会翘起屁股,做出交配的姿势。(就我而言,我从未做过这样的事,即使是面对交通警察也是如此。)此外,黑猩猩通过拍打、拥抱、亲吻等方式,让对方放下心来。它们培养感情的方式还可能包括握手、摩擦背部以及“编辫子”,这也是我常在自己群体中做的动作。

人类和黑猩猩的姿势也并不总是直接对应的。黑猩猩同时露出上下牙齿,是表示恐惧,通常是因为有侵略者向它靠近。它们有一种不同的“微笑”方式,牙齿并不露出来,这是正在迫近的侵略者发出的微笑。这并不表示快乐。由于黑猩猩与人类这两个物种都具有创造力,所以除了基本的交流需要,两者的姿势也有很大的不同。

在黑猩猩发出的信号中,我最喜欢的是一个野生群体特有的一种文化发明,即“吹树叶”。当一只受孕期雌性出现时,好色的雄性可能会盯着它看,露出自己的阴茎,并将树叶放在嘴里吹。这种做法既愚蠢,又可爱,就像是男人吹口哨进行调戏一样。在另一个野生群体中,雄性通过用指节弹小树的方式吸引雌性的注意。当然,如果雌性对于雄性的意图仍不明白,它便会露出自己的阴茎。雄性还会对着自己中意的对象,摇动满是树叶的树枝。年轻的黑猩猩们有它们自己独特的一套做法。它们如想激起另一方对自己的兴趣,可能会拍打地面,用木棍戳或干脆扔过去,咬树枝,躺在地上,甚至也会吹树叶。当然,群体中的雄性首领有一套与其地位相称的做法。它们有节奏地击打树干的突出部位,以表明其所在位置。当两个竞争者相遇时,它们可能会立起身,举起双臂相互推搡,像人类进行恐吓时那样虚张声势。(它们的毛发会竖起来,有意让自己显得更高大一些。)雄性在睾丸素达到高峰时,会在树林中四处乱撞,就像是一个两岁大的孩子在发脾气,要么拖着折断的树枝到处跑,要么投掷石块,要么把小树连根拔起,要么拍打地面。雌性则比较有克制力,一般只是在后代需要安慰,或击退其他雌性,或在冲突中表明自己对同盟者的支持时,才会安静地坐到盟友的身旁。(倭黑猩猩与黑猩猩同属黑猩猩属,使用很多相同的基本姿势,还能表达道歉、保证、宽恕、喜爱,以及需要一本词典记下来的性爱语言。)

而这仅仅是黑猩猩属动物的姿势。有些蜘蛛通过挠地面或拨动蛛丝来发送身体电报。很多种鱼能够敲击牙齿,让自己的鱼鳔发出风笛似的声音,或拨弄自己身体的各个部位,正如蟋蟀和蝉做的那样。斑马、美洲狮、兔子和老鼠在决定惩罚对方时,会将耳朵向后贴去。即使是深海中的水母,在发现自己周围的环境受到干扰后,也会像生气的小摩天轮一样转动,这是我乘坐“阿尔文号”潜艇潜入深海后看到的奇观。

在下潜过程中,我们与这些生物不期而遇,它们的反应让原本完全黑暗的水体一下子绚丽起来。我们都需要进行交流,如果无法用言语表达,那便借助动作。

人类婴儿的发声所展现的进化过程

18个月大时,我便能够将词串接在一起,表达相当复杂的信息。当我需要抱的时候,我会说:"坐腿上。"如果想去马厩,我便说:"今天去看马跨栏吗?"这并不是说我已完全掌握了语言系统。根据家信所载,我会说:"爸爸有时候会很快回来大概。"有一阵子,我总认为妈妈针线包上的拉链就是"兔子"。不过,大多数情况下,别人都能够理解我讲的话。我已像一个专家那样接收与发送信号。

然而,最近有两句话一直萦绕在我的心头。瑞典认知学家加登福斯(Peter Gärdenfors)认为,对于所有动物(包括我在内):

> 所有的交流都是失败的信号。如果每个人都对处境满意,那么就没有交流的需要。

哇!如果从这层意义去思考我每天讲的话,真的有点让人难过。不过,想想也确实如此,我早期的交流都是关于自己周围环境的不足。在我长大后,我想我的喋喋不休只是变得越来越琐碎,以追求一个让我感到最满意的星球。举一个恰当的例子:我之所以要将这块交流之砖放在你的手上,就是想帮助你更好地理解自己在生活网络中的地位,改变你的行为,保护我本人所珍惜的其他生物。

因此,在我成长的过程中,我的脑"浸泡"在词语中,同时,在我自己的世界中,我经受了一次又一次的失败。因此,我有很多话要说。通常,我所想要的只是引起别人的注意。有时候,我需要信息来运转自己周围的世界:"那是什么?"或对某个简单问题导致成人发出噪声的能力进行测试：为什么？"因为狗有时候会吃它们自己吐出来的东西，宝贝。"为什么？"因为……它们认为那是食物。"为什么？"嗯……因为它们是狗。"为什么？

随着我词汇量的扩大，我的声音也开始变得低沉。如果我出生在动物进化的某个远古时间节点上，我低沉的声音将是我身体长大的一种直接反映。时至今日，很多动物仍是这种情况，原因基于一个很简单的物理原理。从原理上说，一只老鼠或一条鳄鱼很难发出波长大于其体型的声音。因此，小鳄鱼的声音比巨鳄的更尖锐。不过，我低沉的声音并非如此简单。大小确实发挥了一定作用，因为人越高，喉咙往往也越长。喉咙充当回音室，其长度越长，产生的声波便越低、越长。然而，我喉头内振动的声带的大小，同时也决定了我能够发出多高（或多低）的音。人类有可能形成一个以低悬的喉头与高悬的声带相配合的发音装置。因此，人类的声音可以出现在这一范围内的任一点上。

在我长大的过程中，我的喉咙变长，音量越来越大。不过，我的喉头也完成了一项人类独有的工作：它不断地下移，无须借助其他帮助。对于大多数哺乳动物而言，脊柱与头骨在后方交会。喉咙、气管与脊柱平行，而脊柱一直向后伸到肠道位置。不过，人科动物经过进化，变成了一种直立的动物，脊柱一直来到头骨的底部。为了留出空间，喉咙也被迫向下。在这种经过改造的解剖结构中，喉头在脖子中间找到了自己的位置。对于每个成人而言，它实际上是迁移到那里的。我哥哥的喉头在青春期睾丸素的作用下，落得比我的更低，使他成为一个隆隆作响的男中音。更大的体型、更低沉的声音，带给我们关于声音交流起源的另一种理论。这一理论将我们带回爬行动物的时代。

如果你对喉头封闭理论颇不以为意，那么试一试下面这种理论：之所以会出现发声，是因为事实表明，大声喊叫是一种比打击更加有效的作战方法。这种理论认为，一切都得从爬行动物和两栖动物讲起，这些动物一生都在不停地越长越大。要理解这一理论,我们首先要有一个前提假设,即这些动物与人不一样,并不是天生的社会性动物。它们彼此之间是一种相互竞争的关系,而且毫不客气。它们想要发送的主要信息就是"你再靠近,我就咬你"。在它们未能通过进化发送这一信息之前,它们只能够通过相互撕咬来解决争端。这是确定谁更强大、更值得尊敬的唯一手段。然而,就在那时,一个远古动物祖先,由于出生时的缺陷,使它的气道像一个损坏了的消声器那样颤动。这一发明使得动物可采用远距离作战的方式。能够发音的动物无须再与自己的敌人展开贴身肉搏,通过喉咙的振动,它将自己的大小信息通过声波发出。这种作战方式可以避免流血事件的发生,防止身体受损或被感染。那些能够将远距离作战方法传承下去的物种活得更长、更健康,将能够发声的气管留给了后代。简而言之:声音交流之所以能够在动物王国中取得极大的成功,是因为它能够减少咬斗。

如果你对这种理论仍不满意,那么还有一种理论:在久远的过去,已经当了妈妈的雌性动物,没有办法警告自己的后代捕食者正在接近。它只能默默地站在一边,眼睁睁地看着自己的后代被咬死。然后,一种呼吸响声突变开始了。当这位畸形的母亲发现捕食者时,它呼吸时的气息会冲出变了形的喉咙,发出一种类似风中树叶的声音。于是它的后代迅速逃跑并活了下来。(耳朵进化得较早,以捕获石头的撞击声、沉闷的脚步声和隆隆的雷声。)

不管声音交流是如何开始的,它出现的年代一定非常久远,使得今天的很多发声动物使用一些通用的"词语"。例如,低沉的声音对于大多数哺乳动物仍具有很强的威慑力,因为它意味着发声者的体型庞大。而且,大多数哺乳动物将这些低沉的声音压缩成沙哑的吼声。此外,如果动物希望发送一条道歉或认罪的信息,它们会发出较高频率的声音,让自己听上去显得体型更小,并发出哀鸣。我们很多人在紧急求救时,也会发出尖叫。因此,我们能够获知很多其他动物的侵略或求救信号——或许动物也能够明白我们发出的信号。年幼动物的哭泣声像是从一架举世通用的竖琴的琴弦上发出;而无论听众是谁,咆哮始终是咆哮。

谈到竖琴,这里还有一种关于语言起源的理论。根据这种理论可以发现我早期咿咿呀呀中的一个基点:这种咿咿呀呀具有音乐性。

在6—8个月大时,我开始将嘴巴的各个部分合拢在一起,发出有节奏的咿咿呀呀:嗒嗒、嘎嘎、吧吧声。通常情况下,我的手会以同样的节奏抽动。我具有了音乐属性。母亲在与我交流时,激起了我对于旋律的热情。不管她是在念购物单给我听,还是嘎嘎、吧吧地回应我,我更容易闭上嘴巴,听一听她说起话来是不是也像唱歌一样。一种普遍现象是,婴儿更愿意看着唱歌的母亲,而不是说话的母亲。另一种普遍现象是,母亲利用声音的音调与节奏来调节婴儿的行为——是音乐,而不是元音、辅音以及动词时态。为了激发婴儿的兴趣,母亲会吊起嗓子。要让小家伙安静下来,她们使用轻缓的音调;而要引起小家伙的注意,则使用两者的混合效果,即一种过山车式的声音模式。因此,是否存在这样的可能,人类本质上是一个哼唱者,讲话只是哼唱的一种形式?

当我还是婴儿时,我的脑似乎也反映了这种发展顺序。我出生时,对于语调非常敏感,正如所有人一样。当我们的脑专注于口头语言后,大多数人便失去了这种能力。这是不是意味着,我自己的成长过程反映了远古人类祖先的语言发展历程?智人在进化过程中,是不是以歌谣为基础获得了语言?音乐创作是人类所有文化所共有的行为。在世界各地,人们载歌载舞。世界上所有的母亲,即使五音不全,也会给自己的后代唱上一曲。

即使我们在不断地成长,学习了越来越多的词语,我们仍保持着这种以音调进行的交流。我们大多有过这样的经历，大声地警告另一个人，却发现张嘴比组织起语言要快上一些，所以会发出类似“嗯-嗯-嗯”的声音。不过，该信号还是通过音调传了出去。同样，研究表明，儿童和成人对于外国语言中所包含的情感内容非常敏感。我们虽然不能理解某种语言中某个词的意义，但语言背后的情感意义却非常清楚。夫妻之间常利用音调交流的高效性，省却了发出实际音节的麻烦。我可不想依靠音调交流法来为自己安排手术，但在要求别人重复，或确定我的配偶是希望给咖啡加热时，用音调交流则非常合适。

对于早期人类而言，给简单的呼喊声加入一点音乐并非遥不可及。我们天生就是一种有节奏的动物。走出去采集植物根茎就有一种交响乐般的体验：脚踏大地，有节奏地吸气和呼气，手臂也随之摆动。无论人是在群体中还是在社会中，都需要经常下意识地调整自己的节拍，以便与群体或社会的节拍保持一致。因此，在我能够走路和讲话之前，我便获得了音乐感。这意味着什么呢？我不知道。这就是语言的基础吗？有可能。

但原因是什么呢？为什么会喜欢一阵咿咿呀呀的声音，而不是断断续续的哼哼声、咆哮声或喊叫声？使用声音作为一种节奏乐器又有哪些好处呢？

一个合理的解释认为，这是由于人类的婴儿格外弱小。人类出生时很无助，而且这种无助的状态会持续很久，所以母亲有时候不得不将他放下。与人类相比，黑猩猩的幼崽一出生便能够本能地抓住母亲的毛皮不放手。这样，母亲的两只“手”仍可活动自如，完成其他工作。然而，对于人类而言，如果母亲要腾出两只手做事，则必须把婴儿放下。一般而言，婴儿不愿意离开母亲的怀抱。因此，该理论得出结论，人类进化出了一种发音模式，作为身体接触的替代品，与发出抗议的婴儿保持联系。

在动物世界,这并非什么新事物。我记得小时候,家里的牛一下完崽,便立即开始以一种较低的调子哼哼。每次呼吸都伴随着这种轻柔的哞哞声。刚出生的小牛一听到,便永远记住了母亲的声音。幼海豹和幼海狮的母亲也这样做,而它们的幼崽也会作出呼应。环尾狐猴会向自己的幼崽发出呜呜声。因此,我们很自然地会想到,人类可能也是恰好采用了这种远程控制法。在无法直接抚慰后代时,人类的母亲发出一系列的音节,将她与婴儿联系在一起。利用节奏和音调的变化,她可以安慰、激起或分散自己孩子的注意力。于是,一种“音乐语言”便诞生了。

支持这一理论的证据存在于人脑中。一个有趣的事实是,人类的新生儿不仅能够感知音乐中的音调变化,而且能够发现正常语言中的音调变化。还有就是比起说话来,婴儿对于母亲的歌声更感兴趣。新生儿还能够辨别不同的旋律。一些研究还表明,婴儿住院时如果辅以音乐治疗,会恢复得更快。婴儿如被抱着仍闹个不停,伴随着舞蹈节奏摇摆能够很快让他安静下来。这些都暗示着,我们在进化过程中,形成了对人与人之间音乐联系的依赖。

如果随着我们的成长,对音调的识别能力有所减弱,那么其他一些音乐片段似乎会一直驻留在我们的脑中。所有人都能够懂得音乐所要表达的情感,即便这种音乐来自其他文化。同样,对于音乐的节奏我们也都会产生相应的身体反应。还有越来越多的实验表明,音乐和身体的基本功能之间存在着联系,包括一些初步的研究结果:舒缓的音乐能够减少血液循环中的压力化学物质。同时,音乐可以增强免疫力,降低血压。此外,音乐还可以改善老年人的睡眠质量。进一步的研究还表明,作为社会性动物,音乐还可以让我们感到自己与外界相连。其中有一个发现显示,音乐制作群体常经历一种愉快和止痛的内啡肽效应。实验还表明,在听了一段舒缓的音乐后,人类更渴望相互帮助。因此,可以想象,许多文化都用音乐来团结自己,实现各种目的,如治病、择偶、祈祷、打招呼、告别以及发动战争。音乐固有的节奏性与重复性便于一个群体学习并共同表演。[口语仪式比较难以在群体内协调。我自己的文化中,只有少数几种仪式需要发言,如宣誓效忠、进行祷告等。我们已给它们施加了很强的节奏,但仍难以做到异口同声。相比之下,我们的音乐歌颂,像《星条旗永不落》(The Star-Spangled Banner),则能够做到同声高歌。]

如果在进化之初,音乐只是成年人操纵婴儿的一种手段,那么它显然成功扩展到人类生活的其他方面。它能够服务于娱乐,如我和朋友莫妮卡(Monica)坐在一起,一手端着葡萄酒杯,一手捧着歌本,胡乱地哼着古典乡村音乐,直至深夜。它也能够提供廉价的社会凝聚力,正如我所说,让我们团结在一起,为足球比赛、游行、罢工、庆祝生日、宗教仪式以及其他庆典活动作好准备。音乐还有助于谈情说爱,正如我自己年轻时在那些搞音乐的朋友身上所看到的那样。在我所处的文化中,许多对恋人都有属于他们自己的音乐、一首代表热恋阶段的曲子。在有些地方,音乐还是一种远距离通信手段。在瑞士的阿尔卑斯山区,约德尔调与山笛(一种特长的管乐器)长期以来都是在大山间传递信息的一种手段,不过现在已很少有实际应用的机会。[有些语言听起来像音乐,但实际情形并非如此。世界上很多种远距离鼓语,与席波尔语(即加那利群岛的一种哨语)一样,并不是音乐,而是由鼓声或口哨声编码的口语。]

在音乐的众多用途(交配、配对、远距离通信)中,任何用途都有可能成为世界上第一种人类音乐出现的合理原因。有一种理论认为,音乐必定对交配有所帮助,它能够展示出一个人的创造力和智慧,而这两者都是配偶身上的优良品质。还有一些人提出,音乐进化成为一种替代"社交培养"的工具。如果一个群体的数量太多,成员间不太可能通过相互梳理毛发来联络感情,而音乐作为一种替代品,可以使一名成员同时和群体内的十几名成员进行感情联络。当前黑猩猩使用敲击声进行远距离联络的事实表明,音乐可能也以这种方式服务于远古的人科动物。

不管音乐来自哪里,它仍然保留到了今天。一些人认为,音乐本身是语言之母。智人在能够说话之前,是否先是唱唱歌,哼首小曲,或以一定的节奏咿咿呀呀,正如我自己的发声过程一样？这可能是一个永远都无法回答的问题。

然而,由于音乐的价值,人类对于口语的音乐元素非常关注。两个来自不同文化背景的人,往往可以仅仅凭借讲话时的音调,便提取出对方话语中的情感元素——正如对音乐的理解一样。而在"音调语言"(如汉语、旁遮普语和纳瓦霍语)中,每个词的发声就决定了这个词的意义。汉语中最著名的"Ma ma ma ma",可以表示"妈妈骂马了吗?"不过,前提是你的音调必须正确,因为它也可能表示"马马马马"。顺便说一句,比起我这种说的是非音调语言的人,讲汉语的人看起来能够更好地保持他们童年时对于音调的感知,仿佛练习音调可以让相关肌肉保持强健。

完全言语的人

经过婴儿时期的发声练习、童年时期的言语表达练习,以及多年的身体信号的完善,我已长大成人。我是人类(以及女性)言语与音乐的代表。作为一名女性,我运用交流工具的方式与男性有点不同。

事实上,与通常的夸张表述不同的是,男女之间的言语差别并没有大到仿佛说话者来自不同的星球。有一本流行的心理学书籍《女性的大脑》(*The Female Brain*),该书提到女性一般每天讲20 000个单词,而男性只有7000个。在其他一些书中或互联网上,也有不少类似的说法

（但数字不一样）。然而，当我试图找一些关于该研究领域的科学依据时，却发现相关的文献非常少。事实上，借助在人体身上安装的自动记录装置，最新的调查结果表明，男性和女性在单词数量上并没有什么统计学意义上的差别。个别男性确实无愧于最沉默者的称号（每日只讲约500个单词），但也不乏爱唠叨者（单词数量高达47 000个）。不过，平均而论，男性和女性每天讲的单词在16 000个左右。

然而，有证据表明存在两个真正的差异。一个差异是，一般而言，女性成熟时，从记忆库中抽取单词的能力要比男性略胜一筹。另一个差异是，男性和女性谈话的内容有明显的区别。关于这一点，数百项研究结果均显示出同一种趋势，即女性谈论的多是她们自己或其他人的信息，而男性交流的内容则常以具体事物为主。

即使男性和女性存在交流方式上的差异，他们讲的至少是同一种语言。而这不适用于所有动物。我有一个有趣的发现，即在某些灵长类动物中，两性各有自己的词汇。如果雄性和雌性戴安娜长尾猴在同一时刻发现了豹，会发出各自的警报。如果雌性听到雄性从远处发出的警报，它会重复发出警报，但使用的是与雄性不同的雌性表达方式。这些平行系统进化的方式与原因仍是一个谜。大多数鸟类也是语言隔离的歌手：只有雄性会唱歌，那些复杂的啭鸣为的是吸引雌性和恐吓其他雄性。令我感到新奇的是，一些鸟类平常的叫声也有性别差异。当雄性发出觅食信号，告知其配偶自己所在的位置时，它可能会说“我在这里”。而雌性的回答则不尽相同，它会说“这儿是我”。

虽然有这些先例，但当我发现在全球范围内有不少人类部落也保持着男女有别的方言时，我仍感到相当吃惊。天哪！在一篇描述巴拉圭的伦瓜印第安人的文章中，我第一次发现带有性别差异的语言现象，但当时我还不敢相信，因为我认为报告这种情况的传教士可能有点发烧，或处于痴想之类的状态中。后来研究这个问题时，我发现这种分隔现象并非个案。澳大利亚北部的洋尤瓦人,男女两性使用的词根相同,但是他们会给这些词根加上各种各样的具有性别特色的前缀和后缀。美国加利福尼亚的亚纳印第安人根据性别的不同,颠倒了整个讲话方式。例如,讲到“灰熊”,从女性口中发出的音是“t’et”,而男性则会说“t’en’na”。亚纳人中的女性无论是对女性还是对男性都讲女性方言;而男性则对女性讲女性方言,对男性讲男性方言。想到人类配对结合之间的障碍已是如此之多——不同的脑、容易消失的爱情化学物质、相互冲突的生育日程——再让男女说不同的语言,真是残酷至极。真的,难道困难还不够多吗?

发送虚假信号

我非常清楚地记得自己第一次有意欺骗的情形,也许是因为这次欺骗非常失败。我拿了哥哥的一支雕花铅笔,并用刀削去了他的名字,然后说这支铅笔是我的。不过,我却第一次沮丧地发现,声明某件事真实,有时候并不奏效。“这是我的。我没有削掉他的名字。”我固执地哭着,认为就应该以这种方式进行欺骗,但已经感觉到极不对劲。我说出的词语都是正确的,但是却没有人接受。这对我来说是一大教训。

孩子们可以称得上说谎也不会脸红。就在我的削铅笔事件前不久,我的哥哥庄严地宣布,他在圣诞节收到了一块柱子般大小的薄荷糖。他根本不去考虑我们是在一起度过圣诞节的,而谁都没有见到过一块100磅(约45.4千克)的拐杖糖。可他就是不松口。

撒谎需要多年的实践才能逐步完善,不过,这种能力值得练上一练。欺骗不是交流的一部分。前面说过,所谓交流,就是要操控别人做对自己有利的事。因此,我认为,在世界上的第一次交流中,动物妈妈一定是让它的孩子前往一个聚集着很多有营养的蚂蚁的蚁丘,而过了1秒钟,却又告诉邻家妈妈,那里的蚂蚁全都变质了。

当两个动物觊觎同一个东西(蚂蚁、水果或窝巢等),如果它们能够通过交流(而不是牙齿和爪子)让对方空手而归,那么对于它们而言,这无疑是非常有利的。因此,许多动物都善于撒谎。雄家燕在发现自己的雌鸟躺在另一只雄鸟的怀抱中时,会尖叫道:“捕食者来了!”两颗不忠的心便会分离,而它自己则取而代之。中国台湾地区的“福摩萨”松鼠很喜欢撒谎,一只雄松鼠在自己交配后,便会高喊:“捕食者!”这样,可以让竞争者退回树上,延误了雌松鼠的下一次交配,让说谎者的精子一马当先走在前面。在美国西部,穴鸮在听到獾接近其窝巢时,能够发出类似于响尾蛇的嗞嗞声。有时候,动物的一生就是一个谎言。没有能够赢得自己的领土而无家可归的流浪雄性猩猩,在万般无奈之下,只有将自己的身材保持得小巧玲珑——让自己看上去像是雌性。这些“男扮女装者”逃过了强壮的雄性猩猩的眼睛,悄悄接近没有戒心的雌性猩猩。利用这种身体“谎言”,这些猩猩获得了相当高的繁殖率。

所有这些都是本能的(或进化的)谎言的例子。但有时候,动物(除了人类)似乎会有意识地误导其他个体。年幼的狒狒看起来是最淘气的。据报道,一个小淘气鬼甚至学会了如何转移自己愤怒的妈妈的注意力,它会突然直立,惊恐地看着远方,并发出刺耳的类似警报的叫声。另一个淘气的小家伙擅长把自己打扮成受害者。这个天才会看着一只雌性狒狒挖起一根鲜美的根状茎,然后尖叫:“它打我!”它的妈妈,信以为真,愤怒地攻击并追逐“施虐者”,而真正的受害者则将来之不易的食物留了下来。

黑猩猩也是大骗子。有一份报告曾经提到,一个登徒子正在对一只发情的雌性黑猩猩吹树叶,一只雄性头领恰巧路过,前者连忙将树叶塞到自己的嘴里,表示“我没有吹树叶”!黑猩猩学者德瓦尔曾报告称,正当一只低级别的雄性向雌性露出它的阴茎时,一只高级别的雄性恰巧经过。刚要得手的交配者用手拍着自己的胯部,以掩饰刚才的动作。

德瓦尔还亲眼见到一只想要追求更高地位的雄性黑猩猩,竭力掩饰自己肢体语言的交流。当这只黑猩猩发现头领时,会本能地露出“恐惧的微笑”。然而,这个心里有鬼的家伙,也有意识地希望掩饰自己的心理状态,它用自己的嘴唇压着牙齿表示:“我不怕你!”此外,若头领就在附近,无论是雄性黑猩猩还是雌性黑猩猩,在交配时都会表现出异常的沉默。

人类总是想方设法隐瞒自己的交配过程。毕竟,如果一个女人想要和一个已婚男人偷情,如果能够在小树林内交欢,为什么要与他的妻子发生正面冲突呢?如果另一个女人碰巧出现,你总是可以抿着嘴,装出一副无辜的样子。当然,人类也会因为保护其他重要资源的需要而撒谎。在我所处的文化中,员工在物色更好的工作时,任何一个头脑正常的人都不会将这一信息告知老板。他向老板隐瞒自己的个人目标,因为害怕由于自己的不忠而受到惩罚。甚至我自己在梅西百货商场购物时,也会努力把最好的资源留给自己。我不会大叫:“嘿,各位! Liz Claiborne打折了!快来买!”

这一切仅仅是谎言的冰山一角。人类整天都在撒谎。我们经常这么干,甚至可以说是毫不费力:“我很好,谢谢!”“我不介意等待。”“多么可爱的小宝宝。”“伊拉克拥有大规模杀伤性武器。”最近进行了一项实验,监测了候诊室内互不相识的人彼此间的闲聊,结果发现,对于人类而言,谎言就像是流水一样。在10分钟的测试期内,60%的受试者平均出现3次信口开河的情形。可以想象,具有不同个性,或第23对染色体不同的人,欺骗的方式也不同。比起性格内向的人,性格外向的人撒起谎来更加自然。虽然看起来男性和女性同样爱撒谎,但他们撒谎的目的似乎并不相同:女性常因为维护社会和谐及安慰他人的需要而撒谎,而男性更容易因为自身脸面的需要而撒谎。

研究人员已发现,把话说出来只是谎言成功的一半。控制住身体以表现出伪装的姿态，如著名的“杜兴式微笑”（这一名称取自一名研究面部肌肉的科学家的名字），则有一定的难度。杜兴式微笑是一种不受意志控制的表情，涉及嘴、面颊和眼睛。只有我们真正高兴时，才会出现这种表情。要想装出这副表情是非常困难的。大多数人只能控制自己的嘴和面颊，但即使是专业模特，也很难长时间地让眼睛周围的肌肉保持紧绷状态，而看上去又不像是要揍人。别想长时间保持这种表情。一种诚实和自然的表情在脸上能保持约4秒钟，之后表情肌便会抖动，表情便会消退。另外，有意识控制的声音所表现出来的紧张，脸、手、脚等部位的肌肉的抽动所泄露的信息都说明，说谎需要相当刻苦的练习。然而，从孩提时代起，我们便开始努力地练习这一技能，而且进步很大。就拿我本人来讲，作为一名性格内向的女性，如果我今天偷了一支铅笔，与小时候相比，我在令人信服方面并没有多少长进。不过，我想我已学会以一种相当有说服力的语调和节奏说“哦，没事，不要紧”，“我玩得很开心”。

不论情况是好是坏，人类都是一种令人沮丧的测谎仪。即使我们用最先进的科学仪器——从测量眼部周围温度的细小变化，到查看大脑的活动模式，甚至是捕捉说谎者脸上闪过的“微表情”——就算做得再好，充其量也只能达到90%的准确率。从受控实验来看，人类揭穿谎言的能力更差。公众，以及大部分警察和法官，只能发现一半的谎言。这与他们用抛硬币猜正反面的办法来判断是非的结果是一样的。

因此，说谎确实有效。交流中的不端行为确实得到了回报。虽然其他类人猿和动物可能也会时不时地摆摆龙门阵，但地球上没有任何一种生物能够比得上我们这种可以称为不可靠类人猿的动物，因为我们每小时要撒18次谎。人类交流的发展一日千里，充斥着乱七八糟的推诿似乎也是其中不可避免的一部分。

物种间的信号发送

我们往往把一个动物物种看作一个孤岛,交流只在其成员内部进行,但事实是,我们都在监测其他"岛屿"发出的交流电波。我们会收集信息并相应地调整我们的行为。例如,我家院子里的松鼠只要听到乌鸦发出的警报,就会躲起来,打量周围的情形。毕竟,能够对乌鸦构成威胁的东西也有可能威胁到松鼠。那些能够根据这种免费警报采取行动的松鼠能够活得更长,养育更多的后代。

我认为许多动物都对其他动物发出的基本声音与身体姿势比较敏感。可能是因为我生长在农场的缘故,哺乳动物的肢体语言在我看来非常易懂,好像它们说的是英语一样。老鼠的侵略性姿态与鬣狗或熊有很多相似之处:头低下,颈部的毛竖起,耳朵转向前方,直盯对手。因为有这么多的哺乳动物共享类似的肢体"单词",人类可能不是唯一一种能够理解其他动物肢体语言的动物。我的狗完全理解被逼入绝境的旱獭那凶狠的眼神与颤抖的牙齿,它会愤怒地咆哮两声作为回复。

有时候,两个物种之间的信号形式非常丰富,而且对双方均有利,所以它们之间便达成了一项"正式协议"。存在共生关系的动物为了让条约继续下去,必须发出一个双方均可理解的信息。珊瑚礁上的"清道夫"隆头鱼首先以明亮的蓝色和黄色来宣传它的服务项目。如果无人问津,它便会加上漂亮的"舞步"。希望被清洗的鹦鹉鱼会缓慢地接近,而不是像准备捕食时那样行动敏捷。它在隆头鱼领地前方的上部盘旋,将自己的鳃充分打开,并伸展自己的鳍。在隆头鱼为客户服务的过程中,它甚至会清洁客户的牙齿,但是它会通过鳍的振动提醒客户,不能将自己吃掉。这两个物种通过这种交流方式,获得了共同的繁荣。而当美味的鸻从尼罗鳄口中挑出牛羚软骨时,它们之间一定也达成了某种类似的协议。

在极少数情况下，人类与其他动物之间也可以达成像这样的非常有价值的协议。非洲的响蜜䴕是一种非常奇妙的能够探测蜂巢的鸟。由于本身无法抵挡蜜蜂的攻击，所以它需要找个帮手。在这种鸟找到蜜獾时，它会发出一种独特的咯咯叫声，同时快速地拍打翅膀，转身飞回蜂巢。蜜獾看上去长得很像体型超大的臭鼬，它会跟着响蜜䴕一起走。它放出一个臭屁(嘣!)，赶走了蜜蜂，清空了蜂巢。响蜜䴕从上面看着，等蜜獾吃饱后，便飞下来清理战场。人类怎样参与进来呢？这种响蜜䴕在进化过程中，也会寻找俾格米人，因为他们会很高兴地充当蜜獾的角色。

在捕鲸时代，生活在澳大利亚伊登的一户人家与逆戟鲸之间形成了一种更加复杂的对话机制。这里有3群逆戟鲸，它们会一起将须鲸赶向伊登港方向。然后，有几头逆戟鲸会飞快地赶往一个水产养殖场，该养殖场归戴维森(Davidson)一家所有，到达目的地后，它们会用尾巴拍打水面，以引起捕鲸人的注意。(戴维森一家雇用了本地的尤因人作为捕鲸船船员，并且对逆戟鲸有着兄弟般的感情。这可能是这两个物种之间产生信任的原因。)捕鲸者会跳上渔船，跟在逆戟鲸的后面，到达须鲸被围困的地方。杀死一头鲸后，这些船员会首先让逆戟鲸吃掉须鲸的嘴唇和舌头。倘若船员们在没有逆戟鲸帮助的情况下杀死了一头鲸，他们便会在水面上拍桨，表示他们已将舌头和嘴唇准备好了。这一协议一直持续了一个世纪，而外国捕鲸者的到来让这一协议戛然而止，他们不但开始捕杀逆戟鲸，而且捕获的鲸的数量多到足以破坏整个捕食关系。

也许最令人印象深刻的是人与狗之间已经持续了1.4万年的对话。许多家养动物很笨，一点也不好玩。狗则不然，尽管在其与狼分化的过程中，脑萎缩了10%，但它却是一种生来就希望与人类交换信息的社会性动物。狼和狗之间出现了这样一种差异，狗能够理解人类的指指点点代表着何意。给狼指一块饼干,它只会茫然地盯着你看。而对象如果换作一条小狗,它便会去嗅嗅你的信息所指向的目标,而且这种交流还是双向的。也许狗向人类发出的第一条消息便是:“有人来了!”对于许多狗的主人而言,这仍然是狗的最大价值所在。经过无数世代的繁殖,这两个物种如今已能相互传递更多的信息。狗在进化过程中,已与人类的文化融合在一起。它现在能够充当人类的“手”,帮忙开门并拨打911,或作为人的“眼睛”,引导盲人过马路并通过旋转门。

人类可以通过有限的方式,与大量其他物种展开交流。孤独的海豚有时候会对人产生兴趣,并形成了一套吸引人注意的本领,就像狗或猫那样。它们会碰撞游泳者,或拉扯浮潜用的脚蹼。还有海牛,那些行动迟缓的生活在热带海洋中的动物,如果你抓挠它们的皮肤,它们会很乐意与你交流。住在我家后院的乌鸦,如果我大叫:“乌鸦,乌鸦!”它们马上就能领会我的意思,并很快飞到橡树上,看我在小棚子的顶上给它们留了什么好东西。当它们转身经过我办公室的窗子时,我也能够理解它们的语言:“好东西,女士。给我们吃好东西。”

既然交流表示一个未得到满足的需求,为什么我要在意乌鸦的要求,或同意去摸海牛的背?对于人类而言,把我们的社会动力和庞大的脑结合起来是一种需要。而且,很显然,我们对于和哪个物种结合并不特别讲究。因此,当我的乌鸦努力发信号给我时,我深感荣幸。我已中了它们的圈套,所以会立即满足它们的要求。

需要。再回到需要的问题。当我还在母亲肚子里的时候,我需要成长,所以我以化学的方式,哭着要求获得营养。在我出生后,我的需求不断增长——仍然需要食物,但也需要温暖,需要缓解胀气,以及滋润干燥的皮肤。我的交流渠道也在增加:我会像一只饥饿的鸟一样手舞足蹈,发出叫声。

随着我的脑的发育,它具备了控制我的舌头和嘴唇的能力。我开始将自己的呼吸分成可爱的几个小部分，“da，da，da”，我的手击出它自己的节奏。然后，我把声音和对象联系起来。现在，我可以通过叫名字来表达我的需要。我的脑及其表达我的思想的蓬勃发展的能力，重演了远古时代人科动物交流的进化历程。

不久，我将自己的声音连接在一起，并遵循一个语法模式——这一模式似乎在所有人的DNA中都规定好了。现在，我将我的大部分动物亲戚都甩在了身后，进入了一个罕见的语言天地……或许还不是。或许我只是与草原犬鼠、黑长尾猴等其他动物一起进入了这个语言天地。可能由于自我陶醉，我们很长时间都没有注意到这些动物的语言能力。

交流是对我们作为一个物种来说，要求是否得到满足的水平的衡量。现在，我们可以把注意力转移到其他地方，如草原犬鼠神秘的语言上。同时，它也表明了人类的一种独特的需要（在我们能够想象到的范围内）：我们感到有必要研究草原犬鼠的语言，因为它可以告诉我们，我们来自哪里，以及驱使我们第一次说出语言，进而进入语言殿堂的社会与生态氛围。我们觉得有必要了解自己。如果我们没有这样的需要，在我们作为一个物种的生涯中，我们便可能躺在阳台的摇椅中一动不动。对于现状的满足，将使我们失去讨论的内容，而智人也终将变成一种沉默的动物。

第十章

煮熟的鸭嘴:面对捕食者

人类曾经是豹、狮子这样的大型食肉动物和其他一些种类的猫科动物,某些熊、爬行动物(尤其是鳄鱼)、鬣狗以及大量寄生虫和微生物的重要的猎食对象。虽然智人是一个生育相对缓慢的物种(因此,就其大部分历史而言,都相对罕见),并且在自然条件下也不肥胖,但由于其身体弱小,且脑含有丰富的脂类,食肉动物仍认为这种灵长类动物是一种有吸引力的猎食对象。智人的社会性也吸引了微生物,因为微生物能够通过与这种动物的日常接触,或其体液和排泄物进行传播。特别是在固定化农业将大量人口聚集在一起后,这些微生物捕食者便成了限制人口增长的一个重要因素。

但在最近几个世纪,随着这种动物智力的发展以及对工具的使用,他们已重新确立了其在食物网中的地位。在人类分布的大部分范围内,他们已将大型食肉动物的数量减少到了几近灭绝的境地。人类不仅能够更有效地捕获猎物,而且还直接把与其竞争的食肉动物围养起来。

在过去的150年中,智人还针对微生物捕食者,展开了一场灭绝行动。这些微生物仍是人类的一个主要障碍,每年都会导致数百万人丧生(主要是儿童、老人和病患者)。然而,随着医疗工具在人类较贫穷地区的应用,痢疾以及呼吸道微生物的危害均在下降。

不过，从任何意义上而言，人类都还没有在这片战场上获胜。最有意思的是新微生物捕食者持续不断的进化能力，由于它们的寿命极短，因此能够不断变异出新的武器，其速度要远远快于人类通过进化获得防御能力的速度。艾滋病以及严重急性呼吸综合征便是最新的两个例子。

然而，人口数量的不断增长表明，虽然人类可能会偶尔地败在捕食者的手下，但他们仍然赢得了战争。这一胜利带来的影响尚不完全清楚，其结果之一是无法预料的孤独感。现在，这种灵长类动物正通过有意识的选择，让曾经以人为食的一些大型食肉动物生存下来。

成为猫科动物食物的智人

我曾以为北极熊肯定有口气——放久的浆果、发酵的海豹或发酵的人。而就在它的黑鼻子下方2英寸（约5厘米）的地方，我却什么异味都没有闻到，我闻到的只有北极的清新空气。我被派往这一冻土地带考察，为一本旅游杂志撰写关于北极熊的文章。我惊奇地发现，自己也变成了被调查对象。北极熊的鼻子抽动了一下。我可能比它臭多了。

我们智人已杀死了几乎所有的大型食肉动物。在大多数情况下，我们只有在睡梦中才会有逃脱逼近我们的、露出毒牙的怪物之口的可怕经历。但在过去，这却是真实发生的事件。在生活在北美洲森林砍伐地的人眼中，这样的情景非常可怕。我曾在加拿大哈得孙湾的西岸遇到过我的捕食者。每年秋季北极熊都会在这里聚集。它们在那里等待水面结冰，尔后就可以捕杀海豹。在那里，游客安全地坐在巨大的、下面有10英尺（约3米）高轮胎的车上，聚集在一起看它们。我坐在这些冻原机车的后走廊内，在熊的褐色的眼睛中探寻，现在我终于能够面对这个想将我撕开、吞下其中柔软部分的捕食者。我意识到，它完全不带有个人情感。

我低头看着熊,只见它抬起身,将爪子放在车身上。它扭动着冰球形的鼻子,还喷出一股气味。我本可以把手伸出去摸它的爪子。就在几个星期前,一名摄影师也站在这个位置,伸出一条前臂沿着车身方向拍摄北极熊,一只熊从后面冲上来,拽下了那个唾手可得的"果实"。我盯着它的眼睛看,希望发现一丝像狗那样温暖或好奇的眼神,但我什么也没有发现。在它那棕色的眼睛里,只有一个猎物。我低声说:"好熊。漂亮的熊。饥饿的熊。"它吸入了我呼出的气体,褐色的眼睛没有透露出任何内心的想法。我站在那儿一动不动,直到它抬起爪子,离开车,四肢着地,摇摇晃晃地走远。

尽管人类已经消灭了地球上大多数大型食肉动物,但他们作为被捕食者的反应仍然存在。那种"冻结反应"可能已深深地扎根于我的基因中。有一次,我独自一人走在树林中,附近有一根树枝突然发出"啪啪……"的声响。顺着发出声音的方向,我转过头,四下张望,身子却站着一动不动。一些肾上腺素冲入我的血液,使我能够像超人一样采取行动,并在必要时逃跑或战斗。我的瞳孔扩张,不放过任何一点有价值的信息。这正是教科书上关于猎物反应所讲述的内容。当我在树林中吓到一只白尾鹿时,它的反应也是相同的:停下不动,并收集信息。类似的还有带着幼雏的母松鸡、兔子以及蟾蜍。大部分捕食者都善于发现运动的物体,而对于色彩和形状显得有点无动于衷。因此,如果被捕食动物已没有时间悄悄溜走,停在那里别动便是最好的选择。

在作为猫科动物的食物、狼的食物,甚至是鸟的食物的漫长历史时期中,人类一直严格执行冻结反应。事实上,在漫长的岁月里,所有的哺乳动物一直在肉食性的恐龙和爬行动物的鼻子底下生活。大小代表着一定的特权,随着我们的祖先发展成较大的灵长类动物,然后又变成体型更大的类人猿,追逐它们的捕食者的数量便开始下降。然而,即使是在现在,黑猩猩的生存环境也同样险恶。豹和狮子在等待伏击它们,鬣狗和野狗会撕下它们的四肢,鳄鱼则在水中静候时机。每年,平均每100只黑猩猩中,就有5—6只会被捕获并吃掉。(最近,人类也已开始大肆捕杀黑猩猩,它们已经成为非洲一些城市中地位高贵的人享用的美餐,该物种可能注定要面临灭绝的命运。)连体重达300—600磅(约136—272千克)的大猩猩,也无法逃脱行踪不定的豹等捕食者之口。

甚至在我们古老的祖先与其他类人猿分化后,我们的处境仍没有多大改善。早期的南方古猿,如露西和汤恩幼儿(Tuang Child),它们身体柔弱、嘴巴小,最理想的情况是能用石头当武器,否则就只能赤手空拳了。与狮子相比,它们的奔跑速度显得可笑。据推测,在周围都是大型食肉动物的状况下,它们的境况不佳。它们的化石稀有,更不用说发现一个身上留有狮子齿痕的化石了。然而,根据一本了不起的书《被猎捕的人类》(*Man the Hunted*)所述,在南非发现的一个可以追溯到露西时代的骨床,便留有捕食性的鬣狗、豹、剑齿虎,以及它们的猎物(狒狒和露西的亲戚)的残骸。在南非的另一个地方,科学家发现了一个类似露西的小孩头盖骨,上面有两个穿刺孔,与豹下颌上的犬齿非常吻合。而汤恩幼儿空荡荡的眼睛讲述了一个悲惨的故事:这个年仅3岁就被杀死的孩子,明显是被一只体型很大的鹰抓走并肢解的。鹰啄去了汤恩幼儿的眼睛,正如它们也会啄去现代猴子的眼睛一样。

幸运的是,我们的祖先在进化过程中,形成了较大的身体架构。这是由捕食作用决定的。对于任何动物而言,促使DNA变化的最大动力之一便是捕食的压力。如果豹抓住了所有行动缓慢的人科动物,那么人科动物便会很快地进化成行动更迅速的动物。(当然,这样会饿死跑得慢的豹,所以豹在进化过程中,也跑得越来越快。这种"军备竞赛"的动态变化,驱动着每种动物都向着一个能生下最多数量的健康后代的方向进化。)因此,捕食作用可能会促使人科动物进化形成更大的体型,因为个头越大,受到攻击的机会便越小。或者,捕食作用选择了那些会扔石头的人科动物,向着一个有丰富工具的未来前进。或者,也许是善于隐藏行踪的豹除掉了那些反应迟钝的人科动物,而脑袋最大的祖先得以逃脱并生育后代。无论如何,人科动物得以存活,并可能在进化过程中摆脱了一些捕食者。例如,鹰对非洲的小猴子肆无忌惮地捕杀,但却发现类人猿很难对付——虽然不是不可能捕到,但肯定不容易。最后,人科动物利用自己狡猾聪明的脑及工具,地位不断提高,终于成为自然界的一流捕食者。

我的生育能力是我掠夺性地位的一个证据。那些习惯于被吃的动物靠大量繁殖来传承后代。野兔和其他许多小型哺乳动物一样,不断地产崽,以跟上成员数量减少的速度。甚至是奔跑最迅速的有蹄类动物——羚羊、牛羚、鹿——每年都会产崽,以抵抗大型食肉动物持续的捕食压力。不过,对人类而言,当他们生活在没有婴儿配方奶粉和农业的时代,似乎每4年或5年才生育一次。如此缓慢的生育速度,充分说明了人类极高的捕食地位。人类的捕食性远远大于被捕食性。

这并不意味着人类是不可侵犯的。在东欧的德马尼西考古点发现的成人头骨表明,即使是对于大约在180万年前游荡于世界各地的强壮的直立人而言,食肉动物仍旧令人头痛。从这个头骨来看,穿刺孔就像是剑一般锋利的虎牙的一个剑鞘。在中国发现了另一堆直立人的头骨,从被咬裂的独特方式上看,似乎是鬣狗享用盛宴后丢弃的垃圾。捕食者将这些头盖骨啃开后,享用里面肥美的“脑”。(捕食者一定是爱上了人科动物不断扩大的头颅。对于任何猎物而言,脑都是精华,而人科动物的头里充满了脑物质。)

即使智人升级了自己的工具包,并燃起篝火,把自己同夜间活动的捕食者隔开,他们仍是猫科动物、狼和鬣狗的口中之食。直至人类发明了廉价的子弹,他们才能够轻松地进入更宽广的大自然。最后,在过去几个世纪,能够制造弹药的文化可以赶走他们的敌人,而无须担心要花费6个月的时间更换所有丢失的箭头。在极短的时间内,人类清理了欧洲和北美洲的大部分土地:少数幸存的狼、熊以及大型猫科动物退缩到小块的荒野之中。我们人类则肆无忌惮地游荡在我们的领土上。

残存的捕食者躲藏在山林及湿润的沼泽中。一些美洲狮继续在北美洲西部捕食鹿。狼在加拿大、斯堪的纳维亚和俄罗斯的密林中追捕驼鹿。体型庞大的熊,则收缩到北部人烟稀少的地方。只有在非洲、印度以及亚洲一些人口密度较低的地区,豹和老虎这样的大型食肉动物仍将人类作为猎物。

当然,这些猛兽也常出没于北美洲富饶的郊区。由于郊区很长时间没有枪声出现,一些好奇的食肉动物又开始小心翼翼地返回。一个世纪以来,北美洲的居住者第一次需要留意自己的背后。2002年,在纽约州发生了一件惨案,几只黑熊一开始翻弄着鸟类喂食器,然后吃掉了婴儿车内的一名婴儿的内脏。而在加利福尼亚州,20世纪90年代初,几只美洲狮袭击了7名冒险在小山坡上步行或骑车的成年人。

然而,当捕食者归来之时,人类正在做着一件最不具有动物性的事。在最富有的地方,尽管子弹非常便宜,人类却开始怀念起他们曾经受过的折磨。在美国西部,有半数州的美洲狮的数量在增加,经过投票,人们决定要保护它们,禁止一切猎杀形式。2002年,《纽约时报》(*The New York Times*)刊登了一篇报道,让我屏住了呼吸:在科罗拉多州,人类的居所深入到了猫科动物的领地,美洲狮已开始吃宠物——**而人类却没有抱怨**。"我们侵占了它们的领土。"这是文章所要表达的思想。"是的,它们确实吃掉了我们的猫,但因此猎杀它们并不公平。"

哇!让我们想象一下:一群黑猩猩侵入了其死敌的领地,如果有机会出手,黑猩猩会手下留情吗?不会。逆戟鲸会吗?嗯,也不会。狼会怎样做?它们也不会放过这样的机会。只有人类,在将危险的捕食者放倒后,出于道义将其释放。诚然,即使是对于人类而言,这也不是一种普遍的行事方式。这种现象主要出现在比较富有的文化中,因为这时人们能够放下生计问题,转而研究生态模式问题。在我所处的乡村地区,关于这个问题,人们分成了两个敌对的阵营。一个阵营将郊狼数量的增加看作大自然的胜利回归,结束了几个世纪以来以人类为主导的政策。另一个阵营将郊狼看作对他们的猎犬和白尾鹿的威胁。在地球的其他地方,对于狼的回归或美洲狮在郊区出没次数的增加,人们的态度也有类似的分化。很多人认为没有理由让自己的栖息地被分享。然而,有人会支持与自己竞争的捕食者,这本身就是奇事一桩。

在一定程度上,人类愿意承担一种不必要的风险,即成为猛兽的盘中餐。人类真是奇怪的动物。

食肉动物大集合

因此,大型食肉动物仍生活在我们中间——有时是因为我们无法找到它们,有时是因为我们已经决定迁就它们。因此,我能够心甘情愿地与北极熊进行鼻子对鼻子的接触。在佛罗里达州的大沼泽地内,我蹲在一条10英尺长的鳄鱼的攻击范围内,看着它的肋骨随着呼吸微微起伏。(我对佛罗里达州及其著名的爬行动物比较陌生。我之所以会走这么近,是因为我认为这个动物只是一个塑料模型。)在蒙古国的沙漠里,一只戈壁狼从一处洼地冲出来,跑过我面前的黄色沙地,并对我投来欣赏的眼光,而我却被吓得站在那里气都不敢喘。正常情况下,动物不会珍惜,更不会寻求这种接触。我发现,与捕食者的相逢会增加我作为一个人存在的深度,并丰富我存在的背景。我把这些邂逅看作生命中最重要的时刻。

还要讨论一下关于一个词语的问题:"捕食者",从生物学角度看,就是某种杀死并吃掉其他动物的动物。虽然我同时杀死牛和蟑螂,但我只吃牛。我也可能被白鳍鲨或腐败的寿司杀死,但其中只有一个有资格成为我的捕食者。还有两类动物(和微生物)也能够杀死我——寄生虫和竞争对手——我们在后面将会谈到它们。现在,我感兴趣的是那些希望将我消化掉的生物。

对人类威胁最大的食肉动物可能是鳄鱼。每年被鳄鱼吃掉的人数难以确定,因为它们往往在偏远落后的地区猎食,而那里的人并没有对此进行详细记载。对于鳄鱼而言,人类是一个不错的选择。我们的大小足以使它饱餐一顿,而我们又没有尖锐的角、爪子和牙齿,很容易在短时间内被制伏。像捕食其他体型中等的动物一样,鳄鱼咬住人的肢体,然后让自己的整个身子在水中滚动,直到被扭曲的部分被扯下,就这样把人撕成碎片。一群鳄鱼有时会分享一个人,每条鳄鱼咬住猎物的不同部位,然后在水中翻滚,直到将人完全肢解。据估计,它们每年吃掉的人数以千计。

排在第二位的可能是老虎,而且几乎全部是由于孙德尔本斯地区(孟加拉国孟加拉湾的一处森林)的老虎造成的。在这些错综复杂的红树林沼泽地内,鱼群出没于阴暗的水中。人们划着独木舟前来捕鱼,而老虎潜伏在树根旁,借助枝叶的掩护捕食人类。最大的雄性孟加拉虎体重可达七八百磅(300多千克)。即使是最小的雌性孟加拉虎,肌肉、骨骼、牙齿和爪子的重量加起来也能达到200磅(约90千克)。老虎整个身体像炮弹一样冲向猎物,将猎物扑倒,然后在颈背或喉咙处给予致命一击。老虎通常猎杀的是比人类更具挑战性的动物,但孙德尔本斯地区的这种猛兽却已经成为猎杀人类的专家,每年约有300人因此丧生。而在人们使用子弹来对付它们之前,据估计,每年有多达1500人命丧虎口。

豹的分布范围包括南亚和热带非洲,它们只有老虎大小的1/3,但却具有同样的致命性。同样,难以获得相关的统计数据,但根据印度一个邦的调查结果,那里的斑豹每年造成30多人死亡。在印度的另一个邦,每年的袭击事件多达50起,不过并不是每次袭击都致命。豹的夜视能力很强,所以这些猫科动物依靠的是隐形本领,而不是个头大小。很多故事都说,豹潜入房屋,带走沉睡的人,有时甚至包括狗。与大多数猫科动物一样,它们以尖锐的牙齿咬住颈部或喉咙将猎物杀死。为了避开鬣狗,豹喜欢将吃剩下的肉存放在树上。因此,你可能会想,它们一般针对的是那些较小的猎物,但实际上,这种食肉动物十分强壮,对它们来讲,将一个成人拖到树上可谓小菜一碟。

其他大型猫科动物偶尔也会猎杀人类。在非洲,个别狮子有时候对我们这个物种产生了特别的偏好,但更多时候,它们之所以吃人,是因为人类消灭了太多的偶蹄类动物,而这些动物正是狮子平时的食物。例如,随着坦桑尼亚的人口数量在最近几十年呈爆炸式增长,斑马、羚羊、黑斑羚的数量急剧下降。与此同时,被狮子攻击的人的数量上升至每年约100人(其中约2/3的受袭击者死亡)。美洲的大型猫科动物,如美洲狮和美洲豹,偶尔也会猎杀人类,但它们的成功率可能较低。(美洲豹的攻击事例尤其少。)

除了猫科动物,还有一些食肉哺乳动物威胁着人类。在欧洲,狼袭击幼儿的事件仍时有发生。在非洲,鬣狗过去曾猎杀过人类。而在北美洲,黑熊也会攻击人类。(棕熊攻击人往往是为了保卫自己的食物或幼崽,但如果入侵者死了,则又何必浪费这块好肉呢?)北极熊也有攻击迷路的人的案例。

鳄鱼并不是唯一一种视人类为猎物的爬行动物。科莫多巨蜥是另外一种,不论人的体型有多大,它均可以将其杀死并吃掉,但比起鳄鱼,这种动物吃的人相对较少。然后,还有一些鱼,特别是鲨鱼。大部分鲨鱼并不把人类当成美味,只有在它们将人错当成掉队的鱼或海豹时,才会咬上一口,但它们不会刻意猎杀人类。不过,也有少数几种鲨鱼——白鳍鲨、大白鲨、虎鲨以及牛鲨——会很高兴地将人吞下肚。我看到过行动中的白鳍鲨，真是一个令人难以忘怀的场景。我正在一艘科考船上为您作现场报道，这艘船已在太平洋东部一个空旷的地方停留了两个星期，科学家在这里研究深海喷口。每天，都有几个人搭乘“阿尔文号”潜艇潜入水下。在进行这项工作时，还需要有两三个人潜入水下，解开一条缆绳。完成任务后，他们便会浮上水面，爬上等在那里的橡皮艇。我们没有倾倒任何垃圾，也没有流血，但鲨鱼仍发现了我们。一开始出现的是一条白鳍鲨，它绕着船打转，纤巧的蓝色条纹清晰可见。然后又来了两条，接下来又来了七条。每次当“阿尔文号”下潜时，鲨鱼便如影随形，等待人类进入水中。剩下的人站在甲板上，气都不敢出，紧张地盯着水面看，一旦看到蓝色的闪光就向潜水员大声喊话。不过，相当可靠的资料表明，即使鲨鱼如此无情，全世界每年受到它们攻击的人也只有六七十个。

至于猛禽，实际情况可能是，人类终于成长得远远超出了他们的这种捕食者。在极少数情况下，非洲冕雕会试图抢夺小孩，正如它们几百万年来一直做的那样。在过去几十年的研究中，研究人员曾在一个冕雕的巢穴中发现过人类婴儿的头骨碎片，还有一个7岁的孩子在赞比亚也曾受到这种鸟的伤害。冕雕最重只能长到12磅(约5.4千克)，但却可以杀死并带走比自己重几倍的猎物。它们的主要武器是腿，因为它们的腿非常强劲。

这也是我目睹的一件事。当我还是个孩子的时候，我们的宠物长耳鸮“瓦尔”，高7英寸(约0.18米)，重约6盎司(约0.17千克)，身上主要是羽毛。然而，当它落到你裸露的肩膀上时，你是知道的。它的双脚超大，爪子更是如此。它的抓握如同牙科器具般锋利。有时候，“瓦尔”对于它喜爱的人也会展现出捕食者的天性。白天，它会在我们的耳边哼唱，并用弯钩似的喙梳理我们的头发。然而，到了夜晚，当只有我的父母在屋内时，它会悄悄地飞下来，在他们的后脑勺上很快地抓一下。这种袭击不但突然,而且很痛。后来每当“瓦尔”出现这种苗头时,我的父母就戴上后脑勺画着两只眼睛的头巾。“瓦尔”上当了,停止了行动。

讨论猫头鹰式的话题让我们回到了防御的问题上。最好的防守当然也是一种好的进攻方式,而人类的过度进攻已使其捕食者变成了近乎被灭绝的对象。然而,当一个罕见的幸存者向你发起攻击,作为人类,你应该怎么办呢?正如人类应对很多其他挑战一样,在受到攻击后,他们通常会拿起工具。事实上,我们的防御性工具的使用也引出了一个有趣的问题:早期人科动物对于工具如此狂热,是不是因为自身的防御能力太低,而使用工具能提高自己击退捕食者的概率呢?

最近在一次会议上,我读到了一篇非常有见地的小文章。在一个房间里,到处贴满了研究成果大海报,排在最后面的,是宾夕法尼亚州立大学一位心理学家的研究成果。他的研究看似简单,却很深刻:他梳理了在全球范围内发生的“野兽袭击人类”的报道。通过对173起事件的研究,他得出结论:在这些事件中,人类手中没有工具时,死亡率为2/3;而一旦有任何形式的防御工具,死亡率只有1/2。由此可见,工具对于死亡率的影响非常大。这样的差异能够很快地让进化向一个新的方向发展——武装自己。正是由于认识到工具的价值,黑猩猩也利用工具对付蛇和其他可怕的动物。

工具不是人类应对捕食者的唯一资源,人类同样拥有很多普通的哺乳动物所具有的能力。其中包括肾上腺素,在受到惊吓时,我们会释放这种化学物质,为肌肉提供应急能量。利用这种能量,我们可以逃跑、攀登或战斗。如果来不及采取这些行动,我们有时会一动不动,希望那些对运动敏感的眼睛,会将我们认作一棵树,或一块石头。如果这一策略也失败的话,我们便会发出威胁、佯装攻击,或者挥动手臂,让自己看起来更高大——就像一只紧张的黑猩猩竖起皮毛,或一只不起眼的果蝇展开翅膀,让自己的体型看起来更庞大一样。而且,就像兔子落在狐狸爪下,已没有其他选择时,我们也会尖叫。有时候,叫声能够有效地吓住捕食者,让它丢下猎物。

但话说回来,这不是大多数现代人每天需要关注的问题。在这片土地上,经过系统的处理,大多数人已永远不会看到想要吃掉他们的大型食肉动物。对动物而言,这种情况是罕见的。大部分动物一生都要留意自己的身后。它们几乎总是处于危险之中。享有特殊地位的食肉动物只是少数,我们称之为超级捕食者,或顶尖捕食者。老虎是其中之一,大白鲨也是,人类同样如此。然而,人类并非天生如此。我们之所以能够在最近攀上顶峰,靠的只是工具这部梯子。我们是否应该考虑我们超级捕食者的地位(人类的自然状态)这个问题呢?毕竟,我们应用工具的能力是自然形成的,正如乌鸦或黑猩猩那样。因此,我们利用工具战胜我们的捕食者是不是一种自然的举动?如果不是,有没有一条界线,说明我们防御过度,成了超自然的东西?也许这一问题无关紧要。更有趣的是,这种富有同情心的类人猿具有同情其他物种的能力,并拯救它们的生命。这种道德能力看起来已完全超出自然的范畴。

竞争者大集合

在我们将视线转向最可怕的捕食者之前,我必须让我们的竞争对手获得应有的尊重。科学家将物种之间的关系分为几个类别:捕食者吃我;共生者与我和谐共处;竞争者觊觎我需要的资源。物种之间的竞争可能带来暴力,甚至产生致命后果。因此,虽然在正常情况下,眼镜蛇不是人类的捕食者——它没有吃我们的愿望——但却具备杀死我们的能力,原因是我们干扰了它的生活、自由以及对于幸福的追求。

在人类历史的现阶段,比起动物捕食者,我们的竞争者更为致命。例如,每年有50万人被蛇咬伤,其中有12.5万人死亡——远远超过了被鳄鱼咬死的人数。考虑到很多蛇咬人事件都发生在非洲和亚洲最贫穷的地区,这一数字有可能被严重低估,因为小村庄的人被咬伤后可能不去医院,所以他们的困境便无法报告给世界卫生组织。所有这些具有致命威胁的蛇出来的目的并不是去吞噬人类,情况仅仅是,蛇与人的领地往往重叠在一起。每一个物种都想安心地生活在这片土地上,而且双方都认为对方是一个威胁。蛇最经常碰到的是年轻的男性,两者的大部分时间都在农田中度过。在任何比赛中,总是最先发起攻击的物种赢得比赛。

比蛇更致命的竞争对手是膜翅类昆虫:蚂蚁、蜜蜂和黄蜂。在自己的巢穴或生命受到威胁时,这些动物会叮咬自己的竞争者。虽然大部分人只需将它们赶走,把刺弄掉就行了,但也有少数人被蜇后会产生过敏反应,因喉咙肿胀堵住了呼吸道,最终导致窒息。这些昆虫并非捕食者,它们只是意志坚定的竞争者。

一些听上去很吓人的竞争对手,对于人类的威胁远远低于膜翅类昆虫和蛇,只是它们的武器看起来很恐怖:蝎子每年只伤及几百人,蜘蛛伤人的案例更少。水虎鱼,一种牙齿尖锐的亚马孙鱼,实际上只是一种弱势竞争者。虽然水虎鱼不会拒绝吃人的尸体,但它之所以会咬活人,主要目的是把他们从自己的领地中驱逐出去。

也许杀死人类的狗也属于"竞争者"一类。它们对于人类而言非常危险,每年仅在美国,便有近100万人被狗咬伤。狗几乎从来不吃受其伤害的人类,因此我们不是它们的猎物。因为有些品种的狗更容易伤人,所以其中可能有一些生物驱动因素——也许是为了争夺领地——在发挥作用。

微生物的罪恶行径

夜晚，吼叫的动物及其闪闪发光的眼睛，让人类深感恐惧。蛇与蜘蛛会让一个理智的灵长类动物尖叫着跳起来。但实际上，我们最危险的捕食者没有毛、没有鳞片、没有牙齿，并且非常小巧。

因为我生活在一个有着各种各样工具的文化中，所以我总是能够打败企图吃掉我的微生物。然而，它们并没有停止过努力，而且大多都在孜孜不倦地奋斗着。我经历过感冒病毒的考验，它们打开大门，呼朋唤友，欢迎细菌侵入我的肺部。有一年冬天，我气喘咳嗽好多天，直至后来有人让我确信自己得了肺炎，最好去看医生。小小的伤口为细菌的生长提供了环境，这些细菌侵入我的血液，像扔一袋湿沙子那样彻底把我击倒。在马达加斯加的丛林深处，我被微型攻击者伏击，它们导致我拉肚子，要不了几天，就能将我变成一堆耗干水分的果壳。每次受这些捕食者攻击时，我便能获得一种工具，将它们打败。我很幸运。

在许多文化中，每年因受到这种导致腹泻的微生物的攻击而失去生命的儿童数以千计。当一名受害者被感染后，其粪便中含有大量致病微生物，再经过水、受污染的食物以及皮肤，到达新的受害者的口中。一旦这些微生物进入新猎物的体内，在营养充足的条件下，它们能够在一眨眼的工夫内，繁育上百代，击倒了这个动物后，它们并不收手，而是不断循环，继续进攻。大量病毒、细菌以及更复杂的微生物，都通过这种方式生活。这是一种成功的生活方式，只要聚集在一起的人足够多，微生物后代便可以继续从一个受害者转移到另一个受害者身上，而人类群居的现象早在农业出现之前便已产生。过去的10 000年非常有利于传染性捕食者。

说说人类免疫缺陷病毒（俗称艾滋病病毒），这种病毒会破坏人体的免疫系统。病毒进入人体后，便开始忙着进行繁殖。由于病毒缺乏大部分细胞所具有的主要“器具”，所以它们便利用猎物体内的细胞，并借用那些“器具”。有了这些“器具”后，它们的数量就能够成倍地增长。艾滋病病毒倾向于劫持人类自身免疫系统中的细胞，这意味着猎物将最终丧失保卫自己的能力，但艾滋病病毒并不关心这一点。即使它慢慢地消化了这个猎物，它仍能够找到新的猎物作为自己的食物。它们与猎物的血液、奶水以及精液混合在一起，并相信总有一天猎物会接触到另一个人的脆弱组织，而少数幼年阶段的病毒就可以将整个家族的DNA传承下去。不错，原来的被捕食者会死去，但在一个新感染的人的体内，艾滋病病毒能够继续传宗接代。

所有这一切都需要人类猎物达到一定的密度。假如你是艾滋病病毒，你捕获了一个人，但他99.9%的时间都生活在同一个小圈子内，那么你的王朝是否能够存在得比这个小圈子里的人更长久，将是一个非常不确定的问题。当然，你和你的后代能够把整个圈子里的人都消灭掉，但如果在你吃掉最后一个人之前，他没有带你与另一群猎物接触，那么你的游戏也就结束了。谢谢惠顾！你所带来的这场瘟疫根本不会开始。你不会成为那个赢得荣耀和标题新闻的艾滋病病毒毒株。

性传播是艾滋病病毒从一个猎物进入另一个猎物体内的主要手段，这也是微生物捕食者的共同选择。动物必须繁殖——这是自然下达给所有生物的任务。而为了繁殖，大多数动物必须交合性器官。这种交媾形式在人与人之间搭建了一座传播病毒的桥梁。因此，采用性传播作为自己的扩散手段，是一个无须动脑筋的选择——更是那些没有脑的生物的理想选择。不过，通过身体其他体液传播也是一个有效的选择。普通感冒病毒，虽然不够致命，不能算是一个合格的捕食者，但它能够操纵受感染者不断地流鼻涕，并希望他们用手擦拭这些黏液。当那些手接触到另一个人的鼻子或嘴巴，甚至是那些手接触过的东西又被其他人摸了一下，病毒就会潜伏到下一个宿主的身上。这是另一种精明的策略。

虽然普通感冒的危害性不大，但就致死率而言，病毒侵入人类的肺部，危害性不亚于导致腹泻者。在非洲的很多地区，肺炎是5岁以下儿童的头号杀手。很多能够引起肺炎的肺部侵害者从一个受害者身上传播到另一个受害者身上，甚至不需要人们相互接触。它们操纵现有的猎物咳嗽，释放出包含下一代的气雾。当新的猎物吸入这些微小的液滴后，他们也会被捕食者征服，任由它们缓慢地侵蚀自己的肺部。

给我留下最深刻印象的微型捕食者，是那些利用一系列不相关物种完成自己生命周期的坏家伙。例如，血吸虫病所涉及的演变步骤，让人大吃一惊。血吸虫卵与人类的粪便一起排出，进入河流或池塘。在水中，虫卵孵化成微小的生物四处漂移，直至遇到钉螺。在钉螺的肝脏内，它们完成了一次蜕变，成为一群自由游动的蠕虫。当人把脚伸入这种含蠕虫的水体里后，它们便钻进人体里，并脱去自己的尾巴。在人体内，它们又找到了肝脏，在那里它们利用人体组织成长为成虫（在这个过程中会造成人体贫血）。随后雄虫和雌虫进行交配。雌虫产下卵，进入肠道后与粪便一起排出。运气好的话，它们将进入附近的水体中……

人类需要对抗的微型捕食者的数量远远超出动物捕食者的数量。这份名单很长——炭疽杆菌、霍乱弧菌、登革热病毒、肝炎病毒、流感病毒、痢疾杆菌、破伤风杆菌、结核分枝杆菌和黄热病病毒只是其中的几个。这份名单实际上永无止境，因为新的捕食者还在不断地进化形成，最新的名单还包括禽流感病毒、严重急性呼吸综合征病毒、埃博拉病毒以及艾滋病病毒。由于微生物可以在几分钟内完成繁殖，比起一年仅繁殖一代的哺乳动物，它们能够以极快的速度进化。每次繁殖对于微生物而言都是一次基因突变的机会，它们可以借机获得更强大的能力，打败并削弱人类。因此，虽然这些微型捕食者极其微小，但它们的致命性却远远超过了老虎和熊。

当然,人类也可以针对特定的微型捕食者进行进化,正如我们对付毛茸茸的食肉动物那样。比起微生物,我们缓慢的生育速度是一个缺点。但最后,我们还是发现了对付坏蛋的方法。在某些人种的DNA中,留下了极富戏剧性的追杀、捕捉、逃跑等故事的线索。有多达10%的欧洲人的体内,出现了一个阻止艾滋病病毒进入白细胞的基因突变。为什么这种突变在欧洲人身上如此普遍?原因在于早期横扫欧洲的瘟疫——也许是天花或鼠疫——杀死了太多不具备这种病毒阻断突变的人。优胜劣汰,那些幸运地拥有突变的人幸免于难。未突变者大量死亡,放大了突变者在人口中占的比例。如今这种新病毒,即艾滋病病毒,也正在使很多未突变者失去生命。随着时间的推移,能够抵抗病毒的突变者将缓慢地、必然地掌控世界。

寄生物的宠物动物园

纯粹的捕食者与寄生物之间的界线是模糊的。捕食的一个奇怪特点是,杀戮并非其主要目标。捕食者的主要目标是吃。如果狮子不用杀死斑马就能吃到斑马肉,那真是再好不过了。它们对于斑马并没有特别的仇恨,它们只需要斑马肉。而同样地,微型捕食者也是如此。如果疟原虫可以繁殖和蓬勃发展,同时不让人死亡,那对于它而言是一件好事。实际上,这相当可取,因为宿主死后,他身上的寄生物可能也难以幸免。因此,我认为捕食者会杀死很多人,寄生物很少这么干,而且多多少少是出于意外。寄生物常杀死儿童、老人和病人。典型的寄生物只会给自己的猎物造成负担,并慢慢地消耗猎物,但不会导致猎物的死亡。

这样的生物在人体中极为常见。目前,全球1/3的人的体内有寄生虫存活。在某些地方,每4人中就有不止一人感染结核菌。在其他一些地方，有1/4的儿童染上疟疾，其中许多人会因此死去。

疟原虫——一种单细胞但比细菌复杂的小生物——导致的死亡人数是鳄鱼杀死人数的数百倍，每年总的死亡人数在100万—300万之间，但这只是疟原虫感染人数的一小部分。大部分染上疟疾的人，仍能活很长时间，但在该寄生虫数量呈爆炸式增长时，会不定期地发病。无法承受这种定期爆炸式增长的人（主要是儿童），便会死亡。然而，疟原虫本身一定希望其猎物不要死去。它们实际上以两种动物为生：蚊子和人类。（不同种类的疟原虫都能够以各种动物为生，但在这里我们主要讨论人类。）蚊子从人身上吸走疟原虫，在其十几个生命周期的少数几个周期中，为疟原虫提供营养，然后将成熟的孢子注入下一个人的体内。蚊子不会惠顾已死去的人，因此杀死自己的猎物对于疟原虫并不利。

寄生物的简单定义是：一种植物或动物，从另一种植物或动物的体内窃取资源，并在这个过程中损害它的宿主。寄生物形状和大小各异，从槲寄生到七鳃鳗，从跳蚤到吸血蝙蝠……在我自己的一生中，我是很多种类的蜱、蚤、水蛭、蚊子和其他吸血昆虫的猎物，同时也可能是一两种寄生虫的宿主。然而，我享有的卫生条件以及大量的工具，保护我不会像世界其他角落的人类那样，受到大量寄生物的攻击。属于寄生类的动物数量庞大，而且千奇百怪。

我记得自己还是一个孩子的时候，有一次一位去过中亚的朋友到我家做客。在她黝黑的肩膀上，长着一个小火山似的东西。我们都感到很惊讶，但她没有去看医生。几个星期后，她的男友切开这个东西，并掏出了一只肥胖的马蝇幼虫。很多寄生蝇能够以各种哺乳动物的肉体为食，幼虫时期在皮肤下以肉为食，之后冲出皮肤，变成有翅的成虫。马蝇真是恶心！在亚马孙和奥里诺科河盆地，人们在下水前会考虑再三，因为这里有一种可怕的、小小的寄生鲇鱼，它们会寻找机会，扭动身体寻找任何不设防的开口，一旦进入后，便竖起身上的刺，在里面住上一会，吸血吃肉。在大西洋彼岸的非洲，当人们在未经过滤的水中游泳时，有一种寄生在一种小水蚤中的几内亚寄生虫，能够跑到人的喉部。雌虫在人体内待了一年后，会与雄虫交配，然后在人体内漫游，直至到达腿部。它形成的疱疮驱使饱受折磨的受害者到一个清凉的池塘中去泡脚，而在那里，这种寄生虫会露出它的尾部，产下新一代的卵。当然，人类身上还有大量的皮肤寄生虫。虱子躲藏在发根周围。恙螨藏身在皮下。蜱和水蛭咬开一个洞，锁定寄主并开始吸血。寄生蝇和蚊子四处飞舞着想吸食血液，赶都赶不走。

在以我为食的所有这些小怪物看来，我的身体就是一个栖息地。身体的每个地方，里里外外，对于某些微生物而言，都是非常有价值的财富。我的皮肤，即使不再喂蚊子和蜱，仍是一块连续的细菌载体。这些寄生关系既可能是一种双赢关系，每一方都从这种关系中受益；也可能只对寄生物有好处，而我仅仅是没有受到伤害。我的体内同样也有定居者：在我的肠道中，有300—1000种细菌，很多能够帮助我从食物中获得更多的营养。经过调查，我发现自己的体内甚至存在着严重的产权纠纷。每种肠道微生物都有自己偏爱的酸度或栖息地，并且会努力地将竞争者推到一边。

在领土纠纷问题上，以我体内物质为食的动物比单细胞微生物更具侵略性，这是根据对其他动物的研究作出的判断。例如，对大鼠的研究表明，如果棘头虫进入肠道，绦虫的吃饭问题就会受到威胁。棘头虫喜欢的栖息地与绦虫的相同，而在大鼠体内，棘头虫会将绦虫赶到位置较差的地方。动物体内的寄生虫还包括一种黄蜂，它能够在活着的毛虫体内产下两种类型的卵，一种孵化成正常幼虫，一种孵化成“士兵”幼虫。“士兵”负责毛虫体内的巡逻，只要发现竞争寄生虫，便会发起攻击。（在正常幼虫发育成熟离开毛虫后，“士兵”幼虫便与毛虫一起死亡。）在我自己的肠道中，我发现最激烈的冲突是发生在同一物种各成员之间的争斗。一旦占据了我的肠道或肝脏，某些先到的寄生虫看起来会和猎物（我）配合，战胜同物种中较晚出现的成员。就像某个狮群会保护落单的斑马，防止受到其他狮群的攻击，这些寄生虫会杀死自己的同类，来保护它们的食物。我想自己应该为此感到受宠若惊。我的身体是一个资源丰富的栖息地，对于这些动物以及它们的后代而言，是值得保护的。

如何抵御它们，杀死它们，赶走它们？要对付大型食肉动物，我可以使用各种工具——石头、长矛、子弹、陷阱以及毒药。然而，对于这些从内部下手的捕食者，传统的工具显得无能为力。对于内线防守，我有两种应对途径。除了标准的哺乳动物免疫系统，我还有工具——大量的医疗工具。

我的免疫系统擅长识别捕食者，然后集中内部资源打击侵略者。我可以让体温升高，这似乎不但可以加速某些免疫反应（有关发烧所起的作用问题实际上仍颇有争议），而且可以将一些仍活着的入侵者"煮死"。一声令下，我也可以制造出特定的细胞，专门寻找并消灭微型捕食者。通常，这些按订单制作的防御系统能够保护我一辈子，在武器库中随时待命，以粉碎任何未来的入侵。因此，人的一生中只会得一次水痘。每次病毒试图重新进入时，我的免疫系统便会调动相应的抗体来消灭它。这是一个相当有效的系统，它也占据了我相当数量的DNA。事实上，最近的评估表明，人类基因组中有高达10%的部分可专门用来发动针对内部捕食者的斗争。

这些仍然不够。一方面，传统的捕食者——感冒病毒、流感病毒，以及引起腹泻的病原体——总是在不断地进化。经过充分的突变，它们能够产生全新的一代，并躲过我防御系统的监控。除此之外，全新的捕食者也会时不时地出现。同样，仍以艾滋病病毒为例。如果喀麦隆确实是它的发源地的话,没有人知道该病毒在那里的黑猩猩之间已传播了多久。不过,似乎有一点可以确定,该病毒在20世纪30年代通过进化,具备了打败人类免疫系统的能力。从那时起,这种病毒可能开始危害人类,首批受害者便是那些杀死并食用黑猩猩肉的猎人。数十年后,一种类似的名为HIV-2的病毒很显然在乌黑白眉猴的身上发生了类似的突变,于是这种病毒也开始给人类带来危害。这些捕食性病毒的聪明之处在于,它们攻击免疫系统本身,对被派去剿杀它们的细胞给予致命一击。而艾滋病病毒对于人类而言实在是太新了,只有两代人的历史,所以我们的身体还没有进化出应对它们的直接机制。就像是北美洲那些天真的猛犸第一次面对人类那样,我们还没有得到适应的机会。当艾滋病病毒感染我们时,我们别无他法,只有死去——死前还不忘帮助它们扩散到自己最亲密的朋友身上。

不过,我们仍有自己的秘密王牌,即我们的医疗工具包。同样的,艾滋病病毒是一个很好的例子。在25年的时间里,人类解析这种病毒的化学成分和行为模式,并建造了一个武器库,可以将捕食者赶到身体的某个角落,并将它们永久性地隔离在那里。事实上,为了应对这种挑战,人类付出了很大的努力。人类已平定了食肉动物捕食者,如今正在不遗余力地征服这个微型捕食者。700多年前,有一种病菌让全球人口减少了10%—15%。虽然黑死病没有袭击美洲,但仍使地球人口减少了1/6,而每两个欧洲人中,便有一人因此丧生。几个世纪后,美洲也被外来的病菌吞噬,而当时欧洲人对此已有了一定的免疫力。天花病毒和其他一些微生物使美洲某些种族的人口锐减了90%。不到一个世纪以前,新变种"西班牙流感"病毒使多达5000万人丧生,其中就包括了我祖父心爱的妹妹。然而,截至1918年,这一死亡人数仅占世界人口的2%。人类正在学习保卫自己。

然而,如果说我们与微生物的斗争只是刚刚开始,这种说法不免会产生误导。虽然人类掌握致病菌理论的历史可能只有两个世纪，但我敢打赌，在我们还是在树上跳跃的灵长类动物时，我们便有意使用工具，针对这些病菌采取行动。从各种等级的动物中，我们都可以找到关于各类古老药草的蛛丝马迹。据观察，黑猩猩会用各种植物来疗伤。它们甚至会在有抗疟疾作用的树叶中添加一些黏土，据称这样能够提高其疗效。然而，更“原始”的灵长类动物也能够自制药物。哥斯达黎加的猴子会咀嚼很多药草，然后涂抹到自己的皮毛上——当地人使用同样的药草来治疗人类的皮肤过敏。

作为我们的远亲，棕熊还会咀嚼有香气的根状茎来洗脸。这种“古龙水”可能具有驱赶昆虫的作用。在离我们很远的树上，甚至是无脊椎的灯蛾毛虫以及愚笨的欧洲椋鸟，也知道将植物作为药物使用。灯蛾毛虫在被寄生的蝇卵感染时，会有意识地吃有毒的毒芹。毒芹并不能够杀死蝇蛆（蝇蛆的第一次蜕变是在毛虫的体内进行的）。然而，在寄生物咬破宿主皮肤、准备下一次蜕变时，吃下去的毒芹能够以某种方式帮助毛虫活下来。椋鸟则在自己的巢内铺上多种植物，有证据表明这有助于减少小鸟身上的虱子。而很多其他鸟类，包括我们这里的乌鸦，会用蚂蚁（活蚂蚁或被压扁的蚂蚁）来料理自己的羽毛，因为蚂蚁的甲酸分泌物可能有助于驱除寄生虫。植物药物在动物中的应用如此广泛，说明这样的行为已具有亿万年的进化史。换句话说，它不是一种特别的行为。

为什么在动物身上会出现这样的进化呢？在人类（或黑猩猩）腹泻（或有肠道寄生虫）时，为什么两者会选择同一种植物（如苦叶树）？最好的猜测是，所有这些动物（也许还包括更多我们不知道的动物），都有一种固有的检测能力，知道自己需要何种化学物质。当它们的系统被寄生虫破坏而失调后，身体提出了对于某种化合物的需要。这时，它们的鼻子会引导它们找到含有所需药物的树木、灌木或草本植物。

如果其他动物在尚无人知的远古时代便开始使用植物药物,那么据此推断,我们的人科动物祖先也利用过它们。由于植物往往很快就会腐烂,而没有留下化石记录,所以人们永远掌握不了充足的相关证据。在考古界,找到几颗古老的牙齿便称得上是大发现,更不用说找到100万年前装着紫锥花和圣约翰麦芽汁的药袋,那可绝对称得上是大海捞针。

尽管如此,在伊拉克的一座古墓内,科学家可能朝着证据的发现迈进了一步。在距今6万—8万年前,9名尼安德特人被亲属埋葬在了伊拉克东部的沙尼达尔洞穴中。四号尼安德特人可能会告诉我们一些关于抗微型捕食者工具的信息。科学家按常规的做法,对化石周围的泥土进行了取样,因为其中的花粉可以显示附近生长了哪些植物,这样便可以对当时的生态系统进行描述。然而,来自沙尼达尔四号墓室的土壤样品中,含有超出常规数量的花粉粒。这些花粉粒呈团状分布,好像是整朵花随着尸体一起埋葬。科学家最初的反应是:“多好玩!他们像我们一样,把花带进坟墓里!”然而,因为每种花都能通过其独特的花粉形状而被辨识出来,所以在沙尼达尔发现的花的品种显得有些不同寻常。几乎所有这些花在今天仍被作为药用植物使用。

药用植物中也隐藏着很大的玄机。在沙尼达尔植物中,有一种属于麻黄类植物。今天,我所熟悉的麻黄品种开出的花像是一个个毛茸茸的小拳头。它们貌不惊人,也不会大叫:“我们如此伤心!”比它的花朵更加有趣的是其同名化学品,即麻黄素。这个名称仿佛在尖叫:“药用植物!”麻黄素是一种早期的治疗哮喘药物。另一种花是千里光属植物,虽然不知道究竟是哪个品种,但这种植物中含有类似阿托品的化学物质,而阿托品是现代医学使用的一种重要药物,用于解除痉挛、抑制分泌。同样地,有刺的花朵也不讨人喜欢。还有一种植物是蓍草,瘦长形,头状花序,但有刺激性的气味,表明其含有特殊的化学物质。蓍草长期以来作为一种收敛剂，用于治疗伤口，还可用来消肿、润肤和止血。还有蜀葵，有抗菌和祛痰（对于抵抗侵入肺部的病菌具有疗效）的作用。此外，看上去像杂草，且和紫菀有些相似的矢车菊，也具有抗菌和利尿的疗效。

在我看来，这些花作为观赏植物，都缺乏美感。因此，如果这些花放在那里是为了寄托哀思，那么当时的审美品位是否过于寒酸？它们是不是用于在来世给病人治病？或者死者生前给人治病，这些花是已亡人与他人交换的工具？或者，再来一个有点打击人的猜测，它们只是动物藏在这里供日后食用的植物？（有这种可能。）除非今后我们能够发现藏有更多植物的更多墓穴，否则我们便只能猜一猜了。

顺着时间的“梯子”向上爬，我们发现了智人及其医疗工具的另一个化石证据，这次是在意大利的冰川上发现的。主人公奥茨（又称“冰人”）死于大约5000年前，他随身带着一个应急包，包里有一些打猎及生火的工具。他在一条皮带上还系了两个从枯死的树干上长出来的蘑菇。这种蘑菇可是一种多功能药物，具有消炎、抗菌、促泻的疗效。最后这种疗效可以解释为什么科学家会发现，寄生虫会从宿主的结肠中被赶出来。在奥茨的时代，针灸也可能已得到应用。奥茨的皮肤上有暗点构成的图案，这种简单的文身是在刺伤的皮肤上涂上木炭或颜料而成。这些文身分布在脊柱、右膝、左脚踝的周围，与今天的针灸穴位一致，可能是用来治疗奥茨的关节疼痛。奥茨时代复杂的医疗能力不足为奇，只是这种完整的展示让人惊叹不已。

在奥茨时代，世界各地的人们均对医疗工具进行了深层次的研究。就在数百年后，中国人完成了一部药物学著作，对近400种植物的用法进行了介绍。我们知道，到了近代，人类已利用植物开发出成千上万种治疗疾病的药物。这种做法并不仅限于居住在雨林地区和沙漠里的人。植物构成了现代医药的基础，从阿司匹林（来自柳树皮）到治疗心脏病药物洋地黄(来自洋地黄),再到抗癌药物紫杉醇(来自一种红豆杉)。实际上,在今天的医学研究领域,最热的两个领域便是"生物勘探"(科学家通过随机测试植物,寻找有用的化学物质)和"动物生药学"(科学家首先记下其他动物所使用的植物,这样能为他们节省大量时间)。

奥茨时代的医疗水平已取得了显著进展,能够进行身体的切割与缝合。人类的医疗水平已远远地超出植物药物开发的范畴,建立了一个复杂的医疗技术和工具体系,来处理捕食者袭击造成的伤残。到奥茨时代,埃及人已精于缝合术,以此封住食肉动物或其他袭击留下的伤口。(不过,我认为,缝合术出现的时间可能更早,和缝纫技术本身一样古老,因为明眼人很容易就会注意到这项技术应用到人的皮肤上的实用性。)到了2500年前(最保守估计),因受捕食者攻击失去部分肢体的人,可以尝试对其进行替换:那时,希腊历史学家希罗多德(Herodotus)记载过这样一个案例,一名男子失去了一只脚,于是他做了一只木脚作为替代。外科手术,这种切开活人身体从而修复受损部位的技术,在当时也开始逐步出现。

大约两个世纪前,微型捕食者们受到了第一次沉重打击。人类开始试验疫苗。这种方法是从一个人或动物身上"借"来被灭活的病菌,然后去感染别人。通过这种方法,可以得到一套量身打造的"战斗细胞"——免疫细胞——获得免疫而无须承受真正感染所带来的不便。1853年,出现了医用注射器,医生用它们来接种各种疫苗。(对于无法康复的人,注射器可用来注射镇痛剂——用产自亚洲的罂粟提炼出的吗啡。)随着病菌理论取得突破性进展,洗手宣判了数十亿病菌的死刑。1980年,世界卫生组织宣布天花病毒已在全球灭绝。脊髓灰质炎的发病率大大降低,也处于灭绝的边缘。一只小布袋就可以将几内亚线虫的幼虫从饮用水中滤去。蚊帐隔开了蚊子及搭顺风车的疟疾病原体,使它们无法侵入人体。更坚固的居所,阻止了北极熊和豹将人们从床上拖走。砍刀和割草机去除了鳄鱼赖以藏身的高大植物。当然,如果其他方法均无法奏效,可以继续用廉价的子弹对大型食肉动物进行捕杀。

然而,我们还没有赢得战争。今天活着的人中,大约有一半至少受到一种寄生捕食者的袭击。其中大多数是寄生虫,它们会带来各种问题,包括体质差、发育不良、智障、象皮病、癌症和失明等。这些破坏者仍在继续享受丰盛的美食。

此外,对捕食者的捕杀放宽了人类自己的数量极限。没有一种动物能够很好地应对其数量激增的问题。因为数量的过快增长往往会导致资源的过快消耗、生态系统被废弃物污染,而更具讽刺意味的是,疾病将传播得更快。

更重要的是,人类的行为方式改变了地球的温度,让某些最致命的"杀手"从不断攀升的温度中获益。据世界卫生组织估计,由于全球变暖,这些最小的捕食者每年导致的死亡人数比30年前增加了7.4万。很多生活在人类肠道中、导致腹泻和死亡的微生物喜好高温环境。在秘鲁跟踪观察腹泻发病率的科学家发现,腹泻的发病率上升,反映了厄尔尼诺现象带来的周期性变暖。随着热带的高温越过传统边界、向世界各地蔓延,肠道内的捕食者也会同时扩大自己的领地。气候变化使这些肠道病原体每年导致的死亡人数增加了4.7万。疟疾则不会放过其他人。温暖的气候让疟疾的病原体成熟得更快,同时也加快了蚊子的繁殖,促使这些昆虫养活更多的病原体。此外,温暖的冬天让越来越多的蚊子得以生存,与肠道病原体一样,疟原虫也扩大了自己的狩猎范围。这种由欧洲和非洲移民带到美洲的微小的生物,在20世纪50年代曾被赶出北美洲,但现在它又死灰复燃,横行于佛罗里达州、得克萨斯州、佐治亚州。在欧洲,它又重返意大利,而这里自20世纪70年代起原本是一个安全地带。即使在其家乡（热带地区），疟疾也在蔓延，甚至登上了那些对蚊子而言曾经过于寒冷的高山。研究地球表面变化的计算机模型预测，在未来的一个世纪，疟疾将横扫俄罗斯和美国，直抵澳大利亚。

智人正以自然界前所未有的方式改变着与捕食者的关系。目前还不完全清楚影响将波及多远。从生态系统中清除某种动物将产生巨大的、不可预见的影响。狼就是一个很好的例证。一个世纪前，狼在美国被灭绝后，鹿等有蹄类动物失去了天敌的抑制作用。我可以轻松地证明，这种捕食者曾经发挥了防止人感染莱姆病的作用，而这种病是由于蜱携带的螺旋体攻击人类的神经系统引起的。

狼从东部森林消失后，白尾鹿突然间少了一个重要的捕食者。在大约100年的时间里，人类填补了这个空白，使鹿的数量得到控制，但随着人类向城市集中，捕食率下降，鹿的数量迅速反弹。小小的鹿蜱过去从来没有像现在这样轻易地找到宿主，其数量随着鹿群规模的扩大而迅速增长。因此，当我们战胜了大型食肉动物时，却在无意间让另一个生态环境中的敌人有机可乘，而这个敌人对于人类健康的毁灭性打击，则远远超出了灰狼的危害。

在微型捕食者方面，也出现了类似的情况。疫苗、干净的水以及勤洗手，拯救了千百万人的生命。但细菌和寄生虫的消失，却带来了两种不良后果。第一，越来越多的证据表明，人类已彻底适应了携带大量寄生物的生活。寄生虫或痢疾病原体的平衡作用被打破后，许多人的免疫系统出现了重大问题：哮喘、过敏以及克罗恩氏病，似乎都能通过一定量的微型捕食者予以抑制。

第二，对许多动物而言，捕食能够对种群数量的增长起到强制性的限制作用。这有助于将生物的数量保持在生态系统的食物、水以及栖身地的承受范围之内。然而，人类现在已经解除了如此众多的捕食者的武装,正在向另一个不同的制动系统过渡。虽然埃塞俄比亚的儿童不再死于鬣狗之口,但他们却死于饥饿。佛罗里达州的年轻人躲开了疟疾,却死于因过分拥挤而导致的暴力冲突。在人类生存的整个范围内,人类正在逼近各种极限——粮食、水、干净卫生的栖息地均开始出现短缺。

我想强调一下,这种爱发明的类人猿失控的脑已将其主人送至一个自然界以往从未营造过的环境中。某种动物在打败了一个又一个的敌人后,会有什么降临到它们的头上?在许多方面,它们得以兴旺发达——这一点显而易见。然而,人类获得这般高贵的地位,还只是近几代的事。我们已经看到无节制生育带来的影响。不过,生态系统被破坏后产生的一些涟漪扩散得相当缓慢,在它们形成惊涛骇浪之前,人们很容易忽视其破坏力。

因此,作为一种猎物,我们并未获得空前的胜利。我们战胜敌人的能力是一把双刃剑。将生态系统中的动物和微生物统统消灭,将使我们赖以生存的生态环境发生改变。即便我们继续斗争下去,我们仍然不知道这把剑何时会伤及自身。

第十一章

瓷器店中的公牛:生态影响力

与其他生命一样,人类也寻求搜集必要的自然资源,来延续自己的后代。正如河狸弄倒树木和白蚁向大气中排放二氧化碳一样,智人也以类似的方式改变其栖息地的生态系统。这些是所有动物的共同点。不过,河狸和白蚁是被迫产生控制资源需要的,而人类实际上已实现了对于资源的主动控制。

人类之所以能够实现对自然资源的主导权,使用工具是一个主要原因。人类开始使用工具捕获猎物之时,也正是他们第一次开始偏离正常的生态系统改造路径之日。人类已经将很多猎物赶尽杀绝。到了大约1万或1.5万年前,人类利用挖掘工具改变了很大一部分——实际上,几乎是所有的——可耕种的生态系统。几千年前,人类的工业化行为开始产生有害气体与金属,永久性地改变了整个地球的空气和土壤的化学构成。

另外两种因素扩大了人类对生态系统的影响。其中之一便是人类的分布范围,在不到10万年的时间内,人类广泛的分布将其对生态系统的影响带到地球的各个角落。通过击败其大部分捕食者,该灵长类动物的数量增长极为迅速,进一步扩大了这种影响。

整个地球,包括其海洋、大气,甚至高空,都留下了这一不寻常生物的烙印。他们对生态系统的影响,可以说是非常全面的。

起初，我们吃动物

动物蛋白是我的嘴唇第一次接触到的食物。那不是牛排或鸡蛋，而是奶——女性的奶水。我一直保留着对于动物性食品的喜好。我爱吃柔滑且带有麝香味的熔化奶酪和盐水龙虾。像我的祖母一样，我还能一日三餐都吃炒鸡蛋。昨晚，我吃了一个外焦里嫩的汉堡包，里面要是能夹上一点熏肉就更好了。最近我还吃了一点鸭肝，它来自一只被强迫育肥的鸭子。

我知道以这种方式满足自己的蛋白质需要有点不符合伦理——尤其是鸭肝。虽然我现在只吃家禽和家畜，但与吃野生动物的最终结果是一样的。人类的肉食性膳食导致野生动物被剥夺了栖息地，而用于生产饲料和粮食，以喂养鸡、猪和奶牛，而它们又成了我的盘中餐。

在人类诞生之前，与其他类人猿一样，我们的祖先主要通过植物获得营养。然而，有一天，第一只前智人灵长类动物使用工具杀死了一只动物，我们从此便走上了一条全新的道路。捕杀率开始节节攀升。由于早期捕杀行为的天然属性，这一天究竟是何时，我们永远也不会知道。如果第一只猎物是通过陷阱捕获的，那么随着时间的流逝，这个坑或网将会很快被填平或腐烂。如果猎人选择的是一根长矛，它也会很快地化为尘土。即使当初猎人掷出的是一块经得起时间考验的石头，对今天的人类学家而言，它看起来也与其他无数块石头没什么两样。无论如何，一定是发生了什么：原始人属动物对动物使用了工具。而工具的应用提高了狩猎的成功率。

不过，在久远的那个时代，成功率也不会提高很多。我曾参加过一项野外生存训练，其中有一个项目是让学员学习使用“杀生棍”。在7天的时间里，我练习用一根棍子击打仅在20英尺（约6米）外的一个木靶。我最好的成绩是4中1。根据“棒球分析家”网站的数据，即使是职业棒球投手,以一个约4平方英尺(约0.37平方米)的目标为对象进行投掷,也只有约一半的成功率。这是一个很大的目标(约有狼那么大),而且距离也不远[60英尺(约18米)],但这位投手一家仍有一半的时间得挨饿。

对于今天的狩猎-采集者而言,不使用枪和其他现代狩猎工具的人几乎已经找不到了,因此,我无法找到低技术水平下捕猎成功率的数据。不过,我可以想象,从吃植物和昆虫的灵长类过渡到定期猎杀更大动物的灵长类,这中间一定有一个漫长的过程。可能在几百万年内,肉类只是蔬菜之外的一件奢侈品。就算是在今天的自给自足文化中,肉仍然是令人垂涎的美食,但绝非主食。

我们可以用下面这个折中的捕食率作为智人捕食率的基准。在使用基本的捕猎工具时,我们的效率超过黑猩猩,但比不上猎豹。当我们的工具和人口都保持在最低的水平上时,我们大概与我们的猎物保持平衡。像任何捕食性动物一样,早期智人一边猎杀猎物,一边逃避捕食者,勉强维持着自己的生活。他们的身体没有发福。只是有足够多的人活了下来,让这个物种得以延续。

然后,我们吃大量的动物

但是,人属动物有意识地扩充了自己的工具箱和生存空间。当智人来到欧洲和亚洲的猎物中间时,这些猎物已做好了防御工作。与直立人和尼安德特人相处的经历,已让这些猎物通过进化形成了一种本能,当散发着烟臭味的灵长类动物蹑手蹑脚地前来捕食时,它们会迅速地逃走。然而,当智人继续前行时,生活在澳大利亚、新西兰、马达加斯加和美洲的生物却有点措手不及。它们以前从未遇见过人类,其中有许多还未来得及进化以拯救自己:人类在全球范围内引领了一股灭绝浪潮。

许多野生动物必须学会对捕食者产生恐惧,而这需要时间。在加拉帕戈斯群岛的海滩上,人们仍可一边坐在海狮身旁,抚摸着它们的毛皮,一边切断它们的喉咙。这里的鬣蜥和企鹅也是同样的无知。(人类不猎杀这些物种的事实延缓了它们的适应过程。加拉帕戈斯龟没有对人类产生恐惧却是出于不同的原因:我们猎杀它们的速度实在是太快了。)在五六万年前,当第一个智人抵达澳大利亚时,可以有充分的理由相信,当地的住户们和今天加拉帕戈斯的居民们一样天真。尽管当时生活在那里的动物,包括了一种类似科莫多巨蜥、体长近20英尺的蜥蜴,重600磅(约272千克)、有着像长矛一样尖锐的后腿的袋鼠,以及犀牛般大小的有袋类动物,但是在人类面前,这些庞然大物显得很温和。当然,它们的寿命也不长。几千年后,我们中的一位走到最后一只恐鸟面前,切断了它的喉咙。人类在生态系统中发挥了新的作用:消灭其他物种。如果我们早一些执行这种任务,其发生的频率会较低,规模也一定较小。但现在,随着人类在全球的蔓延,我们将自己的新作用蚀刻到了化石记录上。仅在澳大利亚,在我们到来后的几千年内,便有55种大型动物迅速灭绝。

接下来,数量不断增长的人类入侵北美洲,时间大约是在1.5万或3万年前。在人类进行了一次最大规模的移民行动的几千年后,他们也开始以这块大陆上绝大部分的大型哺乳动物为食了。有证据表明,巨型野牛、长毛猛犸、超大羚羊以及巨型骆驼,都对新来的灵长类动物没有一点防御能力。一种个头较小的野牛侥幸适应并生存了下来,但在几千年后,人类又发起了第二波攻击,将它们推向了灭绝的边缘。当我们一路南下、经过中美洲时,发现这里没有多少大型哺乳动物,它们在热带森林中并不常见。但在南美洲,我们将安第斯山脉的树懒赶尽杀绝,同时落难的还有乳齿象、剑齿虎以及重达一两吨的犰狳。马达加斯加是满足现代人需求的下一站,人类大约在2000年前在那里登陆。

200磅重的狐猴、半吨重的“象鸟”以及小河马也开始走向灭绝。然后是新西兰，一群不会飞的鸟，在人类到来后，不得不让出自己的生活区。（如马达加斯加和新西兰这样的群岛往往哺乳动物较少，而鸟类丰富，因为鸟类能够飞到这里繁衍生息。岛上还有一些体型巨大但不能飞的鸟，因为在一个捕食者很少或没有捕食者的岛上，飞行是没有必要的。）

给其他动物带来灭顶之灾的人类构成了双重威胁，因为他们不仅会使用工具，而且还有足够的学习能力，能够分析所遇到的陌生猎物。我现在仍保留着这种能力。如果必须靠猎食附近的野生动物为生的话，我会用不同的方法来捕捉不同的动物。我观察到，松鼠会爬到一个盒子里吃种子，因此要捕捉它们实在是太容易了。浣熊虽在夜间活动，但它们也会被诱饵所吸引。这里的臭鼬会定期巡视自己的领地，我只需在午夜时分在门廊处等着它即可。这种专业捕食法提高了我们的杀伤力，加快了我们对新生态系统的殖民化。而与此相对，猎豹只会用一种方法捕猎，即追逐、拍击、咬杀。找不到蚂蚁作食物的食蚁兽也不会转而吃蛇。了解了动物的行为后，人类可以杀死比自己大上10倍的动物，甚至有时连一根长矛都不需要抛出。当人类在1.5万或2万年前来到北美洲时，他们还从来没有见过美洲野牛。它们的体型比已灭绝的野牛小15%— 20%，但数量巨大。利用这种食草动物的社会结构及其惊逃模式，人类可以一次性杀死数十头野牛。在得克萨斯州的一个峡谷底部，考古学家发现了堆成小山似的牛骨，当时的人们通过惊吓这些牛，把它们赶下悬崖。他们选择的地方位置绝佳，因为通往峡谷的地势有一定的坡度，恰好可以使牛看不到峡谷。他们可能驻扎在大草原上，利用岩桩模拟活人，经过一系列巧妙布置，将受惊的动物赶到这个绝地。通过惊吓，他们迫使牛群采取行动。从得克萨斯州的这处杀牛点来看，仅一层就有约800头牛的尸骨，也就是说，在这么多的牛冲下悬崖后，后面的牛才克制住自己的本能，拔腿跑向另一个方向。

而这只是不使用武器的猎杀方式。人类不断地完善自己的工具包，导致过度猎杀的实现。如果狮子有枪，它们也会对牛羚进行过度猎杀，它们不会停下来讨论自己的收获是否能够长期维持下去。它们会不停地捕食，吃光一种后再换一种。实际上，这就是一种捕食者最近的所作所为。

阿拉斯加阿留申群岛的逆戟鲸过去以鲸为食，但最近，它们开始以海獭为食。科学家对此很难理解，因为对逆戟鲸而言，海獭只能算作开胃小菜。通过对逆戟鲸食物的分析，科学家得出了这样一个假设：逆戟鲸和我们一样，过度捕食了一个又一个物种。这种情况开始于第二次世界大战之后，人类对于鲸的捕食几乎使它们濒临灭绝。阿留申的逆戟鲸不得不把目光转向斑海豹，斑海豹的脂肪含量很高，能够提供逆戟鲸一两天内所需的热量，结果斑海豹的数量锐减。逆戟鲸又转而吃斯泰勒的海狮，海狮虽然个头比斑海豹大，但脂肪含量却不高，结果海狮的数量又锐减。（人类对海狮所需鱼类的捕捞，给海狮带来了更多的麻烦。）然后，逆戟鲸耸了耸肩，不得不把目光再转向海獭。海獭的味道并不差，只是一餐需要吃6只才能填饱肚子。如果海獭也没有了，理论家就再也提不出什么建议来了。不过与我们一样，逆戟鲸既聪明又具有适应能力，行为具有很大的灵活性，能够在改变猎物时，同时改变自己的狩猎策略。

人类历来对群体数量的平衡就体现出类似的不重视。而他们对于动物繁殖问题的极度无知，让问题变得更加复杂。例如，博学的希腊哲学家伊壁鸠鲁（Epicurus）提出，要孕育蚯蚓，需要肥料、水和阳光3个条件。1500年后，一名威尔士学者宣称，浮木（特别是杉木原木）能够生下黑雁。再近一点是在17世纪，欧洲人认为，在一个装有小麦和浸透了汗水的内衣的罐子中，可以繁殖出老鼠。（也有人认为，汗水有助于小麦发芽。）再近一些，根据已故美洲印第安人史学家德洛里亚（Vine Deloria)的说法,有很多北美文化相信,野牛在冬季会躲到地下,针对人类的捕杀行为,它们在那里恢复元气,然后在来年的春天再次出现。

鉴于我们掌握基本的生物学知识如此困难,人类直到现在才掌握"已故的"猛犸或海獭的概念,也就不难理解了。

接下来,我们吃更多的动物

我家有一只老鼠。老鼠似乎总是无法赶尽杀绝。即使它们没有偷吃我储存的食物,它们还是会过来寻找住处或水。我对生态系统的影响并不都是负面的。人类破坏自然的方式常常对某些物种来说是再合适不过了。老鼠能够在人类主宰的生态系统中兴旺起来。依靠人类繁衍起来的还包括某些蛾、体虱、家蝇,以及其他一些物种。在人类祖先移民到世界各地的过程中,他们带了一些动物同行。而这种做法极大地扩大了我们对于生态系统的影响。

人类在很久之前便开始运送动物。大约在1.5万或2万年前,在西太平洋地区,人类将负鼠从一个岛转移到另一个岛上。我们并不知道他们是否刻意为之。水手们可能会用树干制成柜子,来装水、种子、水果和肉,再放到自己的筏子上。因为死去的动物的肉在热带地区很容易变质,所以他们会带着活负鼠,以便在需要时杀掉取肉。

这些古老的水手乘船环行世界,偶尔会将在笼子内闹个不停的动物一同带上岸。人类是有意释放这些动物以供未来食用,还是动物乘机逃跑,我们无从知晓,但是,这些动物跟随人类一起扩散到世界各地。关于动物的移居,人们首先了解到的就是上面提到的负鼠,它们被放养到新几内亚东北部的新爱尔兰。7000年前,又有一些人用小狗般大小的沙袋鼠重新改造了同一个岛屿。后来,猪开始漂过西太平洋,而鸡也出现在太平洋众多的岛屿上。到罗马时代,兔和羊在地中海一带出没已成为常态。每个物种的引入,都会为其第二故乡带来新的生态平衡变化。

除了这些可食用又可做伴的动物，人类的活动也会在不经意间为另一类生物（随队成员）提供一个迁移通道。我房子里的老鼠就是其中之一。老鼠也被证明是强大的先行者。特别是在岛上，那里的鸟类在进化过程中，已形成了在地面觅食和产卵的习惯，老鼠的到来破坏了毫无戒心的本地动物的生活。突然间，这种杂食性的捕食者的膳食中包括了美味的鸟蛋，而从地面上捡蛋的觅食方式对这些闻名于世的聪明鬼来说不用付出任何代价。在加拉帕戈斯的平松岛上，当小海龟从无人照看的蛋中爬出后，总是无可避免地成为老鼠口中的美食。（近些年来，人类的干预拯救了一些海龟蛋。）在加勒比海的安提瓜岛上，老鼠消灭了小巧的安提瓜游蛇。在太平洋的中途岛，老鼠消灭了布尔弗海燕，幸亏有人类的干预，否则小笠原海燕也难逃灭绝的命运。在整个太平洋地区，关于老鼠的故事一次又一次地不断重复着。

猪也从人类不断扩大的领地中受益匪浅。在夏威夷，不管是先期到达的太平洋人还是后来到达的欧洲人，都把猪带到岛上放养。人与猪一起改变了当地热带雨林的状态。低矮的植物被吃掉了，鸟类的居所和食物被剥夺了。尤其是人类的耕种行为，使土地变成了令人讨厌的泥沼，还导致蚊虫滋生，疟疾也在濒危鸟类之间传播开来。在寻找食物的过程中，猪把土拱开，让入侵的野草有机可乘，从而加剧了土地的侵蚀。带着猪粪的土壤从山上滑下，让岛屿周围的珊瑚礁几近“窒息”。

与老鼠一样，猪进入野生环境的故事也在世界各地不断地上演。探险家德索托（Hernando de Soto）1593年在佛罗里达州放养了一群猪，它们现在已经扩散到了整个南方地区。200年后，更多的猪被放到加利福尼亚这片脆弱的土地上。而在约100年前，人类决定改良这些自由活动的动物，将它们与欧洲野猪杂交。由此产生的品种一直盛行到现在，它们啃食当地的植物和农作物，使得土壤侵蚀问题像皮疹一样不断地扩散。在南美洲、澳大利亚和新西兰,这样的故事也在上演。在猪已站稳脚跟的太平洋岛屿上,它们扮演的角色与大批杀死地面筑巢的鸟类和海龟的老鼠一样,能够通过嗅觉,找到并掘出埋在地下的鸟蛋或龟蛋。与老鼠能够在人类的居住地兴旺发达一样,猪也在人类提供的生态系统中狂欢作乐。

最后,我们认为,也许我们最好住手

人类对其他物种的驱逐过于干净彻底,结果我们中有许多人现在深感寂寞。我有一点喜欢我的老鼠。去年冬天,我甚至连续好几天都容忍了一只老鼠,当它站在地下室的一袋土豆上看着我时,我给它起名叫“邓普顿”。在此之前,我还有一只金花鼠,它每天都会蹦蹦跳跳地跑进来,收集我桌子上的葵花籽。人类对其他动物所造成的影响,已经让我感觉这个世界显得有点无趣。

虽然我最终用捕鼠夹杀死了“邓普顿”,但我杀死它不是为了吃它。我杀它是出于对居所的竞争,而它想在我家里撒尿。这也标志着人类与其他动物关系的另一个转折:我们主动杀死其他物种,防止它们攻击我们或吃我们的食物。这种现象得以蔓延,主要是因为工具(子弹)的应用,使屠杀既便宜又容易。在欧洲,狼和熊在武器的逼迫下,不得不撤退到小块的森林中。随着子弹在北美洲的出现,人类轻而易举地削减了捕食性的狼、美洲狮、黑熊、棕熊、郊狼,甚至偷鸡的狐狸以及破坏农作物的乌鸦的数量。在亚洲,老虎和豹消失了;在澳大利亚,澳洲野犬和子弹共同注定了袋狼的命运。

更精良的工具也提高了我们杀死猎物的机会。在北美洲,印第安人从欧洲移民那里得到马匹之后,第一次提高了捕获野牛的能力。而在他们得到枪后,捕获率得到进一步提高。当火车这种改变世界的运输工具开始驰骋于大平原时,欧洲人开始大肆屠杀野牛。他们从火车车厢的窗口射击，其驱动力仅仅是想获得目睹大型动物在枪口下倒下时脑中涌出的化学物质。随着工具使杀戮更加容易，人类像疯了似的大开杀戒，不管是在陆地上还是在海洋里，不管是有营养的动物还是有毒的动物。

贸易也放大了人类在不断扩展中造成的影响。旅鸽在成群迁徙时数量可达20亿只之多，这是课本上的一个案例。印第安人长期以来一直食用这种北美鸟类。然而，印第安人的数量远不及旅鸽，这种成群飞行时遮天蔽日的鸟数量依旧不少。即使是早期的欧洲移民，也没有将这一动态平衡改变多少。毕竟，人类的每一个家庭最多只能吃掉几只。虽然印第安人和欧洲人都是活跃的商人，但要记住，当时死去动物的肉不能进行长途运输。然而，当火车开到中西部后，旅鸽生存的前景便一下子暗淡下来。有了火车，旅鸽肉的市场第一次扩大到该动物生态系统以外的地区。结果是，当地人在吃饱肚子后，会用网捕捉或射落成千上万只旅鸽，然后将它们塞入火车车厢。几百英里以外的人将买来的旅鸽用作食物或肥料。这种"代理捕食"给动物造成的压力远远超出了其繁殖能力。今天，这样的情形仍未消失，人们捕捉亚马孙鹦鹉作为宠物，将大猩猩肉运到非洲城市，在那里，吃这种野生动物的人只是为了获得其社会群体的认同。

这种一味捕杀是不能长久的。近几十年来，人类发现，每消灭一种动物都会为我们自己带来困扰。这是一种全新的发现，所以了解者和支持者还不多。不过，实验表明，比起多样性水平低下的生态系统，动植物种类丰富的生态系统更加稳定和健康。

我们还发现了一类可以称得上"关键种"的动物。如果没有这些物种，整个生态系统将会崩溃。非洲大草原上的大象就是一个很好的例子。它们最具改造性的工作就是清理灌木。灌木和刺槐总想在草原上获得立足点，但大象不断地破坏它们的计划。在一个很偶然的实验中，人类把大象赶出了大草原的某些地方,结果发现了这种现象:刺槐蔓生开来,改变了土壤的化学成分,使草无法生长;没有了草,斑马、瞪羚、牛羚等食草动物也会接着消失。

因此,现在我们知道,一个物种的死亡会对整个生态系统产生影响,甚至可能会殃及我们自身!不过,到目前为止,我们并不完全知晓这些关键种都是谁。它们可能非常不起眼——草原犬鼠、河狸和海獭都是关键种。海獭如果不被逆戟鲸吃掉,就会吃海胆。一旦这些海胆失去了海獭的控制,它们就会将巨藻林吃个精光。如果海獭被逆戟鲸吃光,巨藻林也会被海胆吃光。巨藻林消失了,很多小鱼及其他众多生物也就失去了栖息地。

当我们发现这种联系时,存活下来的哺乳动物中有1/4正面临着灭绝的危险。就在一个世纪前,当人类故意射落最后一群旅鸽时,就像是逆戟鲸吃掉最后一只海獭那样无动于衷,但到了今天,很多人对此有不同的感受。

令我感到很有意思的是我们的这种悔意。对地球上任何其他动物来说,只要世界末日没有降临,就不会停止对其他生物加以利用。猪没有因为夏威夷的侵蚀而睡不着觉。黑鼠不会对着鸟蛋裹足不前。我敢以自己的房子打赌,逆戟鲸不会静下心来反思关于灭绝的道德问题。

我会反思,整个人类都会反思。或者,从绝对准确的意义上而言,人类拥有这种思考的能力。我们中的一些人(主要是我们这些能够获得安全的食物和住所,并具有相同文化倾向的人)有能力考虑我们与其他物种关系的道德问题。在这一点上,人类的行为变得独特而迷人。

只有人类才可能会同意,值得对大熊猫采取一系列的保护措施,以便让它们能够在中国继续生存下去。只有人类才会驾船出海,冒着生命危险去堵截捕鲸船——不是为自己获取猎物,而是防止鲸被捕杀。只有人类才会放弃像DDT这样的强效杀虫剂,以免其危害鹰隼的卵。

虽然野生海豚可能偶尔会挺身而出,保护人类免受鲨鱼的攻击——看起来它们确实在这样做——很难想象海豚社会已达成共识,情愿放弃自己的最大利益,来实行这一政策。

保护其他动物,使之免受人类自身的危害,这种愿望令人困惑。即使我们尚未意识到某个物种对于我们自身的生态系统具有极其重要的意义,我们仍有这种冲动与意愿。因此,它可能与人类令人费解的养育宠物的欲望有关。人类最喜欢救助哺乳动物的事实表明,这种欲望可能出于一种过度的自爱。与救助大眼睛的小海豹相比,让人们去救助鸟翅蛾则要困难得多。尽管我们知道鸟翅蛾是一个关键种,但它着实无法像一张毛茸茸的脸那样能够拨动人类的心弦。

最终,不遗余力地希望帮助其他物种的人类将不得不直面人类自己的繁衍问题。我父亲常说:"将全球人口减少90%,将完全解决今天的环境问题。"话虽不错,不过谁会自愿放弃这个自私而肮脏的皮囊?

在少数几种文化(包括中国)中,认可人类必须执行计划生育(虽然这项政策是为了保护人类,而不是其他生物的生存)。世界各地均有这样一些人,他们认为地球减少人口的需要比他们自己进行生育的意愿更重要。"人类自愿灭绝运动"之类的组织就是这些人的代表。该组织在其网站上提出:"自愿停止生育,逐步减少人口,能使地球生物圈重回健康轨道。"

这一点也使我们与众不同。难道其他生物也会故意阻挠其生殖本能,以便给其他动物留出生活的空间?虽然这是少数人持有的想法,但仍然非常了不起:只有人类才会作出这样的牺牲。

回到开始,我们也对地球进行重新安排

今天,有一个名叫弗兰克(Frank)的人操纵着一台巨大的黄色机器,铲去了我院子里的土壤,并将它们堆放到一辆自卸卡车上。我的家

人需要更多的空间,所以得扩建我们的栖身之所。弗兰克用了几分钟的时间,将40英尺长的连翘树篱以及30英尺长的紫丁香树篱连根拔去。这一行为将导致很多昆虫无家可归,这个想法一直萦绕在我的脑海中。而在紫丁香中捕捉那些昆虫的啄木鸟正在对我破口大骂。

人类发现,改变地球的表面非常有用。当然,其他灵长类动物也会在这里挖一个洞,在那里折断几根树枝搭窝。有时,黑猩猩在自己雄性气质的鼓动下,也会疯狂地破坏树木,并将石块推到沟里去。不过,灵长类动物的这种行为在河狸看来根本不算什么。河狸有一种喜欢将流水弄出声音的本能,它们会弄倒一大片树木,将其啃成木材,然后修建水坝。在河边橡树上的一窝金黄鹂看来,河狸黄色的牙齿必定像链锯的刀片一样闪闪发光。对于群居的蚂蚁或有一巢未睁眼幼崽的老鼠而言,上涨的水位一定像是三峡大坝后面的江水一样可怕。所有的动物都寻求征服环境,为自己服务。人类只是做到了最好。

与狩猎动物一样,人类祖先很早就开始了美化环境的工作。大规模的改造工作可能是以火的应用为开始的,对我来说,火就是我自己控制景观的主要方式,对于任何人科动物,它具有同样的作用。然而,过去火被用来烧荒开地,到了今天,人们用火可实现上千种不同的目的。在弗兰克的挖掘机的发动机内,设计了一系列精确定时的燃烧,用于在扩建的地方挖掘。在其他地方,煤炭燃烧产生的火焰被用于发电,而电则为电锯提供动力,以采伐木材。在半个大陆以外的地方,火焰分解了石油分子,制造出乙烯,并生产出了我所需要的墙板。

很难讲人类何时第一次驯服了火。不过可以肯定,这个时间一定是在智人出现之前。在世界各地的各种洞穴中,科学家发现的木炭和烧焦的骨头表明,人科动物在75万年前——甚至早在200万年前——就掌握了火的应用。由于数据极少,所以争论很激烈。不管怎样,智人都是一个成熟的纵火犯。当然,火是烤熟以及保存肉和蔬菜的理想工具,明亮的火焰还可以让狮子不敢靠近。然而,智人也发现了如何利用火来对生态系统进行重新安排。

在我阅读过的所有关于古代使用火的文化(跨越了从墨西哥森林到非洲草原的漫长距离)的描述中,没有哪种文化能够达到第一批澳大利亚人的精确性。按现代原住民的说法,对于大草原而言,树木从边缘开始蔓延,会导致一种可悲和凌乱的状态。而要驱逐树木,让猎物们喜爱的嫩植物恢复生长,火是必不可少的。因此,在澳大利亚北部,为了保持整洁的状态,各部族过去都会按传统每年进行焚烧。那里的人们按季节迁移居所,他们离开后,会留下一片片认真处理过的焦土,清理了灌木,激活了土壤。这些绝不是大火(除非出了什么岔子),而是小块的、外科手术似的焚烧。

这种火具有很好的改造作用。就像非洲平原上踩踏刺槐的大象一样,许多人类群体起着田野维护者的作用。在北美洲东部的森林中,史前人类燃烧下层植物,让白尾鹿心情愉快并随时可见。(新长出的植物可供鹿食用;而且由于植物低矮,很容易暴露鹿的身影。)再往西,在密歇根湖南部有一片草原,而这里无论从哪个角度看,都应是形成森林的地方。新的研究认为,人类的焚烧行为有可能解释这种不正常现象的形成与维持。而在中美洲和南美洲的热带雨林中,保留下来的木炭和花粉粒子层显示,至少在7000年前,早期的农民便在这里烧毁了大片森林,以种植农作物。总之,今天我们将其视为原始荒野来保护的许多景观,都曾被人类彻底地改变过。

人类还利用火来清理穿过森林生态系统的路径。这不仅为我们自己开辟了道路,也为其他本来无法进入的动植物提供了机会。新来者在这里增加了一个物种,又在那里减少了一个物种。

有如此之多的火在各处燃烧,尽管有些是有计划的焚烧,但其最终结果导致植物与动物组合的变化。当森林变为田野,那些易燃的植物种子会被慢慢淘汰。此外,火帮助一些植物的荚果或球果内的种子破壳而出,从而蓬勃发展。鸟类和长腿哺乳动物交了好运,而很多像鼹鼬和树懒这样懒散惯了的动物,只能看着自己的梦想化为灰烬。在人类挥舞着火把的地方,其生态系统的性质发生了变化。成千上万年前人类对于自然景观的大肆变更,引出了一系列有趣的问题:谁曾在这里居住?你认为"自然的"景观是什么样子?有人之前这里是不是这个样子?人造大草原是不是和河狸截流的池塘一样自然?让这些问题更难以搞清楚的是:在过去几个世纪迁移到狩猎-采集者领地上的农民,常常禁止焚烧,再一次使这些生态系统发生了改变。这里有一个典型的例子:自从欧洲的农业经营者从喜欢火的印第安人手中接管了密歇根州北部,黑纹背林莺便开始走向灭绝。看起来这种鸟只在幼小的短叶松上筑巢,而短叶松的球果需要经过高温加热后才能打开,释放出种子。显而易见,对于景观而言,我们是一个关键种。当人类对地球进行调整,来满足他们生存所需时,数以百万计的其他物种的命运也会因此而沉浮。

我们非常努力地在地球上重新布局

我并不满足于铲除后院的植物,只留下光秃秃的院子。在清除了我不想要的植物后,我要引进我喜欢的植物。拔除了丁香,我种上了来自南美洲的番茄、印度的罗勒属植物以及中国的牡丹。沿着这条路一直下去,本来是我夏季种植蔬菜的农场,现在却发生了更具戏剧性的转变。原本生长着本地松树和橡树的地方,现在却种上了1英亩(约4000平方米)的玉米、一大片南瓜,以及几排菠菜。当人类执意从事农业活动时,地球的表面开始改变。

人类可能在很多代以前,便开始移植植物。正如来到太平洋各个岛上的人在新地方放养肉用动物一样,他们也在自己的全球迁移中,携带并种植野生可食植物,供未来使用。植物性食物在全球的散播是如此迅速,几乎让人忘记了其实每种植物都是在一个特定的生态系统中驯化的。有些人并不知道:西瓜原产于非洲,而不是美国南部。秋葵也是如此。香菜原产于中东,而不是中美洲。番茄原产于安第斯高原,而不是意大利。向日葵也不是来自法国,而是来自北美洲。咖啡来自北非,而不是南美洲。辣椒(青椒也是如此)来自中美洲,而不是印度。菠萝源自南美洲,而不是太平洋岛屿。橙子(柠檬和酸橙)是由东南亚的人工栽培植物杂交而成的,而不是来自加利福尼亚。

这条植物移植政策与其说是“农业”,还不如说是野生负鼠的自由放养。更像是在你的厨房、车上以及办公室里都准备了一些小饼干:你永远不知道什么时候会需要一块,所以你到处都留了一点。

在1万或1.5万年前,世界上的许多文化都定期进行拔除和种植的工作,并随身携带着植物(就像我从一处挖起鸢尾移栽到另一处那样随便)。在农作过程中,人类最终将重建地球表面40%的土地。从地球的大小来看,这是一项惊人的成就。这不仅仅是因为我们已经用大豆取代了橡树,用奶牛取代了仙人掌。物种转移只是故事的一半。与此同时,我们也改变了地球本身的结构。我们以大草原取代沼泽。我们拉直了河流,填平了池塘,变山坡为梯田。这种改变甚至会使土壤的化学成分发生变化。

当然,动物能挖起一点土壤并没有什么特别之处。鼹鼠会,狐狸也会。在世界的许多地方,有一大半土壤当前的结构得归功于蚯蚓,它们吃入松散的颗粒,排出有营养的团粒。有一种蚂蚁甚至从事园艺工作,它们像人类所做的那样,选择让哪些植物存活,哪些植物死亡。这种蚂蚁只住在亚马孙的一种名为*Duroia hirsuta*的树上,这种树在进化过程中,形成了中空的树干,可以作为蚂蚁的家。而蚂蚁会系统性地毒害与*Duroia hirsuta*争夺阳光的其他树木。就像喜欢草坪的人会使用除草剂那样,蚂蚁会啃咬树枝,然后注入蚁酸,将树叶杀死。

然而,人类不懈努力的结果是,稻田、灌木焚烧、香蕉种植园这些作品在太空中都可以看到。随着全球的人类采用新的觅食方法,即把植物种到自己的前院,而不是去寻找它们,更多的土地被我们用来种植这些经过栽培的草、根用作物和瓜果。稳定的粮食供应提高了出生率,促进了人口的增长。而人口的增长又需要更大的园地。这也是大规模土地变迁的开始。每一个生态系统变化的形式不同。在美索不达米亚,人类将森林夷为平地,放火烧荒,开垦出永久性的田地。在南美洲的低地,在1万或1.2万年前,人类征服了野生南瓜,并可能一片片地烧毁森林,为贫瘠的土地增加些许养分。在新几内亚,清除森林才刚刚开始。1万年前,那里的大片土地被开挖成堤坝和水渠,为薯蓣和香蕉等植物保持所需的水分。

人类开始驯养动物后,对地球的改造进一步加剧。在中东,1.1万年前山羊和绵羊开始接受人类的驯化。从寻找野生动物到定期的"周末狂欢",这一定是一个巨大的解放。这些新的可以提供肉食的动物固定地生活在营地附近,它们提供富含营养的奶及肉作为回报。因此,它们是一种储存富余碳水化合物的伟大方法:你可以向"山羊银行"存入熟透的水果或发霉的谷物,宰杀了山羊后再吃下去,你便可以得到兑现。

但是,这些动物会给土地带来极大的危害。当然,单独而论,它们的危害并不比任何今天在干燥生态系统中吃草的野岩羊或野盘羊大。然而,当人类将它们聚集在一起,长时间不挪动位置,它们便会将植物吃光。绵羊啃食草皮,而山羊则吃幼嫩的小树和灌木。植物还没来得及生长,便要面临死亡。原本由植物根系固定的土壤随意流动,随着一场大雨或大风流失。猪的危害更大。它们在觅食时,直接啃咬植物的根部,它们用鼻子拱开草地,结果导致侵蚀作用立马显现。奶牛继羊之后也很快成为驯化动物。它们虽是温和的食草动物,但其巨大的体重压实了原本松柔的土壤,破坏了土壤的呼吸作用。当然,如果这些食草动物像野生动物一样分散开来,上面这些现象都不会带来什么问题。然而,人类倾向于将自己的动物圈养在自己附近,这才是导致土壤被压实、植物死亡、土地被侵蚀的原因。

有时候,看着古人改造过的景观,我们很难确切地知道是哪些力量发挥了关键作用。例如,在希腊和意大利的地中海沿岸的山上,曾经长有浓密的松树和橡树。突然间,这里的生态系统遭受了食草的家畜和忙碌的人类的双重影响。人类不但砍伐树木作为燃料并整理出土地,甚至还做起了木材贸易。当尘埃落定之时,展现出一片全新的景观:这里仍然是丘陵,只是缺少了树木,只剩下低矮的草和裸露的黄土。这3种力量——皆伐、放牧以及木材贸易——对最终的沙漠化各自应承担什么样的责任?也许这并不重要,因为所有的问题都可以追溯到有着同样雄心的类人猿。

灌溉在土地上留下的痕迹更为明显。早在8000年前,用于灌溉的沟渠便在美索不达米亚的干旱地区开始出现。人类又一次寻求更有效的觅食方式:如果把底格里斯河或幼发拉底河的水背到种植园里不是好办法,那么为什么不挖一条沟渠,让河水流到自己的地里?当然,确实能举出好几条不这样做的理由。然而,这些理由出现得十分缓慢,以至于在2000年里,人类一直忽视了一个问题。

在美索不达米亚,灌溉行为起初使一大批工具涌现出来。在农业系统中,稳定的粮食供应使一些人摆脱了日常觅食的需要。有些人可以专门去制造新的犁和砍伐工具。其他人则可以生产陶瓷器皿,防止多余的谷物被老鼠吃掉。人类的"工具箱"的确大大丰富了。然而,随着文明的扎根,在灌溉田地中也出现了一些潜伏的恶灵。向上游走去,美索不达米亚的两条河流都流经现代的土耳其,而在当时,人们正忙着将那里的森林变成牧场。河流夹带着受侵蚀的土壤。然后,当充满泥沙的水流入用于灌溉的沟渠后,流速变缓,留下了从土耳其带来的负担。于是,运河慢慢地淤积。更糟糕的是,当河水蒸发(而不是排向大海)时,它会留下少量的盐。在干旱地区,盐无法被冲走。因此,每次美索不达米亚的农民将水引入自己的田地,土壤的含盐量便会有所增加。因此,土壤的化学成分便发生了永久性的改变。

年复一年,人类不断地使自己的土地盐碱化。伴随着这种人类注意不到的微妙变化,对盐敏感的植物逐渐退出。百十年下来,小麦渐渐无法生长。更多的种子不能发芽——但没有哪个农民能在自己的有生之年会注意到这种变化。在小麦根系与盐斗争的过程中,麦穗上的麦粒越来越少。当时人们并不会对比10年前的情况,从而发现这种变化。土壤的改变是缓慢而彻底的。几千年后,美索不达米亚的农田里几乎已见不到小麦的踪影。大麦由于耐盐能力较强,曾一度用来代替小麦。然而,随着土壤中的含盐量稳步增加,最终大部分土地已不再适合种植庄稼。

当然,并非人类所有的水利工程都具有自毁性。有一种水利技术的概念是如此巧妙,以至于现代人在南美洲的安第斯山脉已经开始重新利用这一技术。从的的喀喀湖的上空向下看,岸边的土地就像是梳子的一根根窄齿:水与土交错分布。当地人将这种分布形式称为waru-waru,不过,直到最近,他们才知道这种分布的作用。灯芯绒式的灌溉渠道深入平原,将湖水送到各处,其占地面积超过300平方英里(约777平方千米)。而这项工程涉及的劳动量更是惊人。使用石头和木制工具,三四千年前的人将土一块块地从运河中运到台地上。我们现在知道,当时这些台地上种植的是土豆与其他食用植物。但在这种高海拔凉爽的气候条件下,运河并非用于灌溉。它们也许是人类在环境控制方面的第一次尝试。水流的作用是散热器,在白天吸收太阳的热能,然后在夜间释放。因此，当秋天的第一次霜向山下的平原落去时，运河在每一块台地周围形成了一道防止寒气入侵的屏障。这样，生长季节得以延长。更重要的是，waruwaru排出土壤中的湿气，留住了被侵蚀的土壤，并吸引了可供食用的鸟、鱼和蜗牛进入自己的家园。真是太巧妙了！如果我家附近也有一个湖泊，我真想马上就去挖一些waruwaru。

在玻利维亚的山下，早期人类似乎也使用沟渠来养鱼。在这个开放的景观中，雨季的洪水使鱼游向大草原。在这里，人类建造了200平方英里（约518平方千米）的永久性池塘，拦下了洪水，将捕捞季节延长至旱季。他们还修了笔直的土路将各个村庄连接起来。

在安第斯山脉那些海拔甚至超过的的喀喀湖的地方，仍存在早期人类改变地貌的证据。山坡上没有自然形成的树叶沉积层。整个山坡从上至下都被改造成梯田的样子。古人发现，将自己的田园弄平整，有助于土壤的保持，因此他们将山坡变成了楼梯的样式。安第斯山脉的这一部分在人们心目中本是自然与偏远的象征，但透过鱼塘、梯田和运河，它简直像现在的公路那样令人震撼。

现在我们对这些重建活动重新思考

人类对于土地长期改造的历史给我们带来了什么呢？实事求是地说，地球的土壤现在本身已是一个濒临灭绝的“物种”。经过1万多年的加速侵蚀，健康的土壤越来越稀少。根据一项调查，总侵蚀率——由于受到水、风和人类活动的综合影响——是人类进化之前的15倍。因农场、道路、住房、公共建筑以及城市所导致的无意侵蚀和有意改变，人类现在已经改变了50%—83%的地球表面。（估算值各异。）野猪可能会时不时地拱起1英亩的土地，河狸可能会使一些蛇被淹死，但它们的活动都远远无法跟人类的影响相提并论。

关于人口增长，人类有一个幸运的特征，即我们的社会性倾向让我们聚集在一起。因此,当人口超出土地的承载能力时,我们往往集中住到一个称为城市的地方。在那里,人类像黄蜂或营造蚁丘的蚂蚁一样,建起纵向伸展而不是横向伸展的房屋。虽然这种模式减少了人类的占地面积,但它会以其他方式对地球造成影响。即使一个人不需要拥有自己的粮食生产区,但他仍需要食物。我现在意识到,我在城里的房子几乎满足不了我的任何需要。我家后院的松鼠可在自己的领地内获得所有必要的食物和居所,而我却无法以这种方式维持生存。

我需要多大的地方为我提供食物和住处,并每年为我提供一件由毛皮或纤维做成的新衣服呢?这当然要取决于土地的质量,同时也取决于科学家的计算方法。但有几项估计较为一致地认为,每个人需要1平方千米(即0.4平方英里,或约250英亩)的优质土地。在质量差的栖息地,像卡拉哈里沙漠,我需要的土地可能是这一数字的8倍,即超过3平方英里(约8平方千米)。这么大的面积是假设我靠狩猎和采集养活自己,而不是以农业为生。

当人类开始种植植物后,他们的领地也相应缩小。经人工栽培的植物能够在较小的空间生产出大量的食物。因此,即使那些同时从事农作和狩猎的人,如亚马孙的雅诺马米人和新几内亚的一些部落里的人,比起完全的狩猎-采集者,他们需要的土地面积也较小。那么,对于一个大部分食物通过种植获得,辅以狩猎以取得肉食,并且还得砍柴的人,他需要多少土地呢?按照一位学者的推测,需要不到7英亩(约2.8公顷)的已开发土地,加上几英亩林地,以及大小随气候和生态系统不同而变化的狩猎场地。不管怎样,一定远远少于250英亩(约101公顷)。我们驯服的动植物越多,维持生计所需的土地便越少。

而随着食品的工业化发展,按生态学家的说法,我们的"足迹"会变得更加小巧。在15年前,平均而言,一个中国人吃的食物可以在0.2英亩(约800平方米)的土地(刚好是我自己这块城市领地的大小)上生产出来。我常常想知道,如果我充分利用每一寸土地,这么大的地方是不是能够养活我。显然,答案是肯定的。但那样的话,我将没有任何空间来建造自己的房屋,也没有树木可以砍伐作为燃料。而且,现在的人们远远不会满足于有了食物、火以及简陋的房屋。实际上,在人类因发现了金属工具而喜出望外的一瞬间,他们的足迹就注定会远离食物来源地。金属分布在地下,且比较分散。如果你种植的土地不够肥沃,你就得换一个地方,或自己翻地,或通过交换让别人翻地。你的大部分精力仍将花在获得食物上,但也抽出一点空在几英里之外有金属的地方忙活。同时,由于金属的发现,人类已经发现自己想制造的物件多得惊人。

例如,我的房子远大于遮挡风雨的需要。仅是所用的木材,就得砍伐几棵枞树或枫树才够用。用于制作石膏的石头可能来自100英里(约160千米)外的海边。钉子和管道可能来自数百英里外的西部,一个世纪前,那里便开始陆续兴建了很多冶炼厂。屋内的老式壁炉用的煤炭可能来自中西部,而窗子的第一道窗帘则可能是在东南部织出来的,那里靠近棉花生长区。人类的影响正在蔓延。

今天,我在地球的每一个经度都留下了一个脚趾印。不用走出办公室,我就能够来一次环球之旅。我脚上穿的木底鞋产自德国。这件衬衫出自萨尔瓦多,毛衣是苏格兰的。这部电话机是马来西亚生产的,显微镜来自俄罗斯,取暖器则来自意大利。架子上的鱼化石来自怀俄明州,一个绿色陶器来自冰岛,还有一个红色陶器来自泰国。而这些物品本身包含的元素和混合物可能源自地球上十几个不同的地方。这是我的办公室。厨房里的食物也同样充满了异国情调:奶酪来自加利福尼亚,豆腐来自马萨诸塞,咖喱和虾来自泰国,干辣椒来自墨西哥,果酱来自芬兰,葡萄酒来自澳大利亚,刺山果来自摩洛哥。每种东西都经历了一系列的运输过程。所有的原材料都必须在一个地方收集后,运到另一个地方加工。我的大脚印经过了超市、货轮、铝矿山、炼油厂、椰林和橡胶种植园、西班牙橄榄树和俄罗斯玻璃磨床,越来越多。

如今,我一天所吃的食物需要的土地是一个中国人的4倍,他们的饮食较简单,并在自家周围种植。(当然,这是20世纪90年代初的情况,如今中国人的需求也在迅速增长,其对环境的影响也是如此。)满足我的其他需求(假设我是一个普通的美国人)还得再加20英亩(约8公顷),这样一共需要大概24英亩(约9.7公顷)的土地。这包括产生热能、电以及跑运输的燃料,牛、鸡、菠菜、棉花生长所需的土地,用于制造纸张和人造丝的森林,加上水和一块倒垃圾的地方。

不过,我仍可以说,我的"足迹"是非常小的。对于一个石器时代的农民来讲,其全部物品可能包括一双鞋、一块火石、一只皮袋、一张毛皮披肩、几个篮子、一张网、一根长矛、一张弓、一条熊齿项链,以及几把石制刀具,他需要的土地比我需要的多得多,原因是猎杀野生动物的效率非常低下。现代人对于土地的利用可以说是精打细算。即使是养殖农场,也已变成了精简、土地节约型的机器。在我的文化中,猪挤在一起,每只猪只有非常小的空间可以利用。它们所需的粮食密集地生长在附近,不受乔木和灌木的影响。它们的大量粪便被集中在粪池中。如果你将目前美国饲养的猪全部放出来,那么它们马上就能够将土地完全破坏。6000万只猪同时觅食,会将森林和田野翻个底朝天,破坏所有的鸟蛋,将土壤踩成稀泥。猪的生态蹄印将遍布全国各地。

然而,大多数现代人的"足迹"比我的要小得多。美国人的"足迹"是世界上最大的。我们的宽屏电视、高耸的建筑、宽敞的汽车、宽大的沙发和宽敞的厕所,都表明我们占据的地方远远超出了地球所能够承受的范围。大部分中国人、非洲人和印度人赖以生存的土地面积不到5英亩(约2公顷),通常甚至更少。的确,他们吃得较差,很少去看牙医,寿命也比我们短。然而,没有我从"地球自然资源商店"中获取的2个卫生间、10只靠枕以及20只酒杯，他们仍然活得很好。在非洲，动物失去栖息地的速度可能比在北美快，但正是我超大的“足迹”将它们给挤了出去。

人类倾向于聚居在一起，这种方式是否更加有效，目前尚不清楚。2002年，在伦敦开展的一项研究发现，这个城市里的人均“足迹”略大于全国的平均水平。而美国加利福尼亚圣莫尼卡市的数字显示，这里每个人的“足迹”为21英亩(约8.5公顷)，小于全国24英亩的水平。这是一门新科学，分析人员得花上一定时间来完善计算方法。公式的一个缺陷是，没有考虑城市为周边地区提供服务的因素。集中在城里的是医院、研究中心、大学、金融中心、餐馆、图书馆及像博物馆这样的文化场所——而这里的大部分人正在想方设法把我们对地球的消耗最小化。正如一个城市的“脚趾”深入到农场和周围的河流一样，乡村地区的“脚趾”也在向城市扩展。

从很多方面看，城市生活是一种更为有效的生活方式。城市中的“领地”及房屋一般较小，限制了每个人可以采集的日常生活用品的数量。为了说明城市人口的压缩程度有多大，我们可以举个例子。纽约5个行政区共有820万人，由于高层建筑的应用，让纽约人的平均“领地”面积只有1/50英亩(约80平方米)。如果他们每个人的“领地”面积都像我的领地那么大，他们所需的面积将增大10倍，从目前聚居的5个行政区扩大到大半个康涅狄格州。而且，由于没有公交车和地铁，为了达到全国人均汽车拥有率，他们将额外需要数百万辆汽车。当然，不是说在康涅狄格州还有纽约人的空间，像世界上大多数地方一样，这里也已经被瓜分了。

一天24小时都有光明

人类根据需要调整了地球的表面后，对空间继续进行改造。在自然条件下，人类不喜欢夜晚黑漆漆的一片，所以在他们拥有了改造能力后，便立即开始了行动。200年前，人类驯服了天然气，便用它点亮了城市的道路。20世纪30年代，电力路灯取代了煤气灯，夜间变得更加明亮。今天，被驯服的光子照亮了地球上大部分的居住区，让郊区和城市的夜空染上了橙黄色。

在地球的整个生命史上，动物已对黑色的夜晚产生了依赖感。大多数动物并没有能够作出相应的调整。通过对各种鸟类、蝙蝠、老鼠和其他啮齿动物的研究，人们发现，大多数动物在接近有灯光的高速公路及街道时，会缩短觅食时间，并尽量减少活动。在光线太强的地方，有些鸟根本不会筑巢。毕竟，在光下游荡就是在吸引捕食者的注意。（出于同样的原因，许多动物会本能地减少在满月时的夜间活动。）

最糟糕的是，光会导致动物分不清方向。人类的光照对于昆虫、迁徙的鸟和小海龟都造成了极大的影响。昆虫围着光转，直到精疲力竭，夜间迁飞的鸟类也会如此。小海龟将街道上的灯光错认为是黑暗的海洋中明亮的天际线，从而误入车流。但是，某些种类的蝙蝠（不是全部）从我们对天空的改造中得到了好处。在有光照的地方，它们似乎可以捕捉到更大的飞蛾，更快地解决晚餐问题。在佛罗里达州，以昆虫为食的壁虎似乎也适应了"街头灯光下的生态系统"。夜间活动的臭鼬、浣熊和负鼠在城里与我的领地相重叠的地方，仍能够兴旺地繁衍，因为眩光对它们没有影响。

对于地球上的其他居民而言，幸运的是，当人类意识到自己的环境变动对其他物种造成影响时，人类能够停止某些行为。在我的文化中，人们曾不假思索地从地下抽水，但现在我们都同意采用更节水的马桶。此外，在我的文化中，我们已经同意停止对濒危物种的生态系统采取任何进一步的改动。在美国各地，住在高楼里的一些人自愿在候鸟迁徙季节关掉灯光，让鸟儿不受迷惑地穿过其领地。因此，如果人类的工具放大了自己对地球的影响，现在他们至少可以使用相同的工具，但改变其用途，以补充水源、恢复植被，让天空回归黑暗。

我们从一开始就毒害了土地

正在窗外工作的那台黄色机器，其能量来自人工控制的燃烧。燃烧时产生的副产品（二氧化碳、各种各样的硫化物以及碳氢化合物）毫无用处，被直接排出。每天我使用烤箱、接通干衣机的电源、订购乙烯基侧板时，我也无数次地以自己的名义排放这些物质。这是火的阴暗面。火是我们最有力的工具，同时它产生的毒害也最深。

当早期人类在动物的领地中修出小路，同时挖出运河和沟渠时，这些活动都是对栖息地的有意识的改造。然而，由此带来的对于地球的毒害并非我们的初衷：人的生命不可避免地产生副产品。这一点很正常。大量的动物，甚至还有植物，也在改变其生态系统的化学成分。我院子里的松树正在忙于根据自己的爱好酸化土壤——让别人都见鬼去！受到威胁的臭鼬会使用硫化物去污染空气。要不是因为细菌有超级污染能力，上述一切生命早就灭绝了：30亿年前，蓝藻意外地排出氧气，污染了地球大气。它们自己几乎在这一过程中全军覆没，但是，生命仍一如既往地最终适应了受到污染的空气。

正如消灭动物和重建景观一样，人科动物也很惊人地早早便开始了对地球的污染。他们第一次玩火的时间，便是他们严重污染地球的开始。而在那之前，人科动物留在地面上的最肮脏的东西就是他们的粪便。然而，当他们第一次燃烧木材时，他们便排放了少量的尘埃和气体——刺激性气体，还有毒素和致癌物质。这并不具有革命性，因为闪电也时不时地引发火灾。但问题是，人类产生的烟雾量在某一天超过了闪电产生的烟雾量。而且除了木材，我们还将其他脏东西放到火中烧，产生了各种污浊的烟气。

我们最早一次偏离主题用火是烧煤。第一次(据我们所知)发生在7万年前法国的一处名为卡纳莱特的地方,在那里,尼安德特人(大概)因为冰河时代导致他们一直用作燃料的树木大量死亡,被迫另辟蹊径。煤层像任何其他岩层一样,往往隐藏在地表下面。尼安德特人发现了煤,并发现煤可以燃烧。然而,与树木不同,煤中含有大量的硫。煤燃烧时,硫便会排放到空气中,与水进行反应,最终成为酸雨回到地球。烧煤还释放出有毒的汞和大量的二氧化碳,而后者是令全球变暖的主要原因。在工业革命前,这些副产品产生的影响微不足道,但是,人类开始使用化石燃料的时间如此之早,仍让我印象深刻。

也许比烧煤更具危害性的是冶炼。一旦一群人在某个地方定居下来,并开始耕种农作物,那么他们就有能力研制新的工具。大多数人类群体的金属年代遵循一个可预见的模式:铜,最容易熔化,所以首先得到应用;接下来,是铜的合金,即青铜;最后是最具挑战性的(也是回报最高的)铁。有鉴于此,最早的农民也是最早的金属工人这种现象就不足为奇了。大约在10 000年前,铜首先出现在土耳其中部,那里是古代农业的中心地带。这种技术传播到中东花费了几千年的时间。接下来出现了青铜。到了罗马时代,欧洲和亚洲开始出现铁。另外,同样以可预测的模式,有毒的副产品毒化了土壤。有着9000年历史的一些古老的冶炼作坊,现在仍非常危险。

在现代的约旦,有一个给人留下极深刻印象的古代采矿和冶炼设施。费南谷地是一个干涸的河床,位于干旱的山脉盆地。这里的土壤仍然含有大量的铅和铜,而植物和食草的山羊体内也积累了大量的铅和铜。可以推定,食用当地植物和山羊的人体内也携带了大量的金属。这距离人类第一次摄取有毒的金属已过去了好几千年。

人类对于金属的热情,其影响远远超出了当地的森林和酸雨。在对来自格陵兰的冰芯以及瑞士的泥炭沼抽样分析后,科学家发现,人类工业副产品的影响已遍及世界各地。由于冶炼厂将金属烟雾排放到空气中，污染物有机会在大气中混合并四处扩散，直至随着雨雪落下。在瑞士一处沼泽地的埋层中，铅浓度缓慢而稳步地攀升，直至约3200年前。随着罗马帝国及其冶炼业的崩溃，沼泽中相应埋层的状况显示，在随后的黑暗时代，空气明显地更加清新。而在工业革命的冲击下，天空中的铅含量比以往任何时候都要高。

在我发掘有关古代污染研究资料的过程中，我挖出了二噁英。这些臭名昭著的化学品因越南战争中的脱叶剂而得名，后又因造纸业及垃圾焚烧处理业而广为人知。但最近几位英国生物学家发现了该物质的一个庞大的史前来源。在燃烧含氯物质时便会产生二噁英。木材中的氯含量很少。煤炭中的含量各不相同。然而，泥炭中的含量可能会很高。而这不是泥炭沼。这是由苔藓、树木、死掉的昆虫、献祭的人类等形成的古老的、黏糊糊的物质，位于沼泽的底部。挖出经干燥后，泥炭便是一种很好的燃料，人类在很久以前便发现了它。不过，靠近海洋的泥炭浸泡在盐水中，而盐含有氯。在测试焚烧一些纤细的苏格兰草皮后，得出了令人震惊的结果：两三个世纪前，在泥炭资源丰富的苏格兰高地和岛屿，人类向大气中排放了大量的致癌物质。按人均计算，他们排放二噁英的速度比现代英国人快15—25倍。

随着工业化在全球各地的实现，人类需要进一步利用火，因而也会释放大量的二氧化碳。人类的每堆营火、每个金属冶炼厂、每座瓷窑或木炭窑、每部蒸汽机、每个电厂、每辆不用马拉的车，以及每一次后院烧烤，都会排放这种温室气体。甲烷是另一种改变气候的气体，它同样在过去的大约1万年里达到高峰。食物在山羊、绵羊和奶牛的肠道中发酵时会产生甲烷。奶牛打嗝看似微不足道，但今天这些家畜已成为甲烷排放的主要来源。不过，令人高兴的是，与蓝藻不同，人类已经能够弄清楚，我们正在为自己制造一个难题。

我们的确发现被毒害的土地会带来毒害

人类对地球产生的净影响已经严重得难以形容。然而,只要我们对自己捕食野生动物、翻铲土壤和各种污染感到害怕,我们就还没有被击败。

在环境表现出敌意时,人类会作出何种反应,从我家的自来水管中喷出的水就是一个很好的例子。山上的硒巴戈湖在过去的100年中发生了很大的变化。大约在一个世纪前,人类开始在湖边建造大量的夏季住所,而他们的粪便则排到附近的沙地中。后来,该地区的农民大量使用化肥和农药,而这些物质最终也排入水中。更多的人建造夏季住所,然后又建造冬季度假村,更多的粪便渗入湖泊的地下水中。车辆将润滑油和汽油漏到新的道路上。奶牛将它们富含甲烷的粪便堆积在绿地上。山下的自来水再也不能喷出洁净的水。

当蓝藻以氧气毒害它们自己时,它们唯一的希望就是等待一个灵活的突变,帮助它们适应环境。当人类的污染使我们自己陷入绝境,我们也可以发明一种新工具。所以,今天的湖水经过水处理厂的处理,去除了有害物质。有限?无限。

就像这样,我们让自己摆脱了曾经陷入的许许多多的困境。石油耗尽了?用一点点铀就能够发电。海里的鱼被捕光了?那就建一个渔场。铝矿石和铁矿石的提纯成本过高?对废旧金属再加以利用。

我们的工具不是万能的。一个令人痛苦的预测是,新工具也会为新的一代带来新的挑战。铀的效率极高……而现在已到了抛弃它的时候。农场中的鱼要喂……鱼。肥料能够奇迹般地在1英亩的土地上催生出双倍的粮食……需要吃饭的嘴又多出了一倍。

这就引出了人类对环境限制的反应问题。长期而言,唯一的解决方案就是限制我们的人口数量。70亿头野牛一起吃草会酿成一场灾难。70亿头逆戟鲸也是如此。70亿只渡渡鸟一定会走向灭绝，正如人类、老鼠和猪对它们进行捕杀所带来的结果那样。人类利用工具买来一段时间。然而，物理定律是无情的。阳光和土壤只能养活有限数量的植物细胞。这么多的植物细胞只可以养活这么多的动物细胞。归根结底，我的每一个动物细胞都依赖于植物能否发现它所需要的阳光和土壤。由于脆弱的生态系统是一砖一瓦地搭建起来的，每个人类细胞都取决于那些关键植物与动物，它们今天仍以一定的方式，在一定的地方支撑着我们周围的生态系统。

智人已将数十种动物同类吃到绝迹。我们翻开土壤，如此彻底地改变了地球的表面环境，结果导致成千上万的物种因失去栖息地而灭亡。在我们疯狂寻找工具的过程中，我们意外地毒害了大片的土地，还有大部分的淡水，以及**所有的**空气。

现代人类对环境的影响几乎是彻底的。我的这个物种掌握了如此之多的工具，人口又如此膨胀，其中所有的快乐都来自对地球的破坏。这样的破坏太容易了。我们几乎能够让所有困扰我们的物种消失。我们对于土地及植物的控制只受到高山和冰川的挑战。我们甚至调整了地球的温度——确实很不简单。奇怪的是，所有这些改变地球的行为并非始于我们现今这个混乱的时代。从第一次会使用燧石起，人类便开始了对地球的大肆破坏。

当然，争夺领土和资源的控制权并不是人类独有的行为。如果向狐狸提供推土机来挖兔子，会带来更大的混乱。如果给河狸一车车的水泥，它们的大坝会使我们全部被水淹没。然而，所有这些都是人类的所作所为。人类利用掌握的工具，重新安排了自己的整个自然史。现在，我们每天仍在梦想实现更大的欲望。

对我们这个物种而言，坏消息是，我们的行为已从啄木鸟和河狸式的小打小闹，演变为以盲目的速度向地球开刀这样的大手术。啄木鸟啄木数百万年,也拒绝改善或提高其啄木技巧。河狸从未向周围的老鼠和金黄鹂露一手令人惊奇的伐木或阻断河流的新技术。而人类仅仅在几千年的时间里——从进化意义而言,弹指间的工夫——便完全改变了其行为,对地球造成如此巨大的影响。现在,地球上的每个物种——不仅仅是人类——都不得不竭尽全力去适应。

尾 声

我希望在动物学上给自己下定义能把自己在自然界中的身份识别清楚。我一辈子都与野生(和家养)动物在一起,一辈子都在思考我和它们之间的关系。对于我是一种不同的动物,是居住在自己星球上的异类这种想法感到很不舒服。

在生物学家的分析仪中,我把自己动物性的一面看得更清楚了。我感到我与一只黑猩猩之间,甚至与一只苍蝇之间的关系都很亲密。毕竟我们的使命是完全相同的。每一个物种在生物学上都要遵循逃离捕食者和寄生物、觅食、躲避恶劣天气、繁殖这样的规律生存。尽管每一种动物经过进化,用不同的方式去迎接这种挑战,但是在努力生存的斗争中,我们是平等的。

在某种意义上,我的动物身份让我倍感欣慰。我仍然因为战争、贪婪和压迫的存在而感到沮丧,但现在我明白了,这些肮脏的行为既是个人的阴谋,也是生物的冲动。北极熊、狒狒和野猪基于同样的原因,也会做出同样肮脏的行为。所以,对人类恶行的生物学解释帮助我容忍了这些罪恶。况且,人类强烈的利他行为和善良在自然环境下显得更加耀眼。我们这个物种是最慷慨的,也是最具思想性的。

这种思想性不断地让我与自然界疏远开来。我这令人讨厌的对人类的领地行为、饮食、毛发颜色的关注,确实帮助我懂得了我在自然界中的位置。然而,我担心人脑总是让这个物种在自然界中高高在上。它允许人类产生各种各样的在自然界中无可比拟的行为。我们在智慧程度上是一等的。

我曾经养过一条混有一半小猎犬、一半拉布拉多犬血统的狗。它的“灵魂”是一条小猎犬,见到食物时会欢快地弯下身子。它的“身体”是一条拉布拉多犬。结果这条狗获得了其他小猎犬梦寐以求的东西。它有长长的腿,够得着放在厨柜后端的馅饼,或从洗菜池里叼出盘子。这可是相当强大的组合功能。

人脑就像这条狗身上的长腿。在很多方面,我们是正常的灵长类动物。我们渴求控制肥沃的土地、建起安全的睡巢、享受一顿美味的烤疣猴。而有了经过进化的脑,我们不但能做到这些,还能做得更多。这个3磅重的器官猛然发动了我们作为灵长类动物的欲望和能力。我们不但夺取领地,而且彻底地改变它,按我们的需要毁林开荒。我们不满足于建筑安全的睡巢,而是制造出推土机,加速窝巢的修建。我们不满足于赤手空拳地捕猎,而是制造出投掷、射击、放牧或饲养动物的工具。好似小猎犬有了拉布拉多犬的腿,没有我们够不着的东西。我们作为一个物种忙忙碌碌,又像那条狗一样对自己的所作所为后悔不已。

但近来,利他和善良的火花已经变为关注这个世界其他动物甚至植物的火焰。人类自身具有展望未来的能力,可以想象,如果我们继续纵容我们的本能行为,今后我们居住的世界将会是一种何等荒芜的景象。令人振奋的是,人类还具有战胜自我本能的能力。这种能力——为这颗行星上的其他居民作出牺牲的意愿——也许是我们最为出色的品质。正因为如此,我对未来充满了信心。

参考文献

尽管文献检索的便利性尚未完全消除引文存在的必要，但它终将取而代之。这里我只引用了趣味性较强和较晦涩的论文及文本。

第一章　蚂蚱般迅捷：身体

Ackerman, R. R., et al. 2004. "Detecting genetic drift versus selection in human evolution." *Proc Natl Acad Sci USA* 101(52): 17946–51.

Alexander, R. M. 2002. "Energetics and optimization of human walking and running: The 2000 Raymond Pearl Memorial Lecture." *Am J Hum Biol* 14:641–48.

Auvert, B., et al. 2005."Randomized, controlled intervention trial of male circumcision for reduction of HIV infection risk: The ANRS 1265 trial." *PLoS Biol* 2(11): e298.

Bramble, D. M., et al. 2004. "Endurance running and the evolution of *Homo*." *Nature* 432:345–52.

Castellsague, X. 2005. "Chlamydia trachomatis infection in female partners of circumcised and uncircumcised adult men."*Am J Epidemiology* 162(9):907–16.

Cavalli-Sforza, L. L. 1986. *African Pygmies*. Orlando, Fla.: Academic Press.

De Waal, F. B. M., et al., eds. 2003. *Animal Social Complexity*. Cambridge, Mass.: Harvard University Press.

Marks, J. 2005. *What It Means to Be 98 Percent Chimpanzee: Apes, People, and Their Genes*. Berkeley: University of California Press.

Pond, C. M. 1998. *The Fats of Life*. Cambridge, UK: Cambridge University Press.

Relethford, J. 2005. *The Human Species: An Introduction to Biological Anthropology*. New York: McGraw-Hill.

Sarringhaus, L. A., et al. 2004. "Bilateral asymmetry in the limb bones of the chimpanzee(*Pan troglodytes*). "*Am J Phys Anthropol* 128(4):840–45.

Soulsby, E. J. L., et al., eds. 2005. "Sporting injuries in horses and man: A comparative approach." Havemeyer Foundation Monograph Series no. 15. R&W Communications, Suffolk, UK.

Spielman, R., et al. 2007. "Common genetic variants account for differences in gene expression among ethnic groups." *Nat Genet* 39: 226–31.

Stanford, C. B. 2006. "Arboreal bipedalism in wild chimpanzees: Implications for the evolution of hominid posture and locomotion." *Am J Phys Anthropol* 129:225–31.

Townsend, C. R., et al., eds. 1981. *Physiological Ecology: An Evolutionary Approach to Resource Use*. Sunderland, Mass.: Sinauer Associates.

第二章 郊狼般狡猾:脑

Calvin, W. H. 2004. *A Brief History of the Mind*. New York: Oxford University Press.

Deary, I. J. 2006. "Genetics of intelligence." *Eur J Hum Genet* 14: 690–700.

Falk, D. 2004. *Braindance: New Discoveries about Human Origins and Brain Evolution*. Rev. ed. Gainesville: University Press of Florida.

Falk, D., et al. 2005. "The brain of LB1, *Homo floresiensis*." *Science* 308(5719): 242–45.

Kelly, B. D. 2004. "Neurological soft signs and dermatoglyphic anomalies in twins with schizophrenia." *Eur Psychiatry* 19(3):159–63.

Kopiez, R., et al. 2006. "The advantage of a decreasing right-hand superiority: The influence of laterality on a selected musical skill (sight reading achievement)." *Neuropsychologia* 44(7):1079–87.

Manning, J. T. 2002. *Digit Ratio: A Pointer to Fertlity, Behavior, and Health*. Brunswick, N. J.: Rutgers University Press.

McManus, C. 2002. *Right Hand, Left Hand: The Origins of Asymmetry in Brains, Bodies, Atoms, and Cultures*. Cambridge, Mass.: Harvard University Press.

Relethford, J. 2005. *The Human Species: An Introduction to Biological Anthropology*. New York: McGraw-Hill.

Wilson, F. R. 1998. *The Hand: How Its Use Shapes the Brain, Language, and Human Culture*. New York: Pantheon.

第三章 盲如蝙蝠:感官

Alzenberg, J., et al. 2001. "Calcitic microlenses as part of the photoreceptor system in brittle stars." *Nature* 412:819–22.

Barrett, H. C., et al. 2005. "Accurate judgments of intention from motion cues alone: A cross-cultural study." *Evol and Hum Behav* 26: 313–31.

Chandrashekar, J., et al. 2006. "The receptors and cells for mammalian taste."

Nature 444: 288–94.

Davidson, R. J., et al. 2004. "Asymmetries in face and brain related to emotion." *Trends Cogn Sci* 8(9): 389–91.

De Waal, F. B. M., et al., eds. 2003. *Animal Social Complexity*. Cambridge, Mass.: Harvard University Press.

Erzurumluoglu, D. S. 2003. "Sex and handedness differences in eye-hand visual reaction times in handball payers."*Int J Neurosci* 113(7): 923–29.

Fay, R. R., et al., eds. 1994. *Comparative Hearing: Mammals*. New York: Springer-Verlag.

Owings, D. H., et al., eds. 1998. *Animal Vocal Communication: A New Approach*. Cambridge, UK: Cambridge University Press.

第四章　自由如鸟:生存空间

Barnett, S. A., et al. 1989. "Wild mice in the cold: Some findings on adaptation." *Biol Rev Camb Philos Soc* 64(4):317–40.

Beall, C. M. 2001. "Adaptations to altitude: A current assessment."*Annu Rev Anthropol* 30:423–56.

Bridges, E. L. 1949. *Uttermost Part of the Earth*. New York: E. P. Dutton and Co.

Ceballos G., et al. 2005. "Global mammal conservation: What must we manage?" *Science* 309:603–607.

Farkas, L. G., et al. 2005. "International anthropometric study of facial morphology in various ethnic groups/races."*J Craniofac Surg* 16(4):615–45.

Jurgens, K. D., et al. 1988. "Oxygen binding properties, capillary densities and heart weights in high altitude camelids." *J Comp Physiol* [B]158(4):469–77.

McElroy, A., et al. 1989. *Medical Anthropology in Ecological Perspective*. Boulder, Colo.: Westview Press.

Post, P. W., et al. 1975. "Cold injury and the evolution of 'white' skin."*Hum Biol* 47(1):65–80.

Schaefer, O., et al. 1974. "Regional sweating in Eskimos compared to Caucasians."*Can J Physiol Pharmacol* 52(5):960–65.

Shea, B. T. 1977. "Eskimo craniofacial morphology, cold stress, and the maxillary sinus." *Am J Phys Anthropol* 47(2):289–300.

Sol, D., et al. 2002. "Behavioral flexibility and invasion success in birds." *Anim Behav* 63:495–502.

Steegman, A. T. 2005. "Cold response, body form, and craniofacial shape in two racial groups of Hawaii." *Am J Phys Anthropol* 37(2):193–221.

Stinson, S., et al. 2000. *Human biology*. Wilmington, Del.: Wiley-Liss.

Thompson, E. E., et al. 2004. "CYP3A variation and the evolution of saltsensitivity variants."*Am J Hum Genet* 75: 1059–69.

第五章 鸠占鹊巢:领地观念

Ardrey, R. 1970. *The Territorial Imperative: A Personal Inquiry into Animal Origins of Property and Nations*. New York: Atheneum.

Hamilton, M. J., et al. 2007. "Nonlinear scaling of space use in human hunter-gatherers."*Proc Natl Acad Sci USA* 104(11):4765–69.

Hicks, D., et al. 2001. "Preventing residential burglaries and home invasions." International Centre for the Prevention of Crime. http://www.crime-prevention-intl.org.

Itô, Y. 1978. *Comparative Ecology*. Cambridge, UK: Cambridge University Press.

McLachlan, M., et al. 1990. "A conceptual model of organic chemical volatilization at waterfalls." *Environ Sci Technol* 24(2):252–57.

Taylor, R. B. 1988. *Human Territorial Functioning: An Empirical Evolutionary Perspective on Individual and Small Group Territorial Cognitions, Behaviors, and Consequences*. Cambridge, UK: Cambridge University Press.

Thorpe, W. H. 1974. *Animal Nature and Human Nature*. Garden City, N.Y.: Anchor Press.

第六章 贪婪如狼:食性

Aguirre, A. A., et al. 1999. "Descriptive epidemiology of roe deer mortality in Sweden."*J Wildl Dis* 35(4):753–62.

Berger, J., et al. 2004. Remarks on moose mortality in Wyoming. From Wyoming Fish and Game Commission meeting, September 9, in Casper, Wyo.

Cordain, L., et al. 2002. "The paradoxical nature of hunter-gatherer diets: Meat based yet non-atherogenic." *Euro J Clin Nutr* 56(Suppi. no. 1):S42–S52.

Felton, J. S. 1995. "Food mutagens: Mutagen activity, DNA mechanisms, and cancer risk."*Sci and Technol Rev*, http://www.llnl.gov/str/pdfs/09_95.pdf.

Gebhards, S. E., et al. 2002. " Nutritive value of foods."*USDA ARS Home and Garden Bulletin* 72.

Hayes, M., et al. 2005. "Low physical activity levels of modern *Homo sapiens* among free-ranging mammals."*Int J Obes* 29:151–56.

Hill, K., et al. 2001. "Mortality rates among wild chimpanzees."*J Hum Evol* 40: 437–50.

Kerlinger, P., et al. 1988. "Causes of mortality, fat condititon, and weights of wintering snowy owls." *J Field Ornithol* 59 (1):7–12.

Milton, K. 2000. "Hunter-gatherer diets—a different perspective."*Am J Clin Nutr*

71:665–67.

Olshansky, S. J. 2005. "A potential decline in life expectancy in the United States in the 21st century."*N Engl J Med* 352:1138–45.

Paquet, P. C., et al. 2001."Mexican wolf recovery: Three-year program review and assessment."Conservation Breeding Specialist Group, for U. S. Fish and Wildlife Service.

Pond, C. M. 1998. *The Fats of Life*. Cambridge, UK: Cambridge University Press.

Speth, J. D. 1989. "Seasonality, resource stress, and food sharing in so-called 'egalitarian' foraging societies."*J Anthopol Archaeol* 9:148–88.

Sponheimer, M., et al. 1999. "Isotopic evidence for the diet of an early hominid, *Australopithecus africanus*."*Science* 283:368–70.

Ungar, P. 1998. "Dental allometry, morphology, and wear as evidence of diet in fossil primates."*Evol Anthropol* 6(6):205–17.

Wrangham, R. W., et al. 1999. " The raw and the stolen."*Curr Anthropol* 40(5): 567–94.

Yamauchi, T., et al. 2000. " Nutritional status, activity pattern, and dietary intake among the Baka hunter-gatherers in the village camps in Cameroon." *Afr Study Monogr* 21(2):67–82.

第七章　黑猩猩般放纵:生殖

Anderson, K. G., et al. 2001. "Men's financial expenditures on genetic children and stepchildren from current and former relationships."University of Michigan: Population Studies Center Research Report no. 01–484.

Arnqvist, G., et al. 2005. *Sexual Conflict*. Princeton, N. J.: Princeton University Press.

Birkhead, T. 2000. *Promiscuity: An Evolutionary History of Sperm Competition*. Cambridge, Mass.: Harvard University Press.

Blurton-Jones, N., et al. 2002. "Antiquity of postreproductive life: Are there modern impacts of hunter-gatherer postreproductive life spans?"*Am J Hum Biol* 14:184–205.

Buller, D. J. 2005. *Adapting Minds: Evolutionary Psychology and the Persistent Quest for Human Nature*. Cambridge, Mass.:MIT Press.

Burriss, R. P., et al. 2006. "Effects of partner conception risk phase on male perception of dominance in faces." *Evol and Hum Behav* 27(4):297–305.

De Waal, F. B. M., et al. 2003. *Animal Social Complexity*. Cambridge, Mass.: Harvard University Press.

Fisher, H. E. 1987. "The four-year itch."*Nat Hist* 96(10): 22–29.

Foerster, K., et al. 2003. "Females increase offspring heterozygosity and fitness through extra-pair matings."*Nature* 425:714–17.

Forbes, S. 2005. *A Natural History of Families*. Princeton, N. J.: Princeton University Press.

Forsyth, A. 1986. A *Natural History of Sex*. New York: Charles Scribner's Sons.

Garamszegi, L. Z., et al. 2005. "Sperm competition and sexually size dimorphic brains in birds."*Proc Biol Sci* 272(1559):159–66.

Grub, W. B. 1914. *Unknown People in an Unknown Land: An Account of the Life and Customs of the Lengua Indians of the Paraguayan Chaco, with Adventures and Experiences During Twenty Years' Pioneering and Exploration Amongst Them*. London: Seeley, Service & Co.

Hrdy, S. B., et al. 1984. *Infanticide: Comparative and Evolutionary Perspectives*. New York: Aldine.

Kappeler, P. M., ed. 2000. *Primate Males: Causes and Consequences of Variation in Group Composition*. Cambridge, UK: Cambridge University Press.

Lahdenperä, M., et al. 2004. "Menopause: Why does fertility end before life?"*Climacteric* 7:327–32.

Little, A. C., et al. 2002. "Partnership status and the temporal context of relationships influence human female preferences for sexual dimorphism in male face shape." *Proc R Soc Lon B Biol Sci* 269:1095–100.

McElroy, A., et al. 1989. *Medical Anthropology in Ecological Perspective*. Boulder, Colo: Westview Press.

Milius, S. 1998. "When birds divorce: Who splits, who benefits, and who gets the nest."*Sci News Online*, http://www.sciencenews.org/pages/sn_arc98/3_7_98/bob1.htm.

Moore, M. 1998. "Nonverbal courtship patterns in women: Rejection signaling—an empirical investigation."*Semiotica* 118:201–14.

Reichard, U. H., et al. 2003. *Monogamy: Mating Strategies and Partnerships in Birds, Humans, and Other Mammals*. Cambridge, UK: Cambridge University Press.

Roberts, S. C., et al. 2004. "Female facial attractiveness increases during the fertile phase of the menstrual cycle. "*Proc R Soc Lon B Biol Sci* 271:S270—S272.

Small, M. F. 1993. *Female choices*. Ithaca, N. Y.: Cornell University Press.

Stiffman, M. N., et al. 2005. "Household composition and risk of fatal child maltreatment."*Pediatrics* 109:615–21.

Stinson, S., et al. 2000. *Human Biology*. Wilmington, Del.: Wiley-Liss.

Temrin, H., et al. 2000. "Step-parents and infanticide: new data contradict evolutionary predictions." *Proc R Soc Lon B Biol Sci* 267: 943–45.

Voland, E., et al. 2005. *Grandmotherhood: The Evolutionary Significance of the*

Second Half of Female Life. New Brunswick, N.J.:Rutgers University Press.

Wasser, S. K. 1983. *Social Behavior of Female Vertebrates*. New York: Academic Press.

Zeh, J. A., et al. 2006. "Outbred embryos rescue inbred half-siblings in mixed-paternity broods of live-bearing females."*Nature* 439:201–203.

Zerjal, T., et al. 2003. "The genetic legacy of the Mongols." *Am J Hum Genet* 72: 717–21.

第八章　河狸般忙碌:行为

Alford, J. R., et al. 2005. "Are political orientations genetically transmitted?"*Am Polit Sci Rev* 99(2):115.

Bekoff, M., et al., eds. 1998. *Animal Play: Evolutionary, Comparative, and Ecological Perspectives*. Cambridge, UK: Cambridge University Press.

Bowles, S. 2006. "Group competition, reproductive leveling, and the evolution of human altruism."*Science* 314:1569–72.

Buller, D. J. 2005. *Adapting Minds: Evolutionary Psychology and the Persistent Quest for Human Nature*. Cambridge, Mass.:MIT Press.

Burnham, T. C., et al. 2005. "The biological and evolutionary logic of human cooperation."*Analyse & Kritik* 27:113–35.

Delgado, M. R. 2005. "Perceptions of moral character modulate the neural systems of reward during the trust game."*Nat Neurosci* 8(11):1611–17.

De Waal, F. B. M., et al. 2003. *Animal Social Complexity*. Cambridge, Mass.:Harvard University Press.

Dugatkin, L. 1999. *Cheating Monkeys and Citizen Bees: The Nature of Cooperation in Animals and Humans*. New York:Free Press.

Fallon, J. H., et al. 2004. "Hostility differentiates the brain metabolic effects of nicotine."*Cogn Brain Res* 18:142–48.

Gintis, H., et al., eds. 2005. *Moral Sentiments and Material Interest: The Foundations of Cooperation in Economic Life*. Cambridge, Mass.:MIT Press.

Griffiths, R. R., et al. 2006. "Psilocybin can occasion mystical-type experiences having substantial and sustained personal meaning and spiritual significance."*Psychopharmacology* 187(3):268–83.

Gurvan, M., et al., 2006. " Determinants of time allocation across the life span." *Hum Nat* 17(1):1–49.

Guthrie, R. D. 2006. *The Nature of Paleolithic* Art. Chicago: University of Chicago Press.

Keeley, L. H. 1996. *War Before Civilization*. New York: Oxford University Press.

Lewis-Williams, D. 2002. *The Mind in the Cave: Consciousness and the Origins of Art*. London: Thames & Hudson.

Nettle, D. 2005. *Happiness: The Science Behind Your Smile*. Oxford, UK: Oxford University Press.

Niebauer, C. L., et al. 2002. "Hemispheric interaction and consciousness: Degree of handedness predicts the intensity of a sensory illusion." *Laterality* 7(1):85–96.

Niebauer, C. L., et al. 2004. "Hemispheric interaction and beliefs on our origin: Degree of handedness predicts beliefs in creationism versus evolution." *Laterality* 9(4): 433–47.

Sapolsky, R. M. 2004. "Social status and health in humans and other animals." *Annu Rev Anthropol* 33:393–418.

Sussman, R. W., et al. 2005. "Importance of cooperation and affiliation in the evolution of primate sociality." *Am J Phys Anthropol* 128:84–97.

Westen, D., et al. 2004. "Neural bases of motivated reasoning: An fMRI study of emotional constraints on partisan political judgment in the 2004 U. S. presidential election." *J Cogn Neurosci* 18(11):1947–58.

Wrangham, R. W., et al. 2006. "Comparative rates of violence in chimpanzees and humans." *Primates* 47:14–26.

第九章 喜鹊般饶舌:交流

Arnold, K., et al. 2006. "Semantic combinations in primate calls." *Nature* 441:303.

Bower, B. 2000. "Building blocks of talk: When babies babble, they may say a lot about speech." *Sci News* 157(22):344.

Bradbury, J. W., et al. 1998. *Principles of Animal Communication*. Sunderland, Mass.:Sinauer Associates.

Calvin, W. H., et al., eds. 2000. *Lingua ex Machina: Reconciling Darwin and Chomsky with the Human Brain*. Cambridge, Mass.:MIT Press.

Colantuoni, C., et al. 2002. "Evidence that intermittent, excessive sugar intake causes endogenous opioid dependence." *Obes Res* 10(6):478–88.

De Waal, F. B. M., et al. 2003. *Animal Social Complexity*. Cambridge, Mass.: Harvard University Press.

Ekman, P., et al. 2003. *Emotions Inside Out*. New York: New York Academy of Sciences.

Fausto-Sterling, A. 1985. *Myths of Gender: Biological Theories about Women* and *Men*. New York: Basic Books.

Fitch, W. T. 2006. "The biology and evolution of music: A comparative perspective." *Cognition* 100(1):173–215.

Gärdenfors, P. 2004. "Cooperation and the evolution of symbolic communication." In D. K. Oller et al. *Evolution of Communication Systems*. Cambridge, Mass.: MIT Press.

Gentner, T. Q., et al. 2006. "Recursive syntactic pattern learning by songbirds." *Nature* 440:1204–7.

Haig, D. 1996. Personal communication with author and "Altercation of generations: Genetic conflicts of pregnancy."*Am J Reprod Immunol* 35(3):226–32.

Hinde, R. A. 1974. *Biological Bases of Human Social Behavior*. New York: McGraw-Hill.

Huron, D. 2006. *Sweet Anticipation: Music and the Psychology of Expectation*. Cambridge, Mass.:MIT Press.

Hyde, J. S. 2005. "The gender similarities hypothesis."*American Psychol* 60(6): 581–92.

Kluger, J., et al. 2006. "How to spot a liar."*Time*, August 20.

Koelsch, S., et al. 2005. "Towards a neural basis of music perception." *Trends Cog Sci* 9(12):578–84.

Kuhl, P. K. 2004. "Early language acquisition: Cracking the speech code." *Nat Rev/Neurosci* 5:831–43.

Matsumoto-Oda, A., et al. 2005. "'Intentional' control of sound production found in leaf-clipping display of Mahale chimpanzees."*J Ethol* 23:109–112.

Mehl, M. R., et al. 2007. "Are women really more talkative than men?"*Science* 317:82.

Mithen, S. 2006. *The Singing Neanderthals*. Cambridge, Mass.: Harvard University Press.

Owings, D. H., et al. 1998. *Animal Vocal Communication: A New Approach*. Cambridge, UK: Cambridge University Press.

Pika, S., et al. 2005. " The gestural communication of apes."*Gesture* 5(1/2): 41–56.

Proverbio, A. M., et al. 2006. "Gender differences in hemispheric asymmetry for face processing."*BMC Neurosci* 7:44–54.

Searcy, W. A., et al. 2005. *The Evolution of Animal Communication*. Princeton, N.J.: Princeton University Press.

Segerstr le, U., et al. 1997. *Nonverbal Communication: Where Nature Meets Culture*. Mahwah, N.J.: Lawrence Erlbaum Associates.

Slobodchikoff, C. N., et al. 2006. "Acoustic structures in the alarm calls of Gunnison's prairie dogs."*J Acoust Soc Am* 119(5):3153–60.

Thiessen, E. D. 2005. "Infant-directed speech facilitates word segmentation." *In-*

fancy 7(1):53–71.

第十章 煮熟的鸭嘴:面对捕食者

Bäckhed, F., et al. 2005. "Host-bacterial mutualism in the human intestine." *Science* 307:1915–20.

Berger, L. R., 2006. "Brief communication: Predatory bird damage to the Taung type-skull of *Australopithecus africanus* Dart 1925."*Am J Phys Anthropol* 131:166–68.

Chippaux, J. P. 1998. "Snake-bites: Appraisal of the global situation."*Bull World Health Organ* 76(5):515–24.

Crabb, P., et al. 2006. "Tool use increases Survival of animal attacks: evidence for technological selection."Presented at Human Behavior and Evolution Society, Philadelphia, Penn.

Engel, C. 2002. *Wild Health: How Animals Keep Themselves Well and What We Can Learn From Them*. New York: Houghton Mifflin.

Floyd, T. 1999. "Bear-inflicted human injury and fatality." *Wilderness and Environ Med* 10:75–87.

Hart, D., et al. 2005. *Man the Hunted*. New York: Westview Press.

Karanth, K. U., et al. 2005. " Distribution and dynamics of tiger and prey populations in Maharashtra, India,"http://www.savethetigerfund.org.

McGraw, W. S., et al. 2006. "Primate remains from African crowned eagle(*Stephanoaeus coronatus*)nests in Ivory Coast's Tai Forest: Implications for primate predation and early hominid taphonomy in South Africa."*Am J Phys Anthropol* 131:151–65.

McMichael, A. J., et al. 2005. "Global climate change." In *Comparative Quantification of Health Risks: Global and Regional Burden of Diseases Attributable to Selected Major Risks*. Geneva: World Health Organization.

Nicholas, C. G., et al. 2003. "The burden of chronic disease."*Science* 302:1921–22.

Packer, C., et al. 2005. "Lion attacks on humans in Tanzania."*Nature* 436: 927–28.

Sharma, S. K., et al. 2004. "Impact of snake bites and determinants of fatal outcomes in southeastern Nepal."*Am J Trop Med Hyg* 71(2):234–38.

Stinson, S., et al. 2000. *Human Biology*. Wilmington, Del.:Wiley-Liss.

Thorpe, S. K. S., et al. 2007."Origin of human bipedalism as an adaptation for locomotion on flexible branches."*Science* 316:1328–31.

Zimmer, C. 2000. *Parasite Rex*. New York: Free Press.

第十一章 瓷器店中的公牛:生态影响力

Allen, M. S., et al. 2001. "Pacific 'Babes'": Issues in the origins and dispersal of Pacific pigs and the potential of mitochondrial DNA analysis." *Intl J Osteoarchaeol* 11:4–13.

Best Foot Forward, 2002. "City limits: A resource flow and ecological foot-print analysis of Greater London,"http://www.citylimitslondon.com.

Blackburn, T. M., et al. 2004. "Avian extinction and mammalian introductions on Oceanic islands."*Science* 305:1955–58.

Chew, S. C. 2001. *World Ecological Degradation: Accumulation, Urbanization, and Deforestation, 3000 B.C.–A.D. 2000*. Walnut Creek, Calif.: AltaMira Press.

Erickson, C. L. 2000. "The Lake Titicaca basin: A precolombian built landscape."In *Imperfect Balance*, ed. D. Lentz. New York: Columbia University Press.

——. 2003. "Agricultural landscapes as world heritage: Raised field agriculture in Bolivia and Peru." In *Managing Change*, ed. J. M. Teutonico, et al. Los Angeles: Getty Conservation Institute.

Frederickson, M. E., et al. 2005. "Devil's gardens bedeviled by ants."*Nature* 437: 495–56.

Girardet, H. 1996. "Giant Footprints,"http://www.unep.org.

Heckenberger, M. J., et al. 2003. "Amazonia 1492: Pristine forest or cultural parkland?"*Science* 301:1710–14.

Kirch, P. V. 1996. "Late Holocene human-induced modifications to a central Polynesian island ecosystem."*Proc Natl Acad Sci* USA 93:5296–300.

Larson, G., et al. 2005. "Worldwide phylogeography of wild boar reveals multiple centers of pig domestication."*Science* 307:1618–21.

Lin, C. H. 2005. "Seismicity increase after the construction of the world's tallest building: An active blind fault beneath the Taipei 1–1." *Geophys Res Lett* 32(22): L2231.

Meharg, A. A., et al. 2003. "A pre-industrial source of dioxins and furans." *Nature* 421:909–10.

Nelson, D. M., et al. 2006. " The influence of aridity and fire on Holocene prairie communities in the eastern prairie peninsula."*Ecology* 87(10):2523–36.

Ponting, C. 1992. *A Green History of the World: The Environment and the Collapse of Great Civilizations*. New York: St. Martin's Press.

Pyatt, F. B., et al. 2000. "An imperial legacy? An exploration of the environmental impact of ancient metal mining and smelting in southern Jordan."*J Archaeol Sci* 27: 771–78.

Pyne, S. J. 1997. *World Fire*. New York: Henry Holt.

Rich, C., et al. 2005. *Ecological Consequences of Artificial Night Lighting*. Washington, D. C.: Island Press.

Russell-Smith, J., et al. 1997. "Aboriginal resource utilization and fire management practice in Western Arnhem Land, monsoonal Northern Australia: Notes for prehistory, lessons for the future." *Hum Ecol* 25(2):159–94.

Savelle, J. M., et al. 2002. "Variability in Palaeoeskimo occupation of south-western Victioria Island, Arctic Canada: Causes and consequences." *World Archaeol* 33(3): 508–22.

Shotyk, W., et al. 1998. "History of atmospheric lead deposition since 12,370 14C yr BP from a peat bog, Jura Mountains, Switzerland." *Science* 281: 1635–40.

Steadman, D. W., et al. 1990. "Prehistoric extinction of birds on Mangaia, Cook Islands, Polynesia." *Proc Natl Acad Sci USA* 87:9605–09.

Tanno, K., et al. 2006. "How fast was wild wheat domesticated?" *Science* 311 (5769):1886.

Thery, I., et al. 1995. "First use of coal."*Nature* 373:480–81.

Wilkinson, B. H. 2005."Humans as geologic agents: A deep-time perspective."*Geology* 33(3):161–64.

Williams, T. M., et al. 2004."Killer appetites: assessing the role of predators in ecological communities."*Ecology* 85 (12):3373–84.

World Wildlife Fund. 2004."Living planet report 2004," http://assets.panda.org/downloads/lpr2004.pdf.

Vos, D. J., et al. 2006. "Documentation of sea otters and birds as prey for killer whales."*Mar Mamm Sci* 22(1):201–205.

图书在版编目(CIP)数据

盛装猿:人类的自然史/(美)汉娜·霍姆斯(Hannah Holmes)著;朱方译.—上海:上海科技教育出版社,2023.8

书名原文:The Well-Dressed Ape: A Natural History of Myself

ISBN 978-7-5428-7942-4

Ⅰ.①盛… Ⅱ.①汉… ②朱… Ⅲ.①人类进化-普及读物 Ⅳ.①Q981.1-49

中国国家版本馆CIP数据核字(2023)第057745号

责任编辑 傅 勇 王 洋
封面设计 杨 静

SHENGZHUANG YUAN
盛装猿——人类的自然史
[美]汉娜·霍姆斯 著
朱 方 译

出版发行 上海科技教育出版社有限公司
(上海市闵行区号景路159弄A座8楼 邮政编码201101)
网 址 www.sste.com www.ewen.co
经 销 各地新华书店
印 刷 常熟市文化印刷有限公司
开 本 720×1000 1/16
印 张 24.50
版 次 2023年8月第1版
印 次 2023年8月第1次印刷
书 号 ISBN 978-7-5428-7942-4/N·1184
图 字 09-2009-566号
定 价 88.00元

The Well-Dressed Ape:
A Natural History of Myself
by
Hannah Holmes

This translation published by arrangement with Random House,
an imprint of The Random House Publishing Group, a division of Penguin
Random House LLC
through Bardon-Chinese Media Agency